21世纪高等学校精品规划教材

Visual Basic 程序设计

（第三版）

主　编　潘地林

副主编　黄洪超　刘文娟　王永国　汪采萍

中国水利水电出版社
www.waterpub.com.cn

内 容 提 要

本书是面向高等院校 Visual Basic 语言程序设计课程而编写的教材。全书分为 12 章，主要内容包括：Visual Basic 语言概述、数据类型、运算符和表达式、简单程序设计、选择结构程序设计、循环结构程序设计、数组、用户界面设计、过程、文件管理以及数据库编程等。本教材立足于“理论够用，操作熟练，重在实践”的基本要求，针对初学者特点，力争内容叙述深入浅出、循序渐进，程序示例生动易懂，具有启发性。

本书每章均配备教学课件和精心设计的大量课后习题。与本书配套的教学参考书《Visual Basic 程序设计实训与考试指导》（第三版）给出了全部习题解答，并附有光盘和练习题库及软件系统，以方便读者复习和上机操作，其中大容量题库及练习系统经过长期的测试和验证，对教和学具有很好的参考价值。

本书既可以作为高等院校本科及专科学生的 Visual Basic 语言教材，也可以作为教师、自学者的参考用书。

本书配有免费电子教案，读者可以从中国水利水电出版社网站以及万水书苑下载，网址为：http://www.waterpub.com.cn/softdown/或 http://www.wsbookshow.com。

图书在版编目（CIP）数据

Visual Basic程序设计 / 潘地林主编. -- 3版. -- 北京 : 中国水利水电出版社, 2011.11（2014.1重印）
21世纪高等学校精品规划教材
ISBN 978-7-5084-8753-3

Ⅰ. ①V… Ⅱ. ①潘… Ⅲ. ①BASIC语言－程序设计－高等学校－教材 Ⅳ. ①TP312

中国版本图书馆CIP数据核字(2011)第125952号

策划编辑：雷顺加　　责任编辑：宋俊娥　　封面设计：李　佳

书　　名	21 世纪高等学校精品规划教材 Visual Basic 程序设计（第三版）
作　　者	主　编　潘地林 副主编　黄洪超　刘文娟　王永国　汪采萍
出版发行	中国水利水电出版社 （北京市海淀区玉渊潭南路 1 号 D 座　100038） 网址：www.waterpub.com.cn E-mail：mchannel@263.net（万水） sales@waterpub.com.cn 电话：（010）68367658（发行部）、82562819（万水）
经　　售	北京科水图书销售中心（零售） 电话：（010）88383994、63202643、68545874 全国各地新华书店和相关出版物销售网点
排　　版	北京万水电子信息有限公司
印　　刷	北京蓝空印刷厂
规　　格	184mm×260mm　16 开本　17.5 印张　423 千字
版　　次	2006 年 8 月第 1 版第 1 次印刷 2011 年 11 月第 3 版　2014 年 1 月第 2 次印刷
印　　数	10001—15000 册
定　　价	28.00 元

第三版前言

Visual Basic 是一种易学易用的高级编程语言，且功能强大，在实际编程中得到广泛使用，适合作为高等学校程序设计的入门语言。近年来开设“Visual Basic 程序设计”课程的高校越来越多，而且，经过多年的教学实践，广大教师也对这门语言更加熟悉。为了更好地搞好教学工作，有必要重新编写符合目前教学实际、易学易用的“Visual Basic 程序设计”教材。

本书是一本面向初学者的入门教材，在内容编排、叙述表达、课后习题和实验题选择等方面做了精心设计，目的是让非计算机专业学生了解和掌握程序设计的基本原理和方法，从而具备基本的应用程序开发能力。本书的编写指导思想是：吸取已有教材的优点，结合教学实践、试题库建设经验，开展教材编写工作。努力把知识点融入到实际项目的开发中去，立足于“理论够用，操作熟练，重在实践”的要求，力求做到通俗易懂，循序渐进，适合以“案例入门，改造拓广，项目综合”的学习知识体系模式展开教学。本书参考了全国计算机等级考试大纲和部分省市计算机水平考试大纲，以满足应试要求。

全书分为 12 章，主要内容包括：Visual Basic 语言概述、数据类型、运算符和表达式、简单程序设计、选择结构程序设计、循环结构程序设计、数组、用户界面设计、过程、文件管理、数据库编程等。

与本书配套的《Visual Basic 程序设计实训与考试指导》（第三版），根据教材知识点，精心设计和安排了 13 个实训（共 49 个实训题目），每个实训都给出了具体的操作步骤、详细的分析和参考源代码，并给出了教材中的全部习题解答，便于学生理解和巩固所学内容。配套光盘中给出了主教材各章例题的程序代码，便于学生学习。光盘还包括考试练习软件系统，供学生练习备考使用。

本书推荐授课学时为 32～40 学时，上机实验 24～30 学时，课外上机实验 30 学时。

本书面向高等学校本、专科学生和广大计算机爱好者，既适合作为高等学历教育的教材，也适合作为非学历教育的培训教材，同时也适合计算机爱好者自学。

结合两年来的教学实践和广大教师对本教材提出的修改意见，本次再版对教材的部分内容进行了调整扩充。

本书由潘地林任主编，黄洪超、刘文娟、王永国、汪采萍任副主编。具体分工是：潘地林编写第 1 章、第 2 章、第 11 章；黄洪超编写第 3 章、第 5 章、第 7 章；刘文娟编写第 4 章、第 6 章、第 12 章；汪采萍编写第 8 章、第 9 章；王永国编写第 10 章。全书由潘地林统稿。

安徽省教育厅相关领导对我省的计算机基础教学工作十分重视，一直在具体领导和组织本教材和试题库建设工作。本教材出版过程中，一直得到安徽省教育厅的大力支持和帮助，得到许多从事教学工作的同仁给予的关心和支持，他们对本书提出了很多宝贵的建议。中国水利水电出版社领导及相关编辑也给予了大力支持和统筹策划，在此一并表示感谢。

由于编者水平有限，书中不足之处，敬请广大读者批评指正。

编　者

2011 年 10 月

第三版前言

目　录

第 1 章　面向对象程序设计语言概述

本章要点

- 了解 Visual Basic 程序设计语言的特点，熟悉 Visual Basic 的集成开发环境。
- 掌握 Visual Basic 编程的基本概念，掌握程序设计的一般步骤。

1.1　概述

Visual Basic（简称 VB）是美国微软公司推出的在 Windows 环境下使用的应用软件开发系统，是近年来得到迅速推广和应用的一种计算机高级语言，其特点是适用于面向对象程序设计。

Visual 意为“可视化的”，在此是指一种开发图形用户界面（GUI）的方法。在 VB 中引入了窗体和对象的概念，窗体和每个控件都由若干个属性来控制其外观形状、工作方法。这样，在使用 VB 编程时就无须编写大量的代码去描述用户界面元素的外观和位置，只要把预先建立的控件添加到用户窗体上即可。BASIC 是 Beginners All-purpose Symbolic Instruction Code（初学者通用符号代码）的缩写，它是一种计算机高级编程语言。Visual Basic 是一种基于 BASIC 的可视化程序设计语言。Visual Basic 一方面继承了其前辈 BASIC 程序设计语言所具有的简单易用的特点，另一方面在其编程系统中采用了面向对象、事件驱动的编程机制，用一种巧妙的方法把 Windows 的编程复杂性封装起来，提供了一种所见即所得的可视化程序设计方法。专业人员可以用 VB 实现其他任何 Windows 编程语言的功能，而初学者只要掌握几个关键词就可以建立实用的应用程序。对于以前没学过任何一种计算机编程语言的人来说，VB 的语法是最容易接受的。

目前，很多常用的应用软件都内嵌了 VBA（Visual Basic for Applications，Visual Basic 的一个子集）作为二次开发工具，例如 Office 、AutoCAD 等。VBScript（Visual Basic 的另一个子集）是广泛使用的脚本语言，广泛应用于 Web 程序的开发过程中，使用 VBScript 并结合 HTML 代码可以快速完成 Web 应用程序的开发工作。同样，Visual Basic 对数值计算、数据库应用、图形图像处理、多媒体和通信技术等都具备强大的开发应用功能，能满足各行各业应用软件的开发需求。

本教材是面向编程初学者的 Visual Basic 入门教程。学完本书后，读者应能够熟悉 Visual Basic 6.0 的编程环境，掌握 Visual Basic 语言的基本语法和编程技术以及基本控件的使用方法，初步具备开发简单 Visual Basic 应用程序的能力，为今后继续深入学习 Visual Basic 编程和在自己专业中实际应用计算机技术打下必要基础。

1.2　Visual Basic 的发展及编程特色

Visual Basic 最早是由微软公司在 1991 年推出的，刚推出的 Visual Basic 存在一些缺陷，功能也相对较少。经过微软公司的不断努力，于 1992 年、1993 年、1995 年和 1997 年相继推出了 VB 2.0、VB 3.0、VB 4.0 和 VB 5.0 这 4 个版本。1998 年秋季，随着 Windows 98 的发行，微软公司又推出了功能更强、更完善的 VB 6.0 版本，该版本在创建自定义控件、对数据库的访问以及对 Internet 的访问等方面都得到进一步加强、完善和提高。为了适应网络时代的需要，微软公司又推出了 Visual Baisc.NET。本书主要介绍 VB 6.0 中文版，有关 Visual Baisc.NET 的内容，读者可以参看相关书籍。

Visual Basic 是从 BASIC 语言发展而来的，对于开发 Windows 应用程序而言，VB 是目前所有程序开发语言中最简单、最容易使用的编程语言。作为计算机程序设计语言，VB 具有以下编程优势和特点。

1. 可视化的程序设计

Visual Basic 率先采用了可视化的程序设计方法。利用系统提供的大量可视化控件，可以方便地以可视化方式直接绘制用户图形界面，并可直观地调整界面的风格和样式，从而克服了以前必须用大量代码去描述界面元素的外观和位置的传统编程模式。

用 Visual Basic 开发程序，就像搭积木盖房子一样，系统提供的可视化控件如同盖房子要用的各种构件，通过不同控件的搭配组合，可方便地构造出所需的应用程序。

2. 面向对象的程序设计思想

Visual Basic 采用了面向对象的程序设计思想。面向对象的程序设计是伴随 Windows 图形界面的诞生而产生的一种新的程序设计思想，与传统程序设计有着较大的区别。所谓“对象”就是现实生活中的可见实体。同样，在 Visual Basic 中，用来构成用户图形界面的可视化控件，也可视为是对象。不同的对象，在程序中赋予它的功能是不同的。例如，在图形界面上有两个命令按钮，一个用来实现数据的统计计算，另一个用来实现数据的打印，这两个按钮就可以视为两个不同的对象。为了实现这两个对象各自不同的功能，应该分别针对这两个对象编写程序代码，这种编程的思想和方法即为“面向对象的程序设计”。

3. 事件驱动的编程机制

Visual Basic 采用了事件驱动的编程机制。在 Visual Basic 中，对象与程序代码通过事件及事件过程来联系，对象的活跃性则通过它对事件的敏感性来体现。一个对象（控件）通常可以感知和接收多个不同类型的事件，每个事件均能驱动一段程序（事件过程），完成对象响应事件的工作，从而实现一个预编程的功能。例如，命令按钮是编程常用的一个对象，若用鼠标在其上面单击，便会在该对象上产生一个鼠标单击事件（Click）。与此同时，Visual Basic 系统就会自动调用执行命令按钮对象的 Click 事件过程，从而实现事件驱动的功能。

Visual Basic 编程没有明显的主程序概念，程序员所要做的就是面向不同的对象分别编写它们的事件过程。若希望某对象在某事件发生后能做出响应，只需在该对象的事件过程中编写相应的程序代码即可。整个 VB 应用程序就是由这些彼此相互独立的事件过程构成的，事件过程的执行与否以及执行顺序由操作时用户所引发的事件来决定，若用户未触发任何事件，则系统将处于等待状态。

4. 高度的可扩充性

Visual Basic 是一种具有高度可扩充性的语言，除自身具有强大的功能外，还为用户扩充其功能提供了多种途径，主要体现在以下 3 个方面：

（1）支持第三方软件开发商为其开发的可视化控件。Visual Basic 除自带许多功能强大、实用的可视化控件以外，还支持第三方软件开发商为扩充其功能而开发的可视化控件，这些可视化控件对应的文件扩展名为 OCX。只要拥有控件的 OCX 文件，就可将其加入到 VB 系统中，从而大大增强了 VB 的编程功能。

（2）支持访问动态链接库（Dynamic Link Library，简称 DLL）。Visual Basic 在对硬件的控制和低级操作等方面功能相对较弱，为此，VB 提供了访问动态链接库的功能。可以利用其他语言（如 Visual C++语言），将需要实现的功能编译成动态链接库，然后提供给 VB 调用。

（3）支持访问应用程序接口（API）。应用程序接口（Application Programming Interface，API）是 Windows 环境中可供任何 Windows 应用程序访问和调用的一组函数。在微软的 Windows 操作系统中，包含 1000 多个功能强大、经过严格测试的 API 函数，供程序开发人员编程时直接调用。Visual Basic 提供了访问和调用这些 API 函数的能力，充分利用这些 API 函数，可大大增强 VB 的编程能力，并可实现一些用 VB 语言本身不能实现的特殊功能。

5. 支持大型数据库的连接与存取操作

Visual Basic 提供了强大的数据库管理和存取操作的能力，利用数据控件可以访问多种数据库系统。Visual Basic 6.0 中新增加了功能强大的 ADO（ActiveX Data Object）控件，利用它可以轻松地开发出各种大型的客户/服务器应用程序。

另外，Visual Basic 还支持动态数据交换、对象的链接与嵌入等新型的编程技术。

1.3　Visual Basic 的安装与启动

Visual Basic 6.0 系统程序在发布时是经过压缩存储在光盘上的，使用前必须先将这些系统文件解压、复制到硬盘上，这一过程通常称为安装，其具体的解压和复制工作由系统提供的相应安装程序（一般为 Setup.exe）完成。

1.3.1　Visual Basic 的运行环境

Visual Basic 6.0 是一个 32 位的应用程序开发工具，其运行环境必须是 Microsoft Windows 95/98/Me/2000/XP 或 Windows NT。硬件要求是 Pentium 或更高的处理器，或任何运行于 Microsoft Windows NT Workstation 的 Alpha 处理器。企业版的安装需要 140MB 的硬盘空间，其帮助系统约需要 67MB 的硬盘空间。

1.3.2　Visual Basic 的安装与卸载

运行 Visual Basic 的安装程序时，系统将会在指定的硬盘上为 Visual Basic 创建安装目录。下面以 Visual Basic 6.0 企业版的安装为例，介绍如何安装 Visual Basic。

（1）将 VB 6.0 的安装光盘插入 CD-ROM 驱动器，并运行安装程序 Setup.exe。

（2）在进入安装程序后，用户要阅读一份“最终用户许可协议”，此时要单击“同意”按钮，才能进行下一步的安装。

（3）接着系统会要求用户输入姓名、公司名称和 CD-KEY，输入完毕后，系统会要求选择安装 VB 6.0 的驱动器和文件夹，用户也可直接单击“确定”按钮，将系统安装至默认文件夹。

（4）在进行这些必要的步骤之后，将显示一个安装类型选择窗口，在该窗口中有两种安装方式供用户选择，分别是典型安装和自定义安装。

自定义安装是一种较好的安装方式，用户可根据需要选择要安装的组件；典型安装包含了 VB 的一些常用组件。一般情况下，可选择典型安装，单击“典型安装”按钮，即可开始应用程序的安装，安装结束后会在 Windows 的“开始”菜单的“程序”栏下自动添加一项“Microsoft Visual Basic 6.0 中文版”目录。

（5）Visual Basic 6.0 具有自动卸载的功能，当不需要该软件时，可以很方便地将其从硬盘上删除。操作方法为：进入“控制面板”窗口，双击窗口中的“添加/删除程序”图标，在打开的对话框中选择“Microsoft Visual Basic 6.0 中文企业版”选项，单击“添加/删除”按钮，按系统的提示进行操作即可卸载。所有组件被删除后，需要重新启动 Windows 系统以便更新系统。

1.3.3 启动与退出 Visual Basic

1. 启动 Visual Basic

Visual Basic 安装成功后，其启动步骤如下：

（1）单击 Windows 的“开始”按钮。

（2）在弹出的菜单中选择“程序”。

（3）将鼠标指针移向“Microsoft Visual Basic 6.0 中文版”选项。

（4）在弹出的菜单中选择“Microsoft Visual Basic 6.0 中文版”选项，即可启动 Visual Basic 6.0。

2. 退出 Visual Basic

打开 Visual Basic 的“文件”菜单，选择其中的“退出”命令，即可退出 Visual Basic。

1.4 Visual Basic 的集成开发环境

Visual Basic 拥有一个集成式的开发环境，所有的图形界面设计和代码的编写、调试、运行、编译均在该集成环境中完成。为使读者能尽快熟悉和掌握 Visual Basic 的集成开发环境，本节将对 Visual Basic 开发环境中的主窗口、窗体窗口、工具箱窗口、对象浏览器窗口、工程资源管理器窗口、属性窗口、窗体布局窗口以及代码编辑器窗口进行详细介绍。

启动 Visual Basic 后，系统首先弹出“新建工程”对话框，其中列出了 VB 6.0 能够创建的各种应用程序类型，如图 1-1 所示。系统默认创建的工程类型为标准 EXE 文件，初学者可以直接单击对话框的“确定”按钮选择默认的程序，进入 Visual Basic 集成开发环境，如图 1-2 所示。

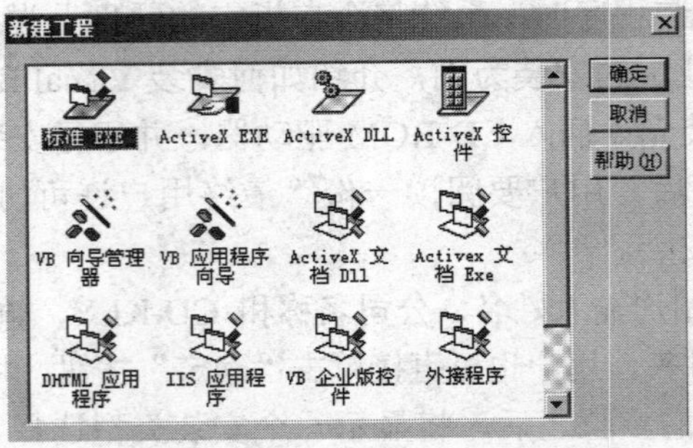

图 1-1 “新建工程”对话框

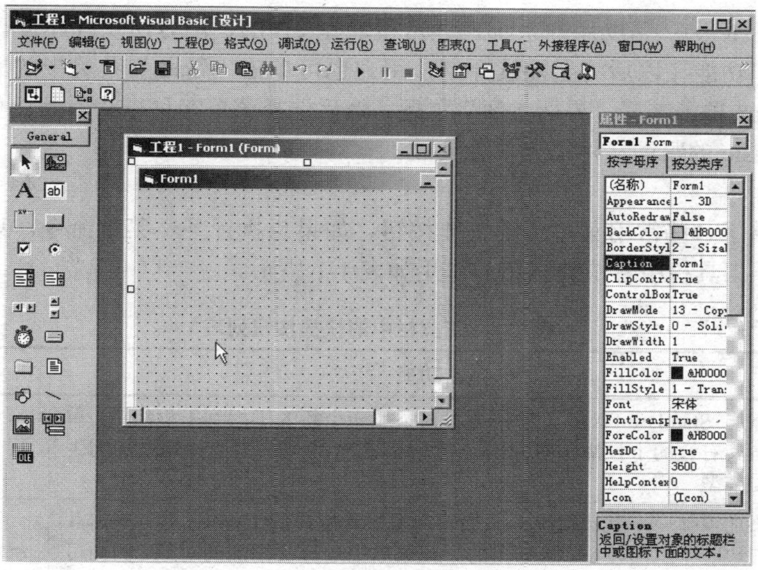

图 1-2　Visual Basic 的集成开发环境

1.4.1　主窗口

主窗口由标题栏、菜单栏和工具栏等组成。

1. 标题栏

标题栏中的标题为“工程 1—Microsoft Visual Basic [设计]”，说明此时集成开发环境处于设计模式，在进入其他状态时，方括号中的文字将做相应的变化。

VB 有 3 种工作模式：设计（Design）模式、运行（Run）模式和中断（Break）模式。

同 Windows 系统的用户界面一样，标题栏的最左端是窗口控制菜单；标题栏的右端是最大化、最小化和关闭按钮。

2. 菜单栏

菜单栏包括 13 个下拉菜单，其中包括程序开发过程中需要使用的基本命令。

- 文件（File）：用于创建、打开、保存、显示最近的工程及生成的可执行文件。
- 编辑（Edit）：用于编辑程序源代码。
- 视图（View）：用于在集成开发环境下查看程序的源代码和控件。
- 工程（Project）：用于处理控件、模块和窗体等对象。
- 格式（Format）：用于窗体控件的对齐等格式化操作。
- 调试（Debug）：用于程序调试、查错。
- 运行（Run）：用于程序启动、中断和停止等。
- 查询（Query）：VB 6.0 的新增功能，在设计数据库应用程序时用于设计 SQL 属性。
- 图表（Diagram）：VB 6.0 的新增功能，用于在设计数据库应用程序时编辑数据库。
- 工具（Tools）：用于集成开发环境下工具的扩展。
- 外接程序（Add-Ins）：用于为工程添加或删除外接程序。
- 窗口（Window）：用于屏幕窗口的层叠、平铺等布局以及列出所有已打开的文档窗口。

- 帮助（Help）：帮助用户系统地学习和掌握 VB 的使用方法及程序设计方法。

各种命令和功能在以后将会陆续介绍，用户也可单击“帮助”菜单中的“帮助主题”命令，在“目录”选项卡选择“界面参数”主题，然后选择菜单名称以查看帮助信息。需要注意的是，Visual Basic 的帮助文件需要单独安装。

3. 工具栏

工具栏提供了一些常用菜单项的快捷按钮，如果想执行某一菜单命令，只需单击相应的快捷按钮即可。工具栏中各快捷按钮的作用如表 1-1 所示。

表 1-1 工具栏中的快捷按钮列表

图标	功能	快捷键
	添加 Standard EXE 工程——用来添加一个新的工程到工程组中。单击其右边的下拉箭头将弹出一个下拉菜单，可以从中选择想添加的工程类型	无
	添加窗体——默认情况下添加一个窗体到用户的工程中，也可单击其右边的下三角按钮，从弹出的下拉菜单中选择想添加的对象。例如可以添加 MDI 窗体、用户控件等	无
	菜单编辑器——用来显示菜单编辑器对话框	Ctrl+E
	打开工程——用于打开已存在的工程文件	Ctrl+O
	保存工程——用于保存当前工程	无
	启动——开始运行当前工程	F5
	中断——中断当前运行的工程	Ctrl+Break
	结束——结束运行当前的工程	无
	工程资源管理器——打开“工程资源管理器”窗口	Ctrl+R
	属性——打开“属性”窗口	F4
	窗体布局窗口——打开“窗体布局”窗口	无
	对象浏览器——打开“对象浏览器”窗口	F2
	工具箱——打开“工具箱”窗口	无
	数据视图——打开数据视图窗口	无
	可视化部件管理器——打开可视化部件管理器	无

Visual Basic 6.0 采用了新型的平面式工具栏，当鼠标移动到某个按钮上时，系统会自动弹出相应的功能提示。在工具栏的末端，显示的是窗体的左上角的坐标位置及窗体目前的宽度和高度，在 Visual Basic 中，默认的坐标度量单位采用的是一种名为 Twips（缇）的新型单位，该单位是与屏幕分辨率无关的。

1Twips=1/567cm=1/20point（点）

1.4.2 窗体窗口

窗体窗口如图 1-2 中间部分所示。窗体窗口具有标准窗口的一切功能，可被移动、改变大小及缩成图标。窗体是 VB 应用程序的主要部分，用户通过与窗体上的控制部件交互来得到结果。一个程序可以拥有许多窗体窗口，每个窗体窗口必须有一个唯一的窗体名字，建立窗体时默认名为 Form1，Form2……。

在设计状态下窗体是可见的，窗体的网格点间距可以通过单击“工具”菜单的“选项”命令，在“通用”标签的“窗体设置网格”中输入“宽度”和“高度”来改变。运行时可通过属性控制窗体可见性（窗体的网格始终不显示）。

除了一般窗体外，还有一种 MDI（Multiple Document Interface）的多文档窗体，它可以包含多个子窗口，每个窗体都是独立的。

1.4.3　工程资源管理器窗口

在 Visual Basic 中，把开发一个应用程序视为一项工程，用创建工程的方法来创建一个应用程序，利用工程资源管理器窗口来管理一个工程。因此，工程资源管理器窗口中包含了创建一个应用程序的所有属性以及所需的所有文件的列表，其工程资源管理器窗口如图 1-3 所示。VB 6.0 采用层次化管理方式显示各类文件，而且允许同时打开多个工程（这时以工程组的形式显示）。

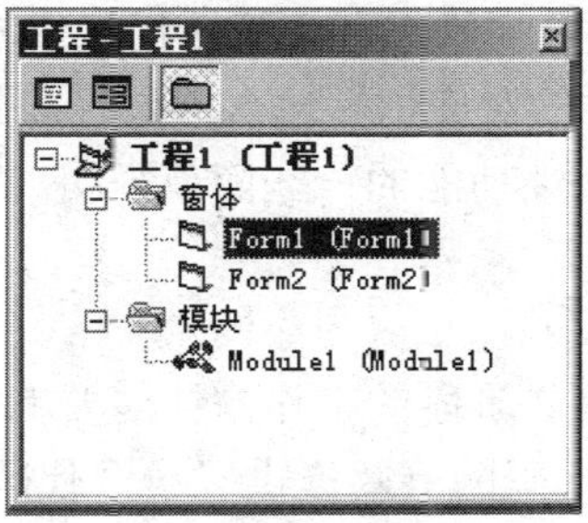

图 1-3　工程资源管理器窗口

在工程资源管理器窗口中，工程的所有文件以类别按层次结构图的方式显示，通过单击含“+”的节点，可展开一层，单击含“-”的节点，可折叠分支。若要打开某窗体，只需双击该窗体文件即可。

工程创建好以后，可通过 VB“文件”菜单下的“保存工程”菜单项进行存盘，将其保存到一个工程文件中。在 VB 中，工程文件的扩展名为.vbp，以后若要打开该工程，也是通过打开该工程文件来实现的。待完成工程的全部文件之后，就可通过“文件”菜单下的“生成工程”菜单项，将工程编译生成可执行的 EXE 文件。

值得注意的是，工程文件保存的仅是该工程所需的所有文件的一个列表，并不保存用户图形界面和程序代码。用户图形界面、各控件的属性设置值以及程序代码等，均保存在各窗体对应的窗体文件中，窗体文件的扩展名为.frm，因此保存工程时别忘了保存窗体。一个最简单的 VB 程序至少要保存两个文件：一个工程文件和一个窗体文件。

1.4.4　属性窗口

在 Visual Basic 中，属性窗口显示了一个对象在设计阶段有效的所有属性，通过属性窗口，可以设置或修改对象的属性取值。用于显示和设置属性的窗口，即为属性窗口，如图 1-4 所示。在属性窗口中，属性的显示顺序可按字母顺序显示，也可按分类顺序显示，默认方式为字母顺序，可通过单击排列方式选项卡来切换。

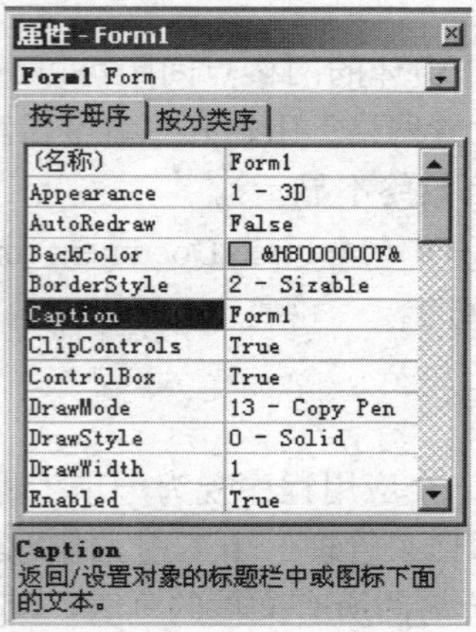

图 1-4　属性窗口

选中一个对象后，按快捷键 F4 或单击工具栏上的属性按钮，即可弹出该对象的属性窗口。在属性列表的第 1 栏，显示的是属性名称，第 2 栏显示的是对应属性的当前取值，单击选中要修改的属性后，就可在第 2 栏的对应位置输入或选择属性的具体取值。同时，选中某项属性后，在属性窗口的底部有对该属性功能的一些简单说明。

1.4.5　代码编辑器窗口

用户图形界面设计完毕后，第 2 阶段的工作是针对要响应用户操作的对象编写程序代码。在 Visual Basic 中，专门为程序代码的书写提供了一个代码编辑窗口，选中要编程的对象，按快捷键 F7，就可弹出该对象的代码编辑窗口，接下来就可以在该窗口的事件过程中书写程序代码了。另外，也可通过直接双击要编程的对象来弹出代码编辑窗口，如图 1-5 所示。

在编辑窗口中，通常会自动显示该对象的一个默认事件过程框架，在图 1-5 的编辑窗口中，就显示了窗体对象的 Load 事件的事件过程。若要更改编程的对象，或者更改对象所要响应的事件，可通过代码编辑窗口顶部的两个下拉式列表框来实现，左边的列表框用于选择要编程的对象，右边的列表框用于选择该对象要响应的事件，单击列表框右边的下三角按钮，即可弹出相应的列表选项，如图 1-6 所示。对象和对象要响应的事件确定后，代码编辑区中的事件过程框架就会自动产生，接下来就可在事件过程框架中编写实现具体功能的程序代码，编写完毕后，单击编辑窗口的关闭按钮，将其关闭即可。若要观察运行效果，按快捷键 F5 或单击工具栏的启动按钮，即可运行该程序。

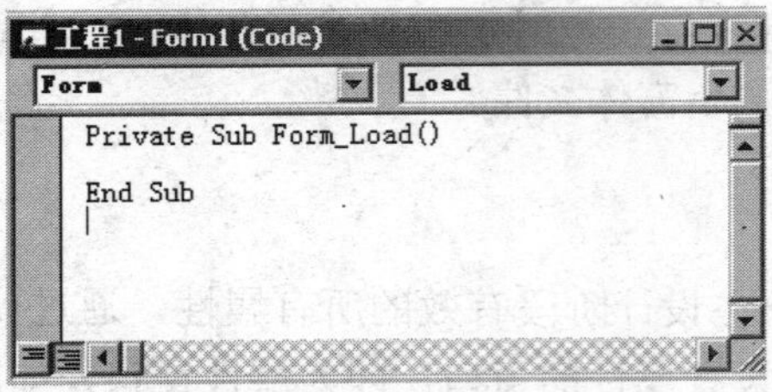

图 1-5　Visual Basic 代码编辑窗口

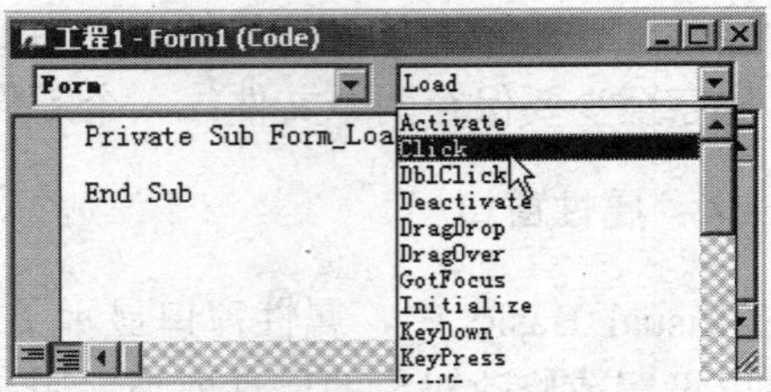

图 1-6　选择事件的方法

1.4.6　工具箱

开发环境左边是 Visual Basic 的工具箱，其中含有许多可视化的控制对象（控件），如图 1-7 所示。用户可以从工具箱中选取所需的控件，并将它添加到窗体中，以绘制所需的图形用户界面。工具箱中的控件越多，意味着 VB 的开发能力也就越强。

Visual Basic 启动时，一般仅在工具箱中装载一些基本的控件，如图 1-7 所示。若要新增控件，可通过 VB 的“工程”菜单下的“部件”子菜单项来实现。单击“部件”子菜单项，此时将弹出“部件”对话框，在“控件”列表框中，找到要添加的控件列表，单击列表项左边的方框，以选中该控件（此时方框中会出现“√”标志），然后单击对话框的“确定”按钮，被选中的控件就会添加到工具箱中。添加了其他控件的工具箱如图 1-8 所示。

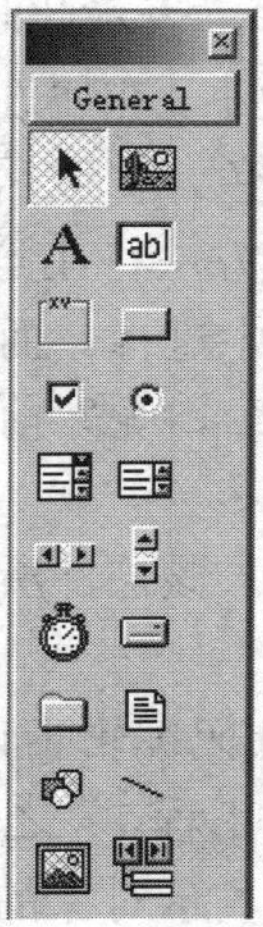

图 1-7　标准工具箱

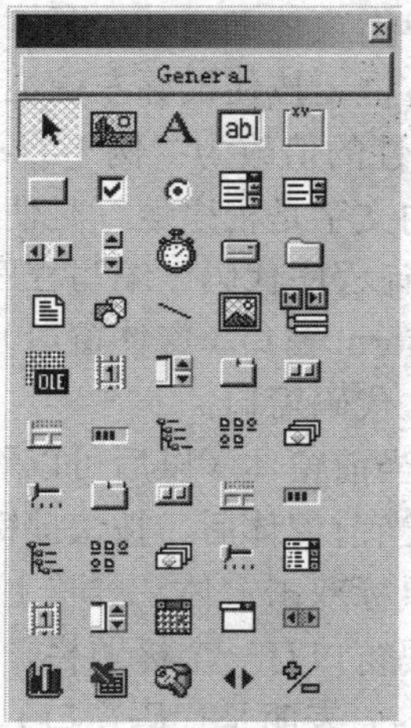

图 1-8　添加控件后的工具箱

有关常用控件将在第 2 章详细介绍，其他类型的高级控件和 ActiveX 控件将在后面的章节（第 3、6、7 章）中介绍。若要在窗体中加入某控件，只要单击工具箱中的该控件即可，这时被选中的控件变为凹状。当鼠标指针移到 Form 窗体中时将变为十字形，这时按下鼠标左键并拖动，画出一个方框，然后松开鼠标左键，一个四周带有黑点的控件将出现在窗体中。用鼠标左键按住控件四周的小黑点拖动，可以调整其大小；用鼠标左键按住控件中的区域拖动，可以改变其在窗体中的位置。

1.5　Visual Basic 程序设计的一般步骤

学习程序设计的最好方法是实践，下面通过一个简单的程序实例来讲述 Visual Basic 程序设计的一般步骤。

例 1-1　编写一个 VB 程序，运行时若用鼠标单击窗体，在窗体上会显示出“我的第一个 VB 程序！”文字，如图 1-9 所示。

要用 VB 实现一个任务，必须解决两类问题：

（1）设计一个用户操作界面。用户输入或输出信息都在这个界面中进行。当然，用户界面应当使用户感到方便美观。每当用户创建一个新的工程文件时，VB 都会自动给出默认名为 Form1 的窗体。窗体是用来设计应用程序用户界面的，在它的上面可以添加各种控件，最终形成美观实用的用户界面。对本例来说，用户界面无特殊要求，只是修改窗体的 Caption 属性、BackColor 属性和窗体的大小。

图 1-9　程序运行界面

用鼠标单击窗体 Form1，窗体四周就会出现 8 个蓝色小方框，表示此时选中了窗体对象。在实心的小方框上按住鼠标左键拖动，就可以直接改变窗体的大小。在属性窗口中（见图 1-4）把 Caption 属性的值改为“例 1-1”；把 BackColor 属性值改为白色，修改后的效果如图 1-9 所示。窗体上的文字是程序运行时使用 Print 方法写上去的，Print 方法将在第 3 章再具体介绍。

（2）设计程序代码。编写程序代码要在“程序代码窗口”中进行。而我们当前看到屏幕中的窗口是 Form 窗口（窗体窗口），怎样从 Form 窗口进入代码窗口呢？前面我们提到有两种途径可以进入代码窗口：

① 双击当前窗体（以后可以看到，双击一个控件也可以进入该控件所对应的代码窗口）。

② 选中当前窗体后，按快捷键 F7。

现在用鼠标双击窗体，屏幕上就会出现与该窗体相对应的代码编辑窗口，见图 1-5。

这个代码窗口有一个标题栏，显示窗体的名字（图 1-5 中“工程 1”之后的 Form1 表示窗体的名字，code 表明是代码窗口）。下面有两部分，左边是用于显示对象的下拉列表框（我们称之为对象框），它包含所有与当前窗体相联系的对象。由于我们是双击窗体进入代码窗口的，所以对象框中显示的是 Form。如果现在要对其他对象进行编码，应单击该对象框右侧的下三角按钮打开显示对象的下拉列表框，框中列出了本窗体用到的所有对象，可以用鼠标选择所需要的对象。

右边显示了与当前选中的对象相关的所有事件（我们称之为过程框）。单击右侧的下三角按钮，可以拉出一个下拉列表框，用鼠标单击所需的事件名，就可以对刚才所选择的对象和事件进行编码，如图 1-6 所示。

本例题要求在运行时若单击窗体就显示出一行字符，所以我们这样做：

① 在对象框中选择 Form（窗体）。

② 在过程框中选择单击事件（Click）。当选择了对象和事件后，在代码窗口立即自动出现相应的 Form_Click()过程的框架：

```
Private Sub Form_Click()

End Sub
```

这时就可以在 Private Sub Form_Click()与 End Sub 两行代码之间输入程序语句了。现在输入以下语句：Print "我的第一个 VB 程序！"，如图 1-10 所示。

以上 Print 语句的作用是将双引号中的内容原样输出到窗体上。

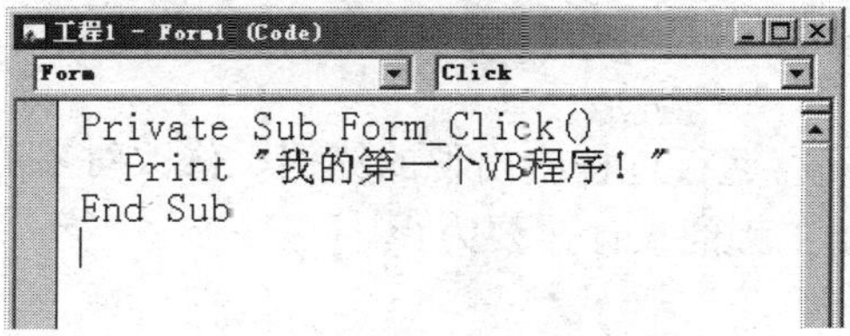

图 1-10　编写程序代码

至此，我们已经编写出了一个对窗体单击事件的响应过程，也就是说，在运行程序时，若用户单击窗体时发生了单击窗体事件，系统就会执行下面这个过程：

```
Private Sub Form_Click()
  Print "我的第一个 VB 程序！"
End Sub
```

在屏幕的窗体上输出“我的第一个 VB 程序!”一行文字。其中，关键字 Private（私有）表示该过程只能在本窗体文件中被调用，应用程序中的其他窗体或模块不可调用它。关键字 Sub 是过程的标志，Form_Click 是过程名，它由两部分组成：对象和事件名，两者之间用下划线连接。End Sub 表示过程结束。

在编写好程序后怎样运行一个程序呢？在 VB 中提供了几种运行程序的方法，可以通过以下几种途径运行一个程序：

- 从菜单栏中选择“运行”菜单的“启动”命令。
- 按 F5 功能键。
- 单击工具栏中的“启动”小箭头按钮▶。

如果想终止程序的运行，可从菜单栏中选择“运行”菜单的“结束”命令，或从工具栏中选择“结束”图标。

本程序进入运行状态后，用鼠标单击窗体，窗体上就出现一行文字“我的第一个 VB 程序!”，再单击一次就会再显示一行。当用户从“运行”菜单中选择“结束”命令后，程序结束运行。

1.5.1　开发 VB 应用程序的基本步骤

总结上述简单例题，开发一个 VB 应用程序应包括以下步骤：

1．设计用户界面

通过上述例题我们已经体会到，用工具箱中的控件，可以在窗体上按用户需要画出用户界面。用户界面由窗体和控件两部分组成。窗体就是我们进行界面设计时在其上画控件的窗口。进入 VB 编程环境后，执行“文件”→“新建工程”命令（即在“文件”菜单中选择“新建工程”命令）所看到的就是窗体。

2．属性设置

有关属性设置在前面我们已作了初步介绍。在属性窗口中进行的是属性初始值设置，用户也可以在程序中对它们进行设置或修改，如前面的例题所述。

3．编写事件过程代码

这里的过程指的是一组 Visual Basic 语句。一个事件过程是为响应在一个对象上发生的“事件”所进行的操作。比如，在前两个例子中用到了单击（Click）事件，当单击窗体或命令按钮时，就执行相应的过程以完成相应的操作。这些操作在过程中是用 VB 语句实现的，例如语句“Print "我的第一个 VB 程序！！"”。

4. 运行、调试工程

调试工程包括修改在程序运行过程中出现的错误、修改对象的属性和代码，也可以添加新的对象和代码，直到满足工程的设计需要为止。

5. 保存工程

设计好的应用程序在调试正确以后需要保存工程，即以文件的形式保存在磁盘上。前面说过，一个 VB 程序称为一个“工程”（即一个项目），一个工程中往往包含多个不同类型的文件，如工程文件（*.vbp）、窗体文件（*.frm）、模块文件（*.bas）等，这些文件集合在一起才能构成完整的应用程序。应特别注意一个工程中包含的不同文件需要分别保存。

保存工程时，系统会提示保存不同类型文件的对话框，这样就有选择文件存放位置和选取合适文件名的问题。建议在保存工程时将同一工程中的所有类型的文件存放在同一文件夹中，文件名一般不要用系统提供的默认文件名，而是输入自己指定的文件名，以便于修改和管理程序文件。

6. 工程的编译

一个独立运行的 VB 程序是指没有 Visual Basic 的环境，直接在 Windows 或 DOS 下运行。

我们前面举的例题都是在 Visual Basic 的环境中用解释方式运行的。当一个应用程序开始运行后，VB 解释程序就开始对程序逐行解释、逐行执行。

如果想使应用程序不在 VB 环境中运行，就必须对应用程序进行编译，生成.exe 文件。具体操作方法请参阅下节内容。

1.5.2 生成可执行文件和制作安装盘

程序调试运行通过后，可将工程编译成能脱离 VB 环境而独立运行的 EXE 应用程序。

打开“文件”菜单，选择“生成…EXE”菜单项（这里的省略号代表工程名）。选中该菜单项后，系统弹出“生成工程”对话框，以确定要生成的应用程序的文件名，如图 1-11 所示，单击“确定”按钮后，系统将工程编译、链接生成对应的 EXE 程序。

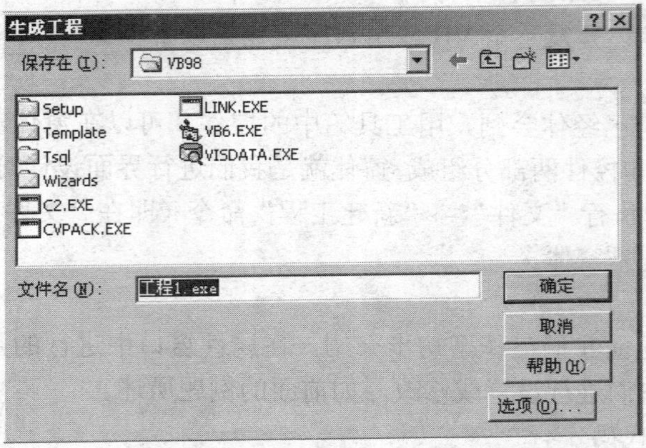

图 1-11 “生成工程”对话框

在“生成工程”对话框底部，有一“选项(O)…”按钮，单击该按钮，将显示“工程属性”对话框，在该对话框中可进一步设置待生成的 EXE 文件的相关信息，如图 1-12 所示。

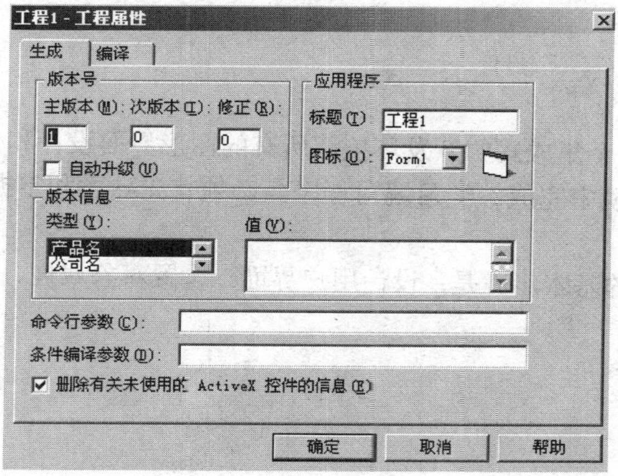

图 1-12　“工程属性”对话框

VB 生成的 EXE 文件，在最终运行时，还需要一些基本的动态链接库（.DLL）的支持，因此，在发布应用程序时，还需一同发布其所需的运行库。可利用 VB 的应用程序安装向导，将应用程序制作成安装盘再发布。

从 Windows 的“开始”菜单处选择“程序”→“Microsoft Visual Basic 6.0 中文版”→“Microsoft Visual Basic 6.0 中文版工具”→“Package & Deployment 向导”，如图 1-13 所示，单击后，显示如图 1-14 所示的“打包和展开向导”对话框。在“选择工程”输入框中填入欲制成安装盘的工程名，然后单击“打包”按钮，再根据向导提示的内容进行若干步的选择后，单击向导最后一页的“完成”按钮，系统经过一段时间的处理后，即在指定的目录下生成所选择类型的发布文件。

图 1-13　执行打包向导

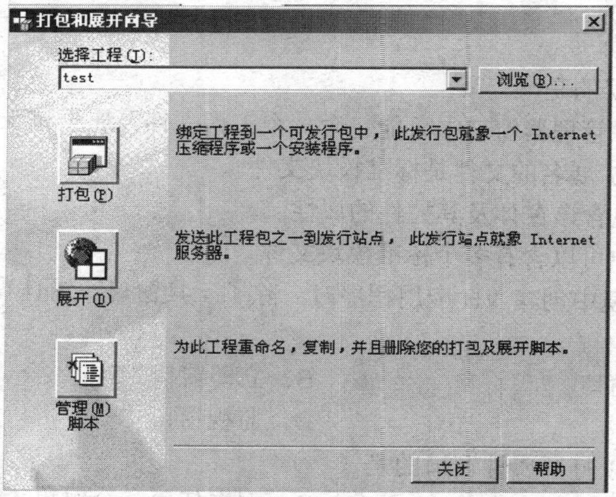

图 1-14　“打包和展开向导”对话框

本章小结

Visual Basic 拥有一个集成式的开发环境，所有的图形界面设计和代码的编写、调试、运行、编译均在该集成环境中完成。学习编写程序，必须首先熟悉和掌握 Visual Basic 的集成开发环境。

开发 VB 应用程序的基本步骤是：设计用户界面、设置对象属性、编写事件过程代码、调试运行程序、保存工程。

习题 1

一、选择题

1. VB 6.0 的标准化控件位于 IDE（集成开发环境）中的（　）窗口内。

A．工具栏　　B．工具箱　　C．对象浏览器　　D．窗体设计器

2. 保存文件时，窗体的所有数据以（　）文件存储。

A．*.PRG　　B．*.FRM　　C．*.VBP　　D．*.EXE

3. 关于 Visual Basic 应用程序正确的叙述是（　）。

A．Visual Basic 程序运行时，总是等待事件被触发

B．Visual Basic 程序设计就是编写代码

C．Visual Basic 程序是以线性方式顺序执行的

D．Visual Basic 的事件可以由用户随意定义，而事件过程是系统预先设置好的

4. 下列操作不能打开代码编辑窗口的是（　）。

A．选中对象，单击鼠标右键，从弹出的快捷菜单中选择“查看代码”命令

B．选中对象，双击鼠标左键

C．按功能键 F7

D．按功能键 F4

5. 以下叙述中错误的是（　）。

A．在工程资源管理器窗口中只能包含一个工程文件及属于该工程的其他文件

B．以.BAS 为扩展名的文件是标准模块文件

C．窗体文件包含该窗体及其控件的属性

D．一个工程中可以含有多个标准模块文件

6. 在 VB 集成环境中创建 VB 应用程序时，除了工具窗口、窗体窗口、属性窗口外，必不可少的窗口是（　）。

A．窗体布局窗口　　B．立即窗口

C．代码窗口　　D．监视窗口

7. 下列操作不可以打开属性窗口的是（　）。

A．按功能键 F4　　B．双击任何一个对象

C．单击鼠标右键　　D．执行“视图”菜单中的“属性窗口”命令

8．以下叙述中错误的是（　）。

A．一个工程可以包括多种类型的文件

B．Visual Basic 应用程序既能以编译方式执行，也能以解释方式执行

C．程序运行后，在内存中只能驻留一个窗体

D．对于事件驱动型应用程序，每次运行时的执行顺序可以不一样

9．以下叙述中错误的是（　）。

A．打开一个工程文件时，系统自动装入与该工程有关的窗体、标准模块等文件

B．保存 Visual Basic 程序时，应分别保存窗体文件及工程文件

C．Visual Basic 应用程序只能以解释方式执行

D．事件可以由用户引发，也可以由系统引发

10．VB 项目文件的扩展名是（　）。

A．.PRG　　B．.FRM　　C．.VBP　　D．.EXE

二、简答题

1．简述 Visual Basic 的特点。

2．如何保存 Visual Basic 工程？保存工程时应注意什么问题？

3．简述 Visual Basic 程序开发的一般步骤和方法。

第 2 章　Visual Basic 程序设计初步

本章要点

- 掌握 Visual Basic 编程的关键性概念，掌握编程的一般步骤。
- 掌握窗体、标签、文本框和命令按钮的使用。
- 掌握程序调试的基本概念和方法。

2.1　面向对象编程的基本概念

Visual Basic 作为一种面向对象的程序设计语言（OOP），程序的核心是对象。VB 中的窗体和控件都是对象，数据库也是对象，理解对象的概念对 VB 程序设计十分重要。本节将在详细介绍对象和类的概念的基础上，通过具体编程实例介绍 Visual Basic 程序设计的基本方法、步骤和相关的关键性概念。

2.1.1　对象和类的概念

在现实生活中，任何一个可见的实体都可以视为一个对象（Object）。如一个气球是一个对象，一台电脑也是一个对象，也可以说每一个可见的实体都是一个对象。整个世界就是由大大小小、各种不同的对象构成的。每个对象都有自己的特征、行为和作用在该对象上的活动。如某台具体的电梯对象，它具有载客量、运行速度等特征，还具有上升、下降等行为，以及外界作用在该电梯对象上的动作，如“按了上升按钮”。

在现实生活中，许多对象具有相同或相似的特征，执行相同的操作，称之为同一类对象。类是对一组对象中共性的属性和行为进行的抽象。如人类是“人”的抽象。

在 VB 中，工具箱中包含了许多工具，例如文本框、标签框、命令按钮等，它们以不同的图标形式排列在工具箱中，用这些工具可以在窗体上画出各种各样的控件对象。工具箱中每一个图标就代表了一个控件（Control）类。这些控件类就是一种“对象”的抽象。在程序设计过程中，把一个控件放在窗体上就是创建一个具体的控件对象。一个具体的窗体也是一个对象。窗体除了本身是对象外，它还是其他控件的容器，因为创建的控件对象必须放在窗体上。

2.1.2　对象的属性

每个对象都有一组特征，称之为属性。不同的对象有不同的属性，如小孩玩的气球所具有的属性包括可以看到的一些性质，如它的直径、颜色以及描述气球状态的属性（充气的或未充气的）。还有一些不可见的性质，如它的寿命等。通过定义，所有气球都具有这些属性，当然这些属性也会因气球的不同而不同。

在可视化编程中，每一种对象都有一组特定的属性。有许多属性可能为大多数对象所共有，如 BackColor 属性定义对象的背景色。还有一些属性只局限于个别对象，如只有命令按钮才有 Cancel 属性，该属性用来确定命令按钮是否为窗体默认的取消按钮。

每个对象属性都有一个默认值，如果不明确地改变该值，程序将使用它。通过修改对象的属性能够控制对象的外观和操作。对象属性的设置一般有两条途径。

（1）选定对象，然后在属性窗口中找到相应的属性直接设置。选择这种方法的特点是简单明了，每当选择一个属性时，在属性窗口的下部就显示该属性的一个简短提示，缺点是不能设置所需的所有属性。

（2）在代码中通过编程设置，格式如下：

```
对象名.属性名=属性值
```

例如在程序界面设计中，可以直接选定窗体 Form1，然后在属性窗口中将其 Caption 属性改为“例题”；也可以在代码窗口的程序中添加一条语句来实现：

```
Form1.Caption = "例题"
```

2.1.3　对象的事件与事件过程

事件（Event）就是对象上所发生的事情。比如一个吹大的气球，用针扎它一下，结果是圆圆的气球变成了一个瘪壳。把气球看成一个对象，那么气球对刺破它的事件响应是放气，对气球松开手事件的响应是升空。

在 VB 中，事件是预先定义好的、能够被对象识别的动作，如单击（Click）事件、双击（DblClick）事件、装载（Load）事件、鼠标移动（MouseMove）事件等，不同的对象能够识别不同的事件。当事件发生时，VB 将检测两条信息，即发生的是哪种事件和哪个对象接收了事件。

每种对象能识别一组预先定义好的事件，但并非每一种事件都会产生结果，因为 VB 只是识别事件的发生。为了使对象能够对某一事件做出响应，就必须编写事件过程。

事件过程是一段独立的程序代码，它在对象检测到某个特定事件时执行（响应该事件）。一个对象可以响应一个或多个事件，因此可以使用一个和多个事件过程对用户或系统的事件作出响应。程序员只需编写必须响应的事件过程，而其他无用的事件过程则不必编写，例如在下面的例 2-1 中，窗体 Form1 可以识别许多事件，但我们只编写了“单击”（Click）事件的事件过程，因此，程序运行时，它只对“单击”（Click）事件作出响应。

事件过程的名字是由对象名和事件名两部分组成的，两者之间用下划线连接，其一般格式为：

```
Private Sub 对象名_事件名()
……
End Sub
```

其中，Sub 是定义过程开始的语句，End Sub 是定义过程结束的语句，关键字 Private 表示该过程是局部过程。具体编程时，用户可以在过程开始语句和结束语句之间添加实现具体功能的程序代码。在下一节的例 2-1 中，正是在单击事件过程中添加了在窗体上输出字符串的功能语句：“Print "我喜欢 VB 编程！"”。

VB 采用的是面向对象的事件驱动编程机制，其基本思路是：当一个程序开始运行后，若没有发生任何事件，程序就处于等待状态；只有发生了某个可以识别的事件，程序才会运行所对应的事件过程。

2.1.4 对象的方法

VB 中的对象除拥有自己的属性和事件外，还拥有属于自己的方法（Method）。所谓“方法”实际上是 VB 为程序设计人员提供的一种特殊的过程和函数，用来完成一定的操作或实现一定的功能。在 VB 中已将一些通用的过程和函数编写好并封装起来，作为方法供用户直接调用，这给用户带来了很大的方便。例如 Print 就是一种方法，是用来输出信息的专用过程。

“方法”是面向对象的，所以调用“方法”的形式与调用一般的过程或函数不同，应该指明是哪个对象调用的。其调用格式如下：

　　对象名.方法名[可选参数项]

例如，Form1.Hide 表示由 Form1 对象调用 Hide 这个方法，其执行结果是将窗体 Form1 隐藏起来。同样，“Form1.Print "我的第一个 VB 程序！"”的作用是将字符串“我的第一个 VB 程序！”显示在窗体 Form1 内，其中“我的第一个 VB 程序！”就是可选参数。如写成“Printer1.Print "我的第一个 VB 程序！"”则是要在打印机上打印出该字符串。

在上面的调用格式中，如果省略了对象名，则隐含指当前对象。如在例 2-1 的 Form_Click 事件过程中是直接使用：

```
Print "我喜欢 VB 编程！"
```

调用 Print 方法的。在这里就隐含表示要在窗体 Form1 上输出该字符串。为了清晰和不致混淆，最好都在“方法名”之前加上“对象名”。另外，还应注意每一种对象所能调用的“方法”是不完全相同的。

在代码编写窗口中，如果输入窗体上已有对象名的名称后，再输入一个“.”，VB 就会智能地显示出这个对象所有的属性名和方法名。属性名前面有一个图标，而方法名的图标是。

2.2 窗体

窗体（Form）也就是平时所说的窗口。它既是 Visual Basic 编程中最常见的对象，又是所有其他控件的容器，各种控件对象必须建立在窗体上。也就是说，窗体既是一个对象，也是其他对象的容器。窗体就像一个可调整大小的绘图板，能够以“所见即所得”的方式，利用控件工具在其上面直观地创建各种对象，形成美观的用户界面。每个应用程序一般至少有一个窗体。在一个 VB 工程中也可以添加多个窗体。窗体有自己的属性、事件和方法，决定着窗体的外观和行为。

2.2.1 窗体的属性

窗体的属性决定了窗体的外观和内在结构特征，其中一些属性是其他控件也具有的。常用的窗体属性如表 2-1 所示。表 2-1 中只罗列了窗体的部分常用属性，其他属性将在具体应用程序的编写过程中逐步介绍。

对于初学者来说一下子记住这些属性是有一定困难的，要熟悉并应用这些属性，最好的办法是上机实践。在“属性”窗口中更改窗体的一些属性，然后运行该应用程序并观察修改的效果，从而体会并记住这些属性的用途。

表 2-1　窗体的常用属性

属性	用途
名称（Name）	决定窗体的名称，在程序代码中通过该属性引用、操作对象
Caption	返回/设置窗体标题栏显示的文本
BackColor	返回/设置窗体的背景颜色
ForeColor	返回/设置窗体的前景色
BorderStyle	返回/设置窗体的边框风格
ControlBox	用于确定窗体是否具有控制菜单
Enabled	用于确定窗体是否对用户事件作出响应
Height	返回/设置窗体的高度尺寸
Width	返回/设置窗体的宽度尺寸
Left	返回/设置窗体距屏幕左边的距离
Top	返回/设置窗体距屏幕顶部的距离
MaxButton	决定窗体是否具有最大化按钮
MinButton	决定窗体是否具有最小化按钮
Moveable	决定程序运行时窗体是否能够移动
StartUpPosition	指定窗体初次出现的位置

2.2.2　窗体的事件

VB 采用了事件驱动的编程机制。当没有事件发生时，程序处于等待状态，只有事件发生时，程序才会运行。窗体的事件较多，根据事件的来源，VB 中的事件可分为鼠标事件、键盘事件和系统事件三种。本节只介绍几个常用的事件，其余的将在第 7 章再介绍。

最常用的鼠标事件有 Click 事件和 DblClick 事件。Click 事件是程序运行时，在窗体上单击鼠标左键发生的事件；而 DblClick 则是在窗体上双击鼠标所发生的事件。

最常用的系统事件有 Initialize 事件、Load 事件与 Unload 事件、Activate 事件与 Deactivate 事件。当窗体第一次创建时会触发 Initialize 事件，一般将窗体的初始化代码存放在该事件过程中。当一个窗体被装载时触发 Load 事件，运行程序后，如果关闭窗体，就会触发 Unload 事件。当一个窗体变为活动窗体时，就会触发 Activate 事件。而当另一个窗体或应用程序被激活时，原窗体不再是活动窗体时会触发 Deactivate 事件。

请注意窗体的 Initialize、Load、Activate 三个事件触发的先后顺序：先触发 Initialize 事件完成窗体的初始化，该事件是运行程序创建一个窗体时触发，运行一次就触发一次，接着执行 Load 事件，完成窗体、建立在窗体上的控件对象及变量的初始化，并显示窗体，最后触发 Activate 事件。有些操作在三个事件中都能执行，如修改窗体的标题；有些操作只能在特定的事件中完成。如 Print 方法，第一个事件中不能执行，在第二个事件中执行但不显示结果（需要设置窗体的 AutoRedraw 为真值），在第三个事件中可直接执行。

对初学者来说，可以先掌握基本的 Load()、Click()、DblClick()事件的应用，其他事件在以后需要的时候再理解掌握。

如果我们针对某个事件编写了一段程序（事件过程），那么发生某个事件后，该程序段就会被执行；如果发生了某个事件，但没有相应的事件过程，则什么也不会发生。这就是所谓的事件驱动的编程机制。

2.2.3 窗体常用的方法

前面提到，所谓方法实际上是 VB 提供的特殊过程和函数。在窗体操作中常用的方法有 Print 方法、Cls 方法、Show 方法、Hide 方法和 Move 方法等。

（1）Print 方法。使用 Print 方法可以在窗体、图片框或打印机等对象中输出文本字符串或表达式的值。这里先用该方法在窗体上输出文字，其详细的使用格式将在第 3 章中再做介绍。

（2）Cls 方法。此方法用来清除由 Print 方法在窗体或图片框中显示的文本或用作图方法在窗体或图片框中显示的图形。Cls 方法的使用格式是：

```
[对象名.] Cls
```

对象指窗体或图片框，默认为窗体。

（3）Show 方法和 Hide 方法。这两个方法用于显示或隐藏窗体。

Show 方法用于显示指定的窗体，如果指定的窗体没有装载，VB 将自动装载该窗体。其一般的调用格式如下：

```
[对象名.] Show [Style]
```

若 Show 方法前面没有指明对象，隐含指当前窗体。参数 Style 是一个可选的整数，它决定显示的窗体是有模式还是无模式的。若 Style 为 1，则窗体显示是有模式的。此时，Show 后面的代码暂停执行，直到该窗体被隐藏或卸载时才执行。如果 Style 为 0，则窗体显示为无模式的，Show 后面的代码被紧接着执行。

Hide 方法用于隐藏指定的窗体，但不能将其卸载。如果调用 Hide 方法时窗体还没有加载，Hide 方法将加载该窗体但不显示它。Hide 方法的一般格式为：

```
[对象名.] Hide
```

若 Hide 方法前面没有指明对象，默认指当前窗体。隐藏窗体时，Hide 方法将指定窗体的 Visible 属性设置为 False，使窗体不可见，但并没有将其卸载。

2.2.4 添加窗体与设置启动窗体

通过前面章节的学习我们知道，在建立新工程时系统会自动创建一个窗体。但除了简单的练习题外，一般实际使用的应用程序通常需要使用多个窗体。因此，在当前工程中添加新窗体是应用程序开发过程中经常需要做的工作。

添加新窗体的步骤如下：

（1）从“工程”菜单中选择“添加窗体”菜单项。

（2）默认情况下系统将显示如图 2-1 所示的“添加窗体”对话框。

（3）该对话框的“新建”选项卡用于创建一个新窗体，列表框中列出了各种新窗体的类型，其中选择“窗体”选项时，建立一个空白的新窗体，选择其他选项时则建立一个预定义了某些功能的窗体。

（4）单击“打开”按钮，一个新的空白窗体被加入到当前工程中，同时会显示在屏幕上。

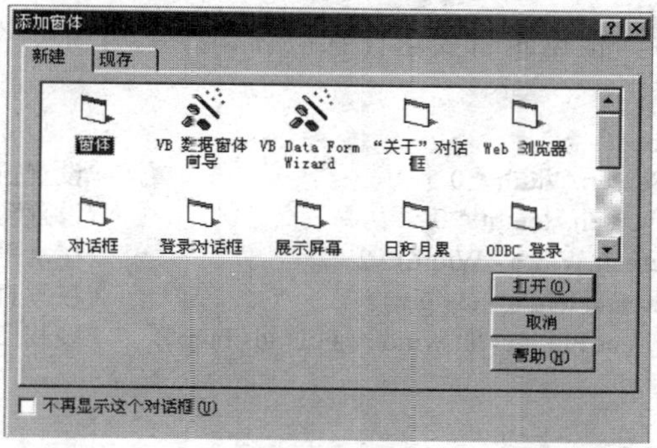

图 2-1 “添加窗体”对话框

添加了新窗体后，它的大小、背景颜色、标题及窗体名称等特征可根据应用程序的要求在属性窗口中设置完成，也可以在程序运行时由程序代码进行设置。

在多窗体情况下，如果事先没有特别的设定，应用程序的第一个窗体被默认为启动窗体，也就是当应用程序开始运行时，先运行该窗体。如果要改变系统默认的启动窗体，需要通过“工程属性”对话框的设置进行调整。例如，如果希望程序启动后首先出现的是 Form2，就应该按下述步骤对工程属性进行设置：

（1）从“工程”菜单中选取“工程属性”命令，出现如图 2-2 所示的“工程属性”对话框。

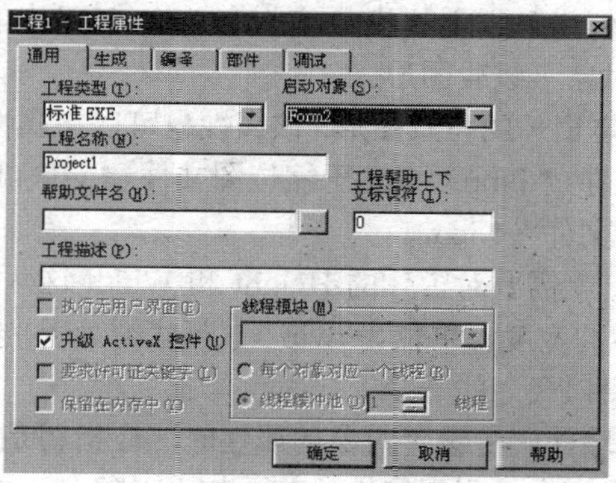

图 2-2 “工程属性”对话框

（2）选取该对话框中的“通用”选项卡。

（3）在“启动对象”下拉列表框中，选取作为新启动窗体的 Form2。

（4）单击“确定”按钮，完成设置。

有时，也许要求应用程序在启动时不加载任何窗体。在这种情况下，可以在标准模块中创建一个名为 Main 的子过程。然后将 Sub Main 过程设为启动对象。可从“工程”菜单中选取“工程属性”命令，然后在出现的对话框中选取“通用”选项卡，再从“启动对象”下拉列表中选定 Sub Main。

下面让我们编写两个简单的窗体应用程序。

例 2-1 设计一个程序，程序进入运行状态后，自动将窗体的大小设置为屏幕大小的一半并使窗体居中显示，并且在窗体上装载一幅图片。单击窗体时窗体上的图片消失，窗体的背景色会随机发生变化。

进入 VB 编程环境后，根据题目要求在代码窗口中编写窗体的 Load 事件过程和窗体的 Click 事件过程，如下所示：

```
Private Sub Form_Load()
    Form1.Width = Screen.Width * 0.5                          '设置窗体的宽度
    Form1.Height = Screen.Height * 0.5                        '设置窗体的高度
    Form1.Left = (Screen.Width - Width) / 2                   '在水平方向上居中显示
    Form1.Top = (Screen.Height - Height) / 2                  '在垂直方向上居中显示
    Form1.Picture = LoadPicture("c:\windows\clouds.bmp")      '装载图片
End Sub

Private Sub Form_Click()
    Form1.Picture = LoadPicture("")                           '卸载图片
    Form1.BackColor = QBColor(Rnd * 15)                       '随机改变窗体背景颜色
End Sub
```

Load 是窗体能够响应的一个事件，只要启动应用程序，窗体被装入内存，就会触发 Load 事件。Load 事件过程通常用来对对象的属性和变量进行初始化。

程序中 LoadPicture 是 VB 的一个函数，用于将指定的图片文件调入内存。LoadPicture 的一般使用格式是：

[对象.]Picture = LoadPicture ("文件名")

对象是指窗体、图片框、图像框等，默认为窗体。括号中双引号里的内容是图形文件名（一般应写完整路径）。本例中是指定装载 C 盘 Windows 目录中的 clouds.bmp 图形文件。如果双引号中为空，则表示对象不装载图形。

窗体的 Picture 属性决定窗体的背景图形，该属性也可以在属性窗口中设置。VB 支持以下几种图像文件格式：位图文件（*.bmp）、GIF 压缩位图文件（*.gif）、JPEG 压缩位图文件（*.jpg）、图元文件（*.wmf）和图标文件（*.ico）。

要想改变窗体的尺寸，就需要对窗体的 Height 和 Width 这两个属性进行设置。Height 指窗体的高度，Width 指窗体的宽度，单位为 twip（1 英寸约等于 1440 twip）。本例中是把窗体的高度和宽度都设为屏幕窗口尺寸的一半。

在第 1 章中提到在程序代码中设置对象的属性时，应指明是哪一个对象的属性。在程序中引用某个对象的属性时也应在被引用属性的前面加上对象名。如果不指定对象名（缺省），就是指当前窗体名。

例 2-2 设计一个程序，程序包括两个窗体，在第一个窗体上添加一个标签框，内写“进入动物世界”。运行时单击该窗体，显示第二个窗体，窗体上有一动物图片，如果再单击窗体 2，窗体 1 又会显示出来，如图 2-3 所示。

图 2-3　例 2-2 运行结果图

本例题需要设置的对象属性如表 2-2 所示。

表 2-2　例 2-2 对象属性设置

对象	属性名称	设置
窗体 1	名称	Form1
	Caption	窗体 1
窗体 2	名称	Form2
	Caption	窗体 2
标签	名称	Label1
	Caption	进入动物世界
	Font	隶书
	FontSize	小二号
	BackStyle	Transparent

新建立一个工程，系统会自动建立一个窗体（Form1），在 Form1 上添加一标签（Label）控件，根据前面所讲述的在工程中添加新窗体的方法，在本工程中再添加一个窗体（Form2）。然后根据表 2-2 设置对象的属性。到此我们应注意到，本应用程序已包含了两个窗体文件（Form1.frm、Form2.frm）。

实际上在 VB 中，一个应用程序中可以包含构成这个应用程序的所有窗体文件（*.frm）、标准模块文件（*.bas）、类模块文件（*.cls）、包含 ActiveX 控件的文件（*.ocx）等多个文件。这一系列文件的集合就是工程文件。当工程中所有部分的设计都完成后，可以把工程文件编译为可执行文件。有关生成可执行文件的问题已在第 1 章中介绍，此处不再赘述。

现在本程序有了两个窗体，运行时如何进行切换呢？请看下面的程序代码。

（1）程序运行时，用户单击窗体 1，就触发了 Form1 的 Form_Click 事件，系统就会执行下列程序代码：

```
Private Sub Form_Click()
    Form1.Hide          '将窗体 1 隐藏
    Form2.Show          '显示窗体 2
End Sub
```

Hide 和 Show 是在多窗体程序中使用的两个方法。Hide 方法的作用是将指定的窗体隐藏起来，使其不可见，即不在屏幕上显示。Show 方法是将指定的窗体显示在屏幕上。

（2）显示 Form2 时，系统会运行下述窗体装载事件过程：

```
Private Sub Form_Load()
    Form2.Picture = LoadPicture("d:\office97\clipart\popular\lion.wmf")
End Sub
```

该过程把指定的图片文件显示在 Form2 上。

（3）单击第二个窗体，则应再显示 Form1，隐藏 Form2，在 Form2 的代码窗口中编写如下过程便可以实现这一要求：

```
Private Sub Form_Click()
    Form1.Show          '显示窗体 1
    Form2.Hide          '隐藏窗体 2
```

```
End Sub
```

从表面上看，这个过程和前面单击 Form1 的过程名字都是 Form_Click，运行时会不会发生混乱呢？不会的，因为过程代码是从属于窗体的，在 Form1 中的代码窗口编写的前一个 Form_Click 过程，它只影响对 Form1 的单击事件；而在 Form2 中的代码窗口编写的另一个 Form_Click 过程，它只影响对 Form2 的单击事件，两者不会发生混淆。

2.3 标签、文本框和命令按钮

标签、文本框和命令按钮是 VB 编程中使用最频繁的三个基本控件。

2.3.1 标签

标签（Label）控件是用来显示文本的控件，该控件和文本框控件都是专门对文本进行处理的控件，但标签控件没有文本输入的功能。

标签控件在界面设计中的用途十分广泛，它主要用来标注和显示提示信息，通常是标识那些本身不具有标题属性的控件。例如，可用 Label 控件为文本框、列表框、组合框的控件添加描述性的文字。另外希望在窗体某个位置上输出处理结果、事件进程等信息，Label 比 Print 方法要更容易控制位置。标签控件的主要属性如表 2-3 所示。

表 2-3 标签控件的主要属性

属性	说明
名称（Name）	设置标签名字，供程序使用
AutoSize	设置标签的大小是否能自动调整以完整显示文本内容，False 为不能调整
BorderStyle	设置标签有无边框，0 – 无边框（默认值）；1 – 有边框
Caption	设置标签上要显示的文本内容
Left	设置标签距窗体左边界的距离
Top	设置标签距窗体上边界的距离
WordWrap	设置标签中所显示的文本是否能自动折行

标签最常用的属性是 Caption，常用来改变 Label 控件中显示的文本。Caption 属性允许文本的长度最多为 1024 个字符。默认情况下，当文本超过控件宽度时，文本会自动换行，但是如果 Caption 内容为西文字符，当文本超过控件宽度时，文本不会自动换行。AutoSize 属性用来设置标签是否会随标题内容的多少自动调整大小，Font 属性用来设置文字字体和大小，ForeColor 属性用来设置标签中的文字颜色，而 BackColor 属性用来设置背景颜色。

标签的主要事件有 Click、DblClick 和 Change 等，但一般标签都是用于标注界面或输出信息，不需编写事件过程。

2.3.2 文本框

文本框（TextBox）是一种通用控件，用于显示用户输入的信息，作为接受用户输入数据的接口；或者在设计或运行时，通过对文本框的 Text 属性赋值，作为信息输出的对象。显然文本框既可输入信息，又可输出信息。在程序设计或运行期间都可以在文本框中输入、编辑、修改和显示文本。

控制文本框外观的属性大部分与窗体和标签相同，文本框所特有的一些主要属性见表 2-4。这里要强调的是文本框没有 Caption 属性，这一点与很多常用的控件不同。

表 2-4　文本框的部分属性

属性	用途
名称（Name）	决定文本框的名称，在程序代码中通过该属性引用、操作文本框
Text	文本框中的文本内容
MultiLine	该属性值为 True 时，可以接收多行文本
ScrollBars	0－没有滚动条，1－水平滚动条，2－垂直滚动条，3－同时有水平和垂直滚动条
PasswordChar	指定显示在文本框中的替代字符，主要用于密码的输入
MaxLength	指定显示在文本框中的最大字符长度，超出部分不接收
Locked	决定文本框中的文本是否可以编辑，默认为 False，可以编辑
SelStart	定义在文本框中选择文本的起始位置
SelLength	定义选中字符的个数
SelText	当前所选择的字符串内容

文本框的主要事件有：Change 事件、KeyPress 事件、GotFocus 事件和 LostFocus 事件等。

当用户在文本框中输入新的信息或在程序运行时将文本框的 Text 属性设置为新值时，触发 Change 事件。用户每向文本框输入一个字符就引发一次该事件。因此，Change 事件常用于对输入字符类型的实时检测。

当进行文本输入时，每一次键盘输入，都将使文本框接受一个 ASCII 码字符，发生一次 KeyPress 事件，并返回所输入字符的 ASCII 码，因此通过该事件判断用户按了什么键。

一个处于可以接收输入数据状态的对象，被称为具有焦点。当焦点进入文本框时，触发 GotFocus 事件。

当焦点从文本框中离开的时候，触发 LostFocus 事件。通常，可用该事件来检查文本框中用户输入的内容或指定文本框失去焦点后所做事情。

文本框最常用的方法是 SetFocus，该方法是使文本框获得焦点。若希望运行程序就使插入点光标放在窗体上的 Text1 中，可以在窗体的 Activate 事件中添加代码 Text1.SetFocus，但要注意该语句不能出现在窗体的 Load 事件过程中。

2.3.3　命令按钮

在 Visual Basic 应用程序中，命令按钮（CommandButton）是使用最多的控件对象之一。常常用它来接收用户的操作信息，激发某些事件，实现下一个启动、中断和结束等操作。

命令按钮常用的基本属性有 Name、Caption、Default、Cancel、Enabled、ToolTipText 等。

Name 属性决定命令按钮的名称，在程序代码中通过该属性引用、操作命令按钮对象。

Caption 属性用于设置命令按钮上显示的文本。它既可以在属性窗口中设置，也可以在程序运行时设置。在运行时设置 Caption 属性将动态更新按钮文本。Caption 属性最多包含 255 个字符。若标题超过了命令按钮的宽度，文本将会换行。如果内容超过 255 个字符，则标题超出部分将被截去。

Default 属性和 Cancel 属性的作用分别是：指定一个默认命令按钮，应将其 Default 属性设为 True，则不管窗体上的哪一个控件有焦点，只要用户按 Enter 键，就相当于单击此默认命令按钮。同样，通过 Cancel 属性可指定默认的取消按钮。在把命令按钮的 Cancel 属性设置为 True 后，不管窗体当前哪个控件有焦点，按 Esc 键，就相当于单击此默认按钮。显然，一个窗体只能有一个命令按钮的 Default 属性设置为 True，也只能有一个命令按钮的 Cancel 属性设置为 True。

ToolTipText 属性的作用是以较少的文字解释命令按钮的功能。

命令按钮最重要的事件是单击事件（Click），单击命令按钮时将触发单击事件，并调用和执行已写入 Click 事件中的代码。多数情况下，主要是针对该事件过程来编写代码。需要注意的是，命令按钮不支持双击（DblClick）事件。

下面编写几个使用上述基本控件的简单程序。

例 2-3 设计一个程序，用户界面由三个命令按钮、一个标签和一个文本框组成。当用户单击其中一个命令按钮，在文本框上显示文本内容，单击另一个命令按钮，清除文本框内容，单击第三个命令按钮，结束程序的运行。

首先进入 VB 编程环境，建立一个新工程，再将一个标签、一个文本框和三个命令按钮添加到窗体 Form1 上，在窗体上添加控件的方法是：把鼠标指针移到工具箱中所需控件图标上，单击鼠标左键，所选择的控件图标即改为浅灰色，然后松开鼠标左键将光标移到窗体上，这时光标由箭头变成十字。将十字光标移到窗体希望的位置上，按住鼠标左键作斜线运动，拖拉成所需要的尺寸，然后释放左键，一个控件就加到窗体上了。

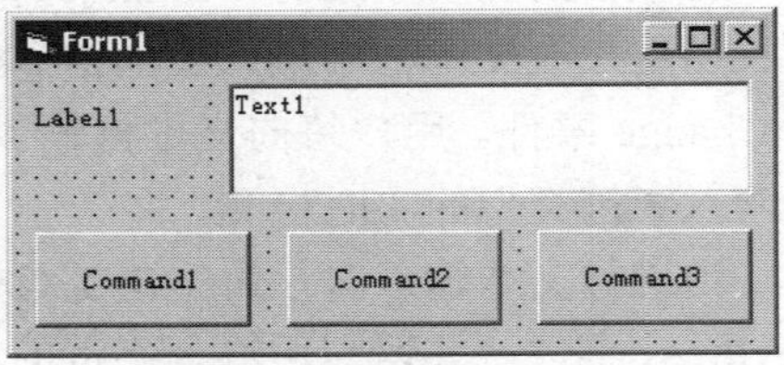

图 2-4　程序界面设计

在窗体上添加了上述几个控件后，调整控件的大小和位置如图 2-4 所示之后，就可以开始设置窗体和各控件的属性了。本例题中需要设置的属性如表 2-5 所示。

表 2-5　例 2-3 对象属性设置

对象	属性	设置
窗体	（名称） Caption	Form1 例题 2-3
标签	（名称） Caption FontName FontSize	Label1 文字显示 宋体 小四号
文本框	（名称） Text FontName FontSize	Text1 置空 隶书 四号

续表

对象	属性	设置
命令按钮 1	（名称） Caption FontSize	cmdShow 显示 五号
命令按钮 2	（名称） Caption FontSize	cmdClear 清除 五号
命令按钮 3	（名称） Caption FontSize	cmdEnd 退出 五号

在本例中，窗体的 Caption（标题）属性值设置为“例题 2-3”，名称属性使用了系统给定的默认值，故不需要重新设置。

设置控件的属性时，首先单击窗体上的某一控件，使其成为当前控件（请注意：当前控件的四周有 8 个蓝色小方块）。然后在属性窗口中找到需要设置的属性，再指定属性值。例如，要把命令按钮 Command1 的 Caption（标题）属性设为“显示”，就应该先单击命令按钮 Command1，使其成为当前控件，再到属性窗口中找到 Caption 属性栏。可以看到系统事先为命令按钮 Command1 设置的属性值（称为默认值）是“Command1”。单击此行，可以看到此行变为醒目（蓝色）显示。为了改变系统给定的标题，在这里可以删除字符 Command1 并用汉字重新输入“显示”，这时可以看到命令按钮 1 上的文字已由 Command1 改变为“显示”，该命令按钮的 Caption 属性就设置好了。从属性表中找到“名称”属性，单击名称属性，其属性值为 Command1（系统默认值），将其删除，修改为 cmdShow。

为了改变命令按钮上显示文字的大小，可以设置命令按钮的 Font 属性。在属性窗口中找到 Font 属性并单击它，右侧会出现一个有三点（...）的按钮。单击该按钮，会打开一个字体设置对话框（见图 2-5），其中包括有“字体”、“字体样式”、“大小”等。在这里可以把“大小”中的“小五”（系统默认值）改为“五号”，然后用鼠标单击图 2-5 中的“确定”按钮，退出此对话框。

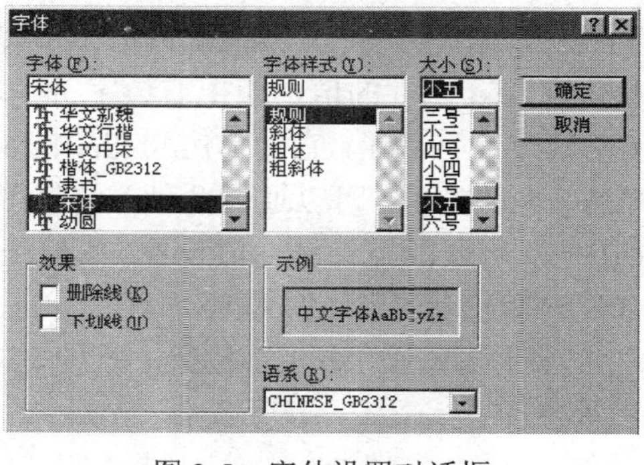

图 2-5　字体设置对话框

用同样的方法按表 2-5 中的要求设置其余两个命令按钮的有关属性。

文本框可以用来显示文字信息。文本框的 Text 属性的值就是文本框中所显示的内容。单击窗体上的文本框，使其成为当前控件，从属性窗口中找到 Text 属性，单击名称属性，其属性值为 Text1（系统默认值），将其删除，即清空文本框，使文本框中不显示任何信息。最后将文本框的字体大小属性设置为“四号”，字体为“隶书”。

标签的作用主要是用于一些文字标注，这里把标签的 Caption 属性设置为“文字显示”，字体设置为宋体，字号设为小四号。

在这里应注意到属性“标题”（Caption）和“名称”的不同作用。“标题”的内容显示在对象上，用户可以在屏幕上看到它，以便识别不同的对象。而“名称”不显示在对象上，它是供程序识别的。例如，本例中第一个命令按钮的 Caption 属性值是“显示”，它显示在窗体中的命令按钮上。该命令按钮的“名称”属性值是 cmdShow，它在屏幕上是看不到的，只供程序识别，在后面将会看到 cmdShow 这个名字将会出现在程序代码中。另外，还应注意到文本框控件没有“标题”（Caption）属性，文本框中显示的内容是它的 Text 属性值。设置完成后的窗体界面如图 2-6 所示。

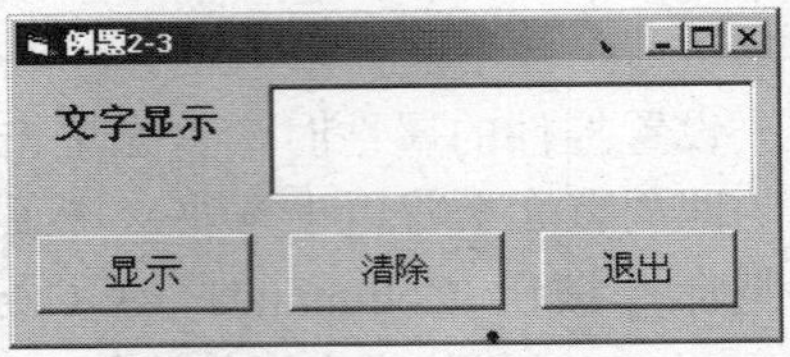

图 2-6　设置完成后的窗体界面

属性设置完成以后就可以编写事件过程代码了。过程代码也称程序代码，它是针对某个对象事件编写的。本例题要求单击“显示”命令按钮后，在窗体上的文本框内输出字符串。也就是说，需要对该命令按钮的单击事件编写一段代码，以指定用户单击该按钮时要执行的操作。为了编写程序代码，必须使屏幕显示出代码窗口。可以双击该命令按钮进入代码窗口，也可以按 F7 键进入代码窗口，此时代码窗口就会出现：

```
Private Sub cmdShow_Click()

End Sub
```

表示对名为 cmdShow 的对象（即“显示”按钮）的单击事件（Click）进行代码设计。根据题义应在上述两行命令之间输入：

```
Text1.Text =  "我的第二个 VB 程序！",
```

即：

```
Private Sub cmdShow_Click()
    Text1.Text = "我的第二个 VB 程序！"
End Sub
```

其中 Text1 是文本框的名称的属性值，即文本框的名字。Text 是文本框的文本属性，上面赋值语句的目的是修改文本框的 Text 属性的值，即把右边字符串赋给文本框的 Text 属性，这样在窗体的文本框中就显示出这个字符串了。它的作用和在属性表中为窗体、命令按钮或文本框等对象设置属性值是一样的。也就是说，可以通过两种方法修改对象的属性值。一是设计阶段在属性窗口中进行，例如在上面所做的控件属性值设置。另外是在程序运行过程中用语句来实现，如本例中的“Text1.Text="我的第二个 VB 程序！"”。

下面是另一个事件过程。若用户单击“清除”按钮，就使文本框清空：

```
Private Sub cmdClear_Click()
    Text1.Text=  ""
End Sub
```

要想清除文本框，将 Text 属性置空即可，其实在前面的属性窗口中为文本框设置属性时已经实现过清空文本框的功能，这里只是通过程序语句来实现罢了。

“退出”命令按钮的事件过程如下：

```
Private Sub cmdEnd_Click()
  End
End Sub
```

其中的 End 命令将结束程序的运行。

程序代码编写完成后就可以运行调试程序了。选择菜单“运行”中的“启动”命令或按 F5 键，程序开始运行。运行时单击“显示”命令按钮后的结果见图 2-7。若再单击“清除”按钮，文本框中无任何文字显示。单击“退出”按钮，程序就会结束运行。

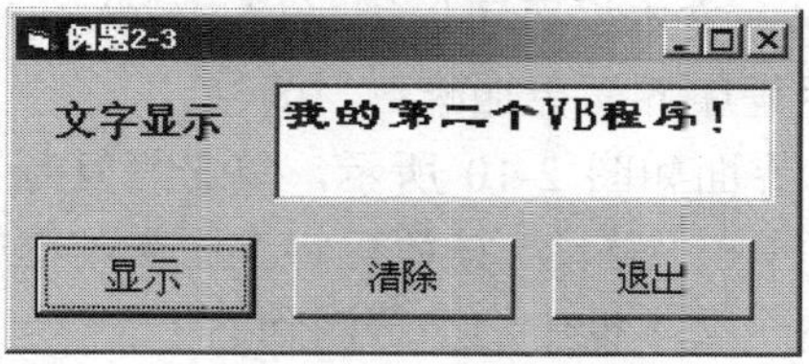

图 2-7　程序运行界面

例 2-4　编写一程序，由用户从键盘上输入两个数，然后求这两个数的和，并将结果显示出来，要求的用户界面如图 2-8 所示。

解题步骤如下：

（1）首先进入 VB 编程环境，建立一个新工程，再将三个标签、三个文本框和一个命令按钮加到窗体 Form1 上，调整控件的大小和位置如图 2-9 所示。

图 2-8　例 2-4 运行界面

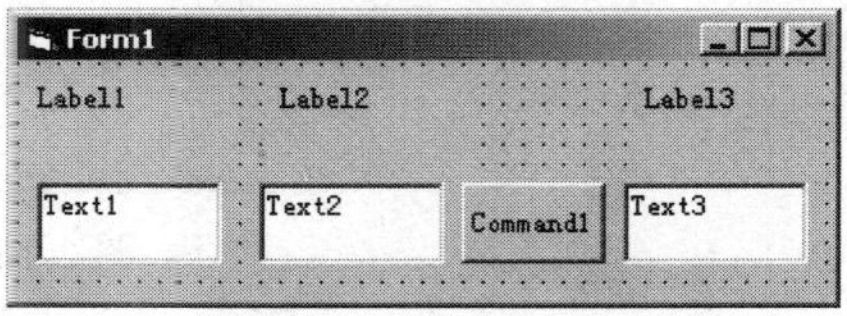

图 2-9　例 2-4 初始设计

（2）按表 2-6 设置有关属性。

表 2-6　例 2-4 属性设置

对象名称	属性	属性值	说明
Form1	Caption	例题 2-4	窗体标题
Text1	Text		程序启动时文本框内无文字
Text2	Text		程序启动时文本框内无文字
Text3	Text		程序启动时文本框内无文字
Label1	Caption	被加数	标签框标题
Label2	Caption	加数	标签框标题
Label3	Caption	和	标签框标题
Command1	Caption	=	命令按钮标题

另外，为了醒目，可以把窗体上所有控件的 FontSize 属性设置为“小四”。

（3）编写命令按钮 Command1 的 Click 事件过程代码：

```
Private Sub Command1_Click()
    Text3.Text = Val(Text1.Text) + Val(Text2.Text)
End Sub
```

代码“Text3.Text=Val(Text1.Text)+Val(Text2.Text)”的作用是把文本框 1 和文本框 2 中的数据相加，并将结果放在文本框 3 中。Val()是 VB 内部数据转换函数，作用是把字符串转换为数值。有关内部函数的具体使用方法将在第 3 章介绍。

程序运行时，在文本框 1 和文本框 2 中输入数字后单击命令按钮，文本框 3 中就会显示出计算结果（如图 2-8 所示）。

通过上面的例子可以看出，文本框既可以用于用户输入，也可以用于程序输出；文本框和标签结合使用，可以使应用程序界面更加醒目、清楚。

例 2-5 设计一个程序，界面如图 2-10 所示，单击“复制”按钮，将上面文本框中选定的文本复制到下面文本框中，单击“移动”按钮可将上面文本框中选定的文本移动到下面文本框中，单击“清空”按钮将两个文本框中的字符清除。

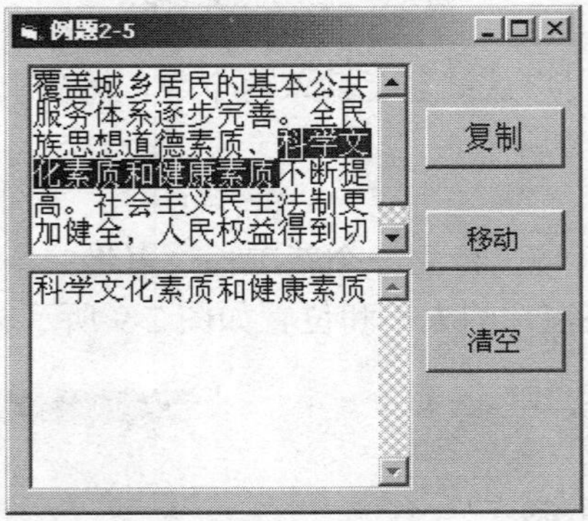

图 2-10 例 2-5 运行界面

解题步骤如下：

（1）新建一个工程，在窗体上添加两个文本框和三个命令按钮，并调整控件的位置和大小。

（2）通过属性窗口按表 2-7 设置对象属性。

表 2-7 例 2-5 对象属性设置

对象名称	属性	属性值	说明
Form1	Caption	例题 2-5	窗体标题
Text1	Text		程序启动时文本框内无文字
Text2	Text		程序启动时文本框内无文字
Command1	Caption	复制	命令按钮标题
Command2	Caption	移动	命令按钮标题
Command3	Caption	清空	命令按钮标题

另外，为使文本框内容浏览时方便，把两个文本框的 ScrollBars 属性设置为 2，添加垂直滚动条；把两个文本框的 MultiLine 属性设置为 True，使文本框中的内容能自动换行。

（3）为三个命令按钮添加代码。单击“复制”按钮将第一个文本框中选定的内容复制到第二个文本框中，就是将第一个文本框中选定的内容连接到第二个文本框中内容的后面，选定内容用其 SelText 属性表示。因此需要在“复制”按钮的 Click()事件中添加代码：

```
Private Sub Command1_Click()
    Text2.Text = Text2.Text + Text1.SelText
End Sub
```

单击“移动”按钮将第一个文本框中选定的内容移动到第二个文本框中，就是将第一个文本框中选定内容连接到第二个文本框内容的后面，并将第一个文本框选定的内容清除，将选定内容清除，就是置 SelText 为空串，即 SelText="", 因此需要在“移动”按钮的 Click()事件中添加代码：

```
Private Sub Command2_Click()
    Text2.Text = Text2.Text + Text1.SelText
    Text1.SelText = ""
End Sub
```

单击“清空”按钮，将两个文本框中的字符清除，需要在“清空”按钮的 Click()事件中添加代码：

```
Private Sub Command3_Click()
    Text1.Text = ""
    Text2.Text = ""
End Sub
```

程序运行时，在文本框 1 中输入一段文字，用鼠标选定任意部分文字后单击“复制”按钮，所选的文字就被复制到文本框 2 中；若单击“移动”按钮，选定的文字就会被移动到文本框 2 中；单击“清空”按钮，两个文本框中的文字都被清除。

2.4　程序调试

编写程序时，难免会发生错误。查找和修改错误，使得程序能够正常运行的过程称为程序调试。VB 为调试程序提供了一组有效的调试工具。

2.4.1　错误类型

可以将程序错误划分为编译错误、运行错误和逻辑错误三大类。

1. 编译错误

在程序代码窗口编写程序时，系统会对输入的程序语句的语法进行自动检查。如果发现语法错误，系统会弹出一个对话框，提示错误信息，如图 2-11 所示。这时，必须单击“确定”按钮，关闭错误提示对话框。出错的那一行语句变为红色，提示进行必要的修改。例如，在图 2-11 所示的程序语句中，少写了一个右括号就回车换行，系统就会提示错误信息。添加右括号后，该语句文字又变为正常的黑色。

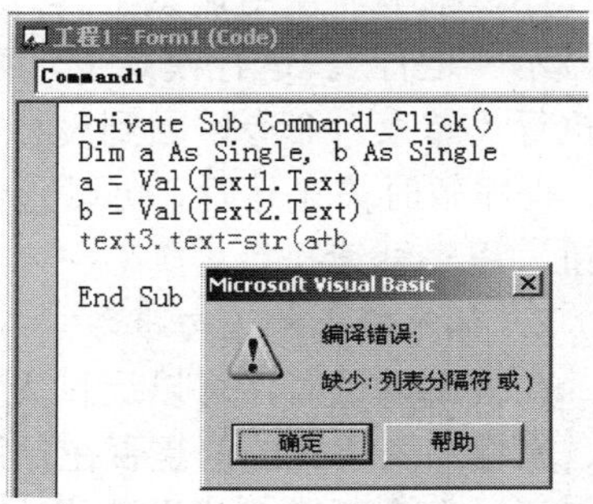

图 2-11　编译错误提示

另外，有些编译错误要等到系统对程序进行运行前的编译时才能发现，如变量未定义、遗漏关键字等。

2．运行错误

运行错误是指程序在编译通过后，在运行过程中发生的错误。这类错误往往是由于程序代码执行了一些非法操作引起的。比如类型不匹配、要求的对象不存在、试图打开一个不存在的磁盘文件等。

例如，窗体中没有添加控件 Text3，而程序中却要对 Text3 的某个属性赋值，程序运行时，就会给出运行错误提示，如图 2-12 所示。单击“调试”按钮，进入中断模式，出现错误的语句高亮显示（见图 2-13）。此时可以对代码进行修改。

图 2-12　运行错误提示

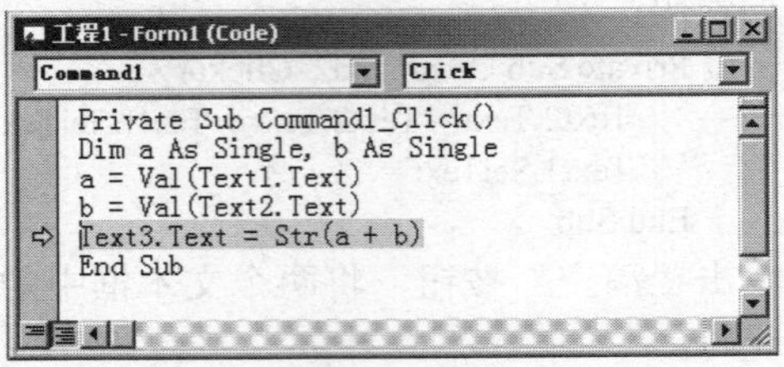

图 2-13　中断模式

3．逻辑错误

程序没有编译或运行错误，但运行后得不到正确的运行结果，这说明程序存在逻辑错误。例如，运算符使用不正确，语句次序不对，算法错误等。通常，逻辑错误没有错误提示信息，只能通过仔细阅读和分析程序来查找错误。

2.4.2　调试与排错

为了改正程序中发生的不同错误，VB 提供了各种调试工具。主要是通过设置断点，插入观察变量、逐行执行和过程跟踪等方法，在调试窗口中显示所关注的信息，让程序员发现和排除错误。

1．VB 的三种模式

作为一个集编辑、编译和运行于一体的程序集成开发环境，VB 的工作状态可分为三种模式，即设计模式、运行模式和中断模式。在设计模式下可以进行程序界面的设计、对象的属性设置以及程序代码的编写等，此时，窗口的标题栏显示“设计”。在设计模式下不能运行程序，也不能使用调试工具。执行“启动”命令后，系统由设计模式进入运行模式，标题栏显示“运行”。运行模式下，可以查看程序代码，但不可以修改程序。若要修改程序，可以执行“结束”命令，回到设计模式。也可以执行“中断”命令，进入中断模式。中断模式中，程序暂时停止运行，可以查看、修改程序代码和检查数据。修改结束后，再单击“继续”按钮，程序继续执行。

2．插入断点和逐句跟踪

在程序调试时，可以通过人为地设置断点来中断程序的运行，然后逐句跟踪检查相关变量、属性和表达式的值是否在预期的范围之内。

可以在中断模式或设计模式状态下设置或删除断点。把光标移到怀疑有问题的语句处，按 F9 键，就在该条语句处设置了断点。程序运行到断点处会自动停下，进入中断模式。断点以前的变量、属性和表达式值均可以查看。在中断模式下查看某个变量值的方法是，把鼠标指向该变量，稍停一会儿，鼠标下方就会显示出该变量的值。

若要继续跟踪断点以后语句的执行情况，可以按下 F8 键或选择“调试”菜单中的“逐语句”命令。在断点处再按一次 F9 键，就取消了断点。

将设置断点和逐条语句跟踪相结合进行程序调试，是初学者常用的方法。

3. 调试窗口

在中断模式中，除了用鼠标指向某变量显示其值外，还可以通过“立即”窗口、“监视”窗口和本地窗口来观察有关变量的值。可以单击“视图”菜单中的相关命令打开这些窗口。

“立即”窗口是程序调试中使用最方便的窗口。可以在程序中利用 Debug.Print 方法，把输出送到立即窗口，也可以直接在立即窗口中使用 Print 语句或“?”来显示变量的值。

“本地”窗口显示的是当前过程中所有变量的值。当程序从一个过程切换到另一个过程时，本地窗口的内容会发生变化，它只反映当前过程中可用的变量值。

“监视”窗口显示的是事先设定的要监视的表达式值。在设计阶段，可以利用“调试”菜单的“添加监视命令”或“快速监视”命令来添加监视表达式以及设置监视类型。程序运行时，“监视”窗口中就会显示相应的数值。

本章小结

Visual Basic 采用的是面向对象的事件驱动编程机制。在 Visual Basic 中对象是窗体和控件的总称。每个对象都有一组特征，称之为属性。事件是预先定义好的、能够被对象识别的动作。对象除拥有自己的属性和事件外，还拥有属于自己的方法。方法实际上是 VB 提供的一种特殊的子程序，用来完成一定的操作或实现一定的功能。

窗体本身是对象，同时它又是其他对象的容器。标签、文本框和命令按钮是程序界面设计时最常用的控件对象。

任何一个程序都有可能存在错误，可以将程序错误划分为编译错误、运行错误和逻辑错误三大类。为了改正程序中发生的不同错误，VB 提供了各种调试工具。主要是通过设置断点、插入观察变量、逐行执行和过程跟踪等方法，在调试窗口中显示所关注的信息，让程序员发现和排除错误。

习题 2

一、填空题

1．Visual Basic 是一种面向________的可视化程序设计语言，采取了________的编程机制。

2．Visual Basic 的对象主要分为________和________两大类。

3．在 Visual Basic 中，用来描述一个对象特征的量称为对象的________。

4．在 Visual Basic 中，设置或修改一个对象的属性的方法有两种，分别是________和________。

5．在 Visual Basic 中，事件过程的名字由________、________和________所构成。

6．程序运行时，若用户单击了窗体 Form1，则此时将被执行的事件过程的名字应为________。

7．窗体的标题栏显示的内容由窗体对象的________属性决定。

8．VB 工程文件的扩展名为________，标准模块文件的扩展名为________，窗体文件的扩展名为________。

9．在 VB 中，错误的类型大致可分为三种：________、________和________。

10．VB 有三种工作模式，即设计模式、________和________。

二、选择题

1．在 Visual Basic 中最基本的对象是（　），它是应用程序的基石，也是其他控件的容器。

A．文本框　B．命令按钮　C．窗体　D．标签

2．窗体的标题栏显示的内容由窗体对象的（　）属性决定。

A．BackColor　B．BackStyle　C．Text　D．Caption

3．若要取消窗体的最大化功能，则可设置（　）属性为 False 来实现。

A．ControlBox　B．MinButton　C．MaxButton　D．Enabled

4．窗体的边框风格由窗体对象的（　）属性来设置。

A．BackStyle　B．BorderStyle　C．WindowState　D．FillStyle

5．若要以程序代码方式设置在窗体中显示文本的字体大小，则可用窗体对象的（　）属性来实现。

A．FontName　B．Font　C．FontSize　D．FontBold

6．若要设置文本的显示颜色，则可用（　）属性来实现。

A．BackColor　B．ForeColor　C．FillColor　D．BackStyle

7．若要使窗体启动时位于屏幕的中间，则可通过（　）属性来设置。

A．Top　B．Left　C．StartUpPosition　D．WindowState

8．若要禁止窗体被移动，则可设置窗体的（　）属性为 False 来实现。

A．Move　B．Moveable　C．MinButton　D．ControlBox

9．若要将窗体隐藏起来，则实现的方法为（　）。

A．Hide　B．UnLoad　C．Show　D．WindowState

10．命令按钮的标题文字由（　）属性来设置。

A．Text　B．Caption　C．Name　D．(名称)

11．若要将某命令按钮设置为默认命令按钮，则可设置（　）属性为 True 来实现。

A．Value　B．Cancel　C．Default　D．Enabled

12．若要设置命令按钮的工具提示，则可通过（　）属性来设置。

A．Caption　B．Text　C．Value　D．ToolTipText

13．若要使某命令按钮获得控制焦点，则可使用（　）方法来设置。

A．Refresh　B．SetFocus　C．GotFocus　D．Value

14．若要使标签框的大小自动与所显示的文本相适应，则可通过设置（　）属性的值为 True 来实现。

A．AutoSize　B．Alignment　C．Appearance　D．Visible

15．若要设置或返回文本框中的文本，则可通过文本框对象的（　）属性来实现。

A．Caption　　B．Text　　C．(名称)　　D．Name

16．若要使文本框成为只读文本框，可通过设置（　）属性值为 True 来实现。

A．ReadOnly　　B．Lock　　C．Locked　　D．Enabled

三、编程题

1．建立一个新工程，在窗体上添加一个标签框（Label）。标签框的边框风格属性（BorderStyles）值设为 1，单击窗体时，在标签框中显示“我喜欢 VB”的字样，如图 2-14 所示。

图 2-14　第 1 题的运行界面

2．建立一个新工程，在窗体上添加一个标签（Label1）、一个文本框（Text1）和两个命令按钮（Command1、Command2）。运行窗体后，单击“显示标题”（Command1）按钮在标签中显示“Visual Basic 编程”字样，单击“显示内容”（Command2）按钮在文本框中显示“我的 Visual Basic 程序”字样，如图 2-15 所示。

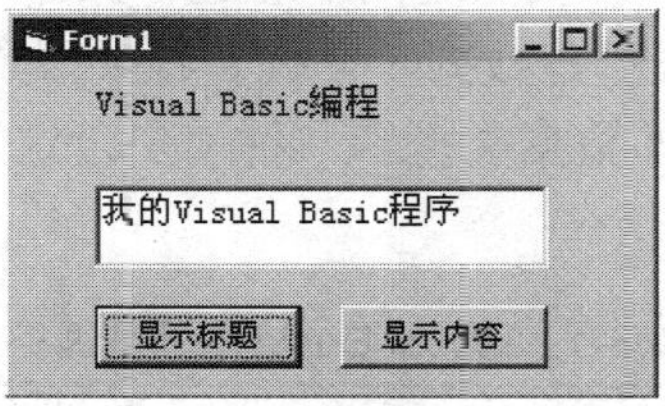

图 2-15　第 2 题的运行界面

3．在窗体中添加两个命令按钮和一个标签，程序启动时只显示两个命令按钮，单击“英文”按钮时显示“Good Bye”，单击“中文”按钮时显示“再见”，如图 2-16 所示。

图 2-16　第 3 题的运行界面

第 3 章　Visual Basic 语言基础

本章要点

- 了解和掌握 Visual Basic 的基本数据类型、常量与变量的概念和定义方法。
- 正确使用各种运算符和表达式。
- 了解和掌握常用内部函数。
- 熟练使用基本输入输出语句。

3.1　Visual Basic 的基本数据类型

描述客观事物的数、字符以及所有能被输入到计算机中并被计算机程序加工处理的符号集合称为数据。数据既是程序处理的基本对象，也是程序的必要组成部分，又是程序运算所产生的结果。数据类型是指数据在计算机内部的表述和存储形式。Visual Basic 根据数据性质和用途的不同，将数据划分为不同的类型。不同的数据类型具有不同的存储长度、取值范围和允许的操作。编写程序时，选择使用合适的数据类型，可以优化程序代码的运行速度和节省存储空间。另外，只有相同或相容的数据类型之间才能进行操作，否则会出现错误。所以我们应该理解和掌握 Visual Basic 能够处理哪些数据，掌握各种类型数据的表达方式和使用场合。

Visual Basic 提供了 11 种基本数据类型和一种用户自定义数据类型，表 3-1 列出了 Visual Basic 的各种数据类型。

表 3-1　Visual Basic 中的数据类型

数据类型	类型符	前缀	占用字节数	数据取值范围
Byte（字节型）	无	byt	1	0～255
Boolean（逻辑型）	无	bin	2	True 或 False
Integer（整型）	%	int	2	-32768～32767
Long（长整型）	&	lng	4	-2147483648～2147483647
Single（单精度型）	!	sng	4	负值：-3.402823E38～-1.401298E-45 正值：1.401298E-45～3.402823E38
Double（双精度型）	#	dbl	8	负值：-1.79769313486232D308～-4.94065645841247E-324 正值：4.9406564584124D-324～1.79769313486232D308
Currency（货币型）	@	cur	8	-922,337,203,685,477.5808～922,337,203,685,477.5807

续表

数据类型	类型符	前缀	占用字节数	数据取值范围
Date（日期型）	无	dtm	8	100.1.1～9999.12.31
String（字符型）	$	str	与串长有关	0～65535
Variant（变体型）	无	vnt	不定	根据实际类型而定
Object（对象型）	无	obj	4	任何对象引用
自定义型	无	无	不定	不定

3.1.1　用于保存数值的数据类型

数值数据指能进行数学运算的数据，Visual Basic 中用于保存数值的数据类型有 6 种：整型（Integer）、长整型（Long）、单精度型（Single）、双精度型（Double）、字节型（Byte）和货币型（Currency）。

1. 整型数据

整型数据包括整型（Integer）和长整型（Long），用于保存不带小数点和指数符号的整数。与浮点数相比，整型数据的运算速度快、占用内存少，但数据的取值范围较小。

在 Visual Basic 中，Integer 型数据的存储长度为两个字节，取值范围为–32768～32767，超过这个范围的整数可以用长整型数来表示。长整型数据的存储长度为 4 个字节，取值范围为–2147483648～2147483647。

整型（Integer）数的表示方式为：±n[%]，其中 n 是 0~9 的数字，%是 Integer 的类型符。%号常常省略。长整型（Long）数的表示形式是：±n[&]。例如，240%、240、–125、+32、32%等均是整型数；而 240&、–125&、–2456783& 则是长整型数。

2. 浮点型数据

浮点数包括单精度型（Single）和双精度型（Double），用于保存带小数点的实数。与整型数相比，浮点数的取值范围较大，但运算速度较慢。单精度浮点数和双精度浮点数的类型符分别是“!”和“#”，指数分别用“E”和“D”来表示。如：–134E5 是指数形式的单精度数，134D5 是指数形式的双精度数。单精度浮点数的精度为 7 位，双精度浮点数的精度为 16 位。

单精度浮点数有多种表现形式，如：±n.n、±n!、±nE±m、±n.nE±m 等，它们分别表示小数形式、整数加单精度类型符、指数形式等，其中 n、m 是 0～9 的数字。例如，数字 1.345、–134!、–134E5、0.135E-3 都是单精度浮点数；数字 1.345#、–134#、–134D5 都是双精度浮点数。

3. 货币型

货币型（Currency）数据是定点数或整数，用于计算货币的数量，最多保留小数点右边 4 位和小数点左边 15 位。

浮点数中的小数点是“浮动”的，即小数点可以出现在数的任何位置，而货币类型数据的小数点是固定的，因此又称为定点数据类型。

4. 字节型

字节型（Byte）数据用于存储一个字节的无符号整数，其取值范围为 0～255。除一元减法外，所有可对整数操作的运算符均可以操作 Byte 数据类型。因为 Byte 是 0～255 的无符号数，所以不能表示负数。

在 Visual Basic 中，数值型数据都有一个有效的范围值，程序中的数如果超出规定的范围，系统就会出现“溢出”（Overflow），并显示出错信息。如果小于范围的下限值，系统将按“0”处理。

3.1.2　日期型数据

日期型（Date）数据按 8 个字节的浮点数来存储日期，它可以表示的日期范围从公元 100 年 1 月 1 日到 9999 年 12 月 31 日，时间可以从 00:00:00 到 23:59:59。任何可以辨别的文本日期都可以赋值给日期型数据变量。日期数据前后必须添加定界符号“#”，如#1 Jan 04#、#January 1, 2004#、#2003-8-1 12:29:12PM#都是合法的日期型数据。

日期型数据也可以用数字序列表示。当用数字序列表示时，小数点左边的数字代表日期，而小数点右边的数字表示时间。0 为午夜，0.5 为中午 12 点，每小时为 1/24。负数代表的是 1899 年 12 月 30 日之前的日期和时间。例如，1.4 即表示 1899-12-31 9:36:00，-2.5 表示的日期则是 1899-12-28 12:00:00。

3.1.3　字符串型数据

字符型数据（String）用于表示连续的字符序列，专用于存放文字信息。字符数据前后必须添加英文标点符号双引号“""”加以界定（在 VB 中引号只有一个方向），表示字符串的开始与结束。例如，"computer"、"詹天佑"、"我喜欢使用 Visual Basic"等都是字符串数据。应该注意：""表示空字符串，而"　"则表示有空格的字符串，空格也是字符。

字符型数据又分为定长字符串型和变长字符串型两类。定长字符串数据所能包含的最大字符数是固定的，并且可以指定；而变长字符串所能包含的字符个数是可变的。字符串中可以使用计算机所能使用的任何字符。字符串中每个字符占用一个字节，变长字符串所占用的内存空间大小为 10 个字节加字符长度；定长字符串所占用的字节数就是字符串本身的长度。

3.1.4　逻辑型数据

逻辑型数据（Boolean）用于表示逻辑量，占用两个字节。其取值只有两个：True（真）或 False（假）。当逻辑型数据转换为整型数据时，True 转换为–1，False 转换为 0；其他类型数据转换为逻辑型数据时，非 0 数据被转换为 True，0 被转换为 False。

3.1.5　对象型数据

对象型数据（Object）可以用来引用应用程序所能识别的任何实际对象，占用 4 个字节。在程序中定义了对象数据变量后，就可以用 Set 语句将某一实际对象赋值给该对象变量，以后就可以用对象变量名来代替实际的对象名，达到引用实际对象的目的。有关对象类型数据的使用，将在第 7 章中涉及到。

3.1.6　变体型数据

变体型（Variant）数据是 Visual Basic 提供的一种特殊数据类型，是所有未声明变量的默认数据类型。关于变量的声明 3.2 节会详细介绍。根据使用情况的不同，变体型数据的类型是可变的，它对数据的处理完全取决于程序的上下文需要。除了定长字符串数据和用户自定义数据外，它可以保存任何类型的数据。

对变体型变量赋值时不需要进行数据类型间的任何转换，Visual Basic 会自动进行必要的转换处理。例如：

```
Dim a1 As Variant        '定义 a1 为变体型数据变量
a1 = "15"                '将字符串"15"赋值给 a1，此时系统将 a1 视为字符型数据
a1 = a1 – 10             'a1 参与算术运算，系统将 a1 转换为整型数据，值为 5
a1 = "No. " & a1         'a1 参与字符连接运算，系统将 a1 转换为字符数据，值为"No.5"
```

应该注意到，变体型数据提高了程序的适应性，却占用额外的系统资源，降低了程序的运行速度。因此，当数据类型能够具体定义时，最好能明确定义其数据类型。

声明变量时未指定其数据类型，系统默认为变体型。

上述基本数据类型中，初学者可先重点掌握常用的几种类型：整型、长整型、单精度型、双精度型、字符型、日期型和逻辑型。

3.2　常量与变量

常量是那些在程序运行过程中，其值不发生改变的量；变量是那些在程序运行过程中，其值是可以改变的量。前一节介绍了 Visual Basic 的基本数据类型，在程序设计中，这些不同类型的数据既可以常量的形式出现，也可以变量的形式出现。

3.2.1　常量

常量是指在程序运行过程中其值始终保持不变的量。Visual Basic 中常量有三种：直接常量、符号常量和系统常量。

直接常量就是在程序代码中，以直接明显的形式给出的数据。如果在程序中多次出现一些很大的数据或很长的字符串，为了改进程序代码的可读性和可维护性，应该使用符号常量，即给某一特定的常量值赋予一个名字，以后用到该值时就用名字代表。符号常量有点像变量，但它不能像对变量那样修改符号常量，也不能对符号常量赋予新值。Visual Basic 系统还提供了一些具有专门名称和作用的常量，这些常量称为系统常量。

1. 直接常量

直接常量通常被简称为常量。根据数据类型的不同，常量分为字符串常量、数值常量、日期常量和布尔常量。

数值常量是由数值、小数点和正负号所构成的数值，如 2261，25&，3.1415928，–7.80，–3.14E12 等。在 Visual Basic 中除十进制数值常量外，还有八进制、十六进制数值常量。八进制常量前加&O，如&O1002、&O567；十六进制常量前加&H，如&HAF、&H357。

字符串常量是由一对英文标点符号双引号“"”加以界定的字符序列，该字符序列可以是任何能被计算机处理的字符，如"Computer"、"学生"、"UY%^*"等。如果一个字符串常量只有双引号，中间没有任何字符也没有空格，则称该字符串为空串，即""。应注意双引号之间的空格也是一个字符。应特别注意当双引号作为字符串的组成部分时，双引号必须成对出现。如："学好""VB"""，是一个字符串常量，第一个和最后一个双引号是一对双引号，作为整个字符串

的定界符，而 VB 这两个字符前后的双引号作为字符串的组成内容，则必须成对出现。

日期常量用来表示某一天或某一天的具体时间。在 Visual Basic 中，日期常量用两个“#”号加以界定，如#2/9/2004#，#2/9/2004 11:02:00AM#，#11:03:43AM#等。

逻辑型常量只有 True 和 False 两个值，表示“真”和“假”。一定要注意的是：逻辑型常量没有双引号界定符。如果带有双引号定界符，计算机就将其作为字符串常量处理了。

2. 符号常量

程序中若要多次用到某一常量，用户就可以把该常量定义为符号常量。符号常量的定义（声明）语句格式为：

```
Const 符号常量名 [As 数据类型] = 表达式
```

其中，Const 为用于定义符号常量的语句。符号常量通常用大写字母命名，以示区别。[As 数据类型]可选项用于符号常量的数据类型。例如：

```
Const PI = 3.1415926                    '声明数值常量 PI 代表 3.1415926
Const X as Integer = 100                '声明数值常量 X 代表 100，整数
Const DAY1 as Date = #3/15/2004#        '声明日期常量 DAY1
Const PWD = "Tiger"                     '声明字符串常量 PWD 代表 "Tiger"
```

3. 系统常量

系统常量是由 Visual Basic 提供的具有专门名称和作用的常量。Visual Basic 提供的系统常量有颜色常量、窗体常量、绘图常量等 32 类近千个常量。如：vbRed 表示红色，vbCrLf 表示回车换行。这些系统常量位于 Visual Basic 的对象库中。使用系统常量易于编写程序并增强程序的可读性。表 3-2 列举了 Visual Basic 用于确定颜色的系统常量。

表 3-2 Visual Basic 的颜色常量

系统常量	数值	说明
vbBlack	&H0	黑色
vbRed	&HFF	红色
vbGreen	&HFF00	绿色
vbYellow	&HFFFF	黄色
vbBlue	&HFF0000	蓝色
vbMagenta	&HFF00FF	洋红
vbCyan	&FFFF00	青色
vbWhite	&HFFFFFF	白色

3.2.2 变量

解决实际问题时有些量事先不能确定，只有在程序的运行过程中才能确定。例如，求圆的面积，如果事先确定半径，即半径值取常量，则该程序只能求固定半径的圆的面积，程序就不够灵活，如果在程序运行时给半径赋值，赋不同的值就可求不同半径的圆的面积，程序就比较灵活，像这样可以赋不同值的量就称为变量。另一方面，在程序的运行过程中总会产生中间结果和最终结果，这些数据也需要用变量存储。所以在程序设计时几乎离不开变量。变量就像数学中表示未知数的 x、y、z。其实变量是在内存中划出一个存储空间，用来存储临时数据，

给这个空间起一个名字，即变量名，可以用变量名代替其存储的值参与运算，就像数学中将某个量代入算式参与运算。在程序执行的每个瞬间，变量的值都是确定的、已知的，但在程序的整个执行过程中，变量的值又是可以变化的。

我们可以把每个变量理解为一个有名字的盒子，盒子中存放的东西就是数据。一个变量在一个时刻只能存放一个数据值。如果某一变量在程序运行过程中其数据发生变化，则后来的数据值将取代原来的数据值。也就是说，变量中的数据值是动态变化的，当把新的数据存放到某一变量中，该变量中原先存放的数据就不再存在。例如，设程序运行开始时变量 a1 中存放的数据为 200，运行过程中又将数值 100 赋值给变量 a1，则原来的数据值 200 被清除，a1 的现值就是 100 了。

变量有四个特性：名称、数据类型、作用范围和生存周期。变量的名称用于在程序中标识变量和使用变量的值，数据类型则确定变量中能保留哪种数据。各级变量都有一定的有效作用范围和其规定的生存期，变量作用域是指变量的有效作用范围，也就是在该范围内变量能被识别和使用，而变量的生存期指变量的有效存续时间。我们首先讨论变量的命名规则和类型声明方法，变量的作用域和生存周期将留在第 6 章中加以阐述。

在 Visual Basic 中，变量有两种形式：属性变量和内存变量。在调用 Visual Basic 提供的控件对象或其他对象时，系统会自动为这些对象创建一组变量，并为每个变量设置默认值，我们称其为属性变量。例如，在窗体上添加一个标签，该标签的标题（Caption）的值可以改变，所以 Caption 是一个属性变量。由于属性变量是系统自动创建的，可以直接使用，无需进行定义和说明。内存变量则需要依靠程序编写者根据实际加以创建。下面主要介绍内存变量的建立方法。

内存变量在使用前一般需要先声明变量名和数据类型，以决定系统为它分配的存储单元。声明变量有两种形式：显式声明和隐式声明。声明一个变量就是指明其名称、类型、有效的作用域及其生存期。变量要按规则命名，通常要先声明后使用。应指出的是：虽然 Visual Basic 具有不声明也能使用变量的特性，但最好还是对变量先声明再使用，要养成良好的编程习惯。

1. 变量命名规则

Visual Basic 的变量命名规则如下：

- 变量名必须以字母或汉字开头，其后可以是下划线、字母、汉字和数字，也只能出现这四类字符。
- 变量名的长度不能大于 255 个字符。
- 不允许将 Visual Basic 的关键字用作变量名。

通常使用英文单词或汉语拼音作为变量名，中文版 Visual Basic 也允许使用汉字命名变量名。下面列出的变量名是有效的：

a　ABC　intMax　s_name　A1　学生_1　Sum_ave

而下面列出的变量名则是无效的，非法的：

2a（数字开头）　Date（和关键字重名）Y,2（有标点符号）

另外，在为内存变量命名时，还要特别注意：

- Visual Basic 不区别变量名中字母的大小写，如系统会把 a1 和 A1 看成是同一个变量。
- Visual Basic 的关键字是指系统已经定义的词，如语句、函数和运算符名等。
- 变量名不能与过程名或符号常量名同名。

- 给变量命名时，应尽可能简单明了，最好能“见名知意”，不要使用太长的变量名。

2. 变量的声明

与其他编程语言不同，Visual Basic 不要求在使用内存变量前必须声明，如果没有声明变量而直接使用，系统会将该变量默认为变体数据类型（Variant）。我们知道，使用变体型存储数据有两个缺点：一是浪费内存空间，二是在与某些数据处理功能同时使用时变体型数据可能无效。所以，在使用变量之前最好先声明变量，把将要用到的数据类型告诉系统。

（1）变量的显式声明。变量的显式声明就是用一条语句来说明变量的类型。声明变量的语句并不把具体的数据值分配给变量，而是告知变量将会包含的数据类型。声明变量的语句的语法是：

```
{Dim| Private| Static| Public} <变量名> [As <类型> ][, <变量名 2> [ As <类型 2> ]]…
```

说明：

- Public 语句用来声明公有的模块级变量；Private 和 Dim 语句可用于声明私有的模块级变量；而 Dim、Private 或 Static 语句可用于声明过程级局部变量（可先掌握 Dim，其他语句用法参见第 6 章）。
- <变量名>应遵循标准的变量命名规则。
- <类型>用来定义被声明变量的数据类型。变量的数据类型可以是表 3-1 中的类型，也可以是用户自定义的类型。例如：

```
Dim a1 as Integer                 '定义 a1 变量为整型
Dim A2 as long, B2 as double      '定义 a2 为长整型，b2 为双精度类型
Dim Name1 as String*8             '定义 name1  为定长字符型
Dim Yuan as currency              '定义 yuan 为货币型
```


- 若在变量声明语句中省略了类型说明部分，则系统把所声明的变量默认为变体类型。例如：

```
Dim aa
```

执行该语句，系统会把变量 aa 默认为变体类型变量。

- 一条变量声明语句可以同时定义多个变量，但每个变量必须有自己的类型声明，类型声明不能共用。例如语句：

```
Dim dbA , dbB as double
```

不是声明了两个双精度型变量，而是声明了一个变体型变量 dbA 和一个双精度型变量 dbB。

- 可以在变量名后加变量类型符（见表 3-1）来带替“As 类型”，此时变量名与类型符间不能有空格。例如：Dim intX As Integer, sngY as Single 与 Dim intX%, sngY!等价。
- 对于字符串变量，根据其存放字符串长度是否固定，声明方法有两种：

```
Dim  字符串变量名  As String
Dim 字符串变量名  As String*字符数
```

前一种方法定义的字符串变量将是不固定的，它最多可存放 2MB 个字符；后一种方法可以定义定长度的字符串变量。例如语句：

```
Dim Strs As String*100
```

就定义了一个长度为 100 个字符的字符串变量 Strs。程序运行时，如果赋予 Strs 的字符数小于 100，系统会在字符串的右侧补空；赋予 Strs 的字符数大于 100 时，系统会将大于的部分截去。另外，要注意的是在 Visual Basic 中，一个汉字和一个西文字符一样都当作一个字符，但在内

存中占用两个字节。

使用变量声明语句说明一个变量后，Visual Basic 就会为该变量开辟一个相应的内存空间，并自动将数值型变量赋初值 0，将字符串变量赋空串，将布尔型变量赋 False，将日期型数据赋值为"00:00:00"。

使用变量时，系统会转换变量值的类型，使变量的值与所定义的变量类型相匹配。例如，声明变量为：

```
Dim C1 As Integer
```

当用下条语句为 C1 赋值时，

```
C1 = 2.62
```

系统将会把变量 C1 的值转换为整型 3（当数的小数部分大于 0.5 时，向上取整；小于或等于 0.5 时，向下取整）。

（2）变量的隐式声明。

变量的隐式声明就是在使用一个变量之前不做专门声明而直接使用。这时，未被声明的变量被默认为过程级变体型变量。用法虽简单，但容易引起问题，例如，在同一个过程中未定义就使用了变量 TestToday，在第二次使用时误写为 TesToday，则 Visual Basic 就会把它当作是一个新变量，并在内存中为其申请一个新的存储单元，计算结果自然也会出错，而且用户很难发现这样的错误。因此，建议在编写自己的应用程序时，最好使用变量的显式声明。

（3）强制显式声明变量语句 Option Explicit。

为避免上述问题的产生，Visual Basic 提供了强制显式声明变量语句 Option Explicit。使用该语句可以规定在使用变量前，必须用声明语句进行声明，否则 Visual Basic 将会发出警告"变量未定义"。该语句的使用方法就是在模块的声明段（将光标移到代码窗口的最前面回车，或在对象名的下拉列表中选择"通用"，就可以将光标移到声明段）加上下面一条语句：

```
Option Explicit
```

或从"工具"下拉菜单中执行"选项"命令，在打开的"选项"对话框中单击"编辑器"选项卡，再选中"要求变量声明"复选项，如图 3-1 所示。

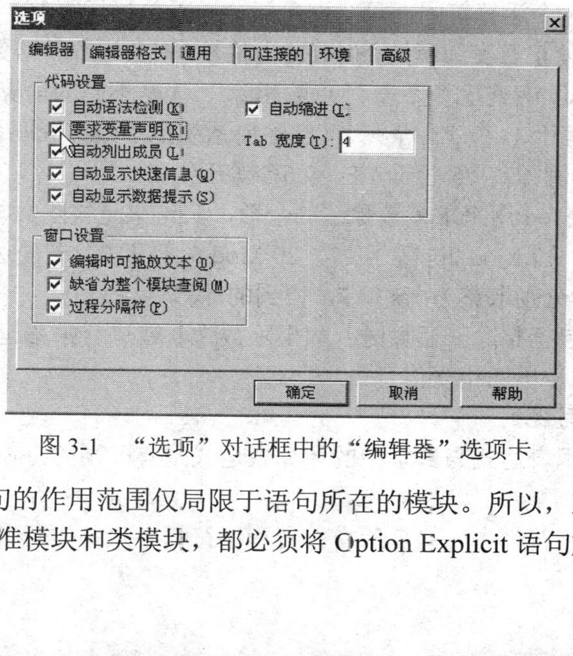

图 3-1　"选项"对话框中的"编辑器"选项卡

Option Explicit 语句的作用范围仅局限于语句所在的模块。所以，对每个需要强制显式变量声明的窗体模块、标准模块和类模块，都必须将 Option Explicit 语句放在这些模块的声明段中。如果选择了“要求变量声明”，Visual Basic 会在后续的模块中自动插入 Option Explicit 语句。但系统不会自动将 Option Explicit 语句加到已有的模块中。

3.3　Visual Basic 中的运算符和运算表达式

运算是对数据进行加工处理的过程，描述各种不同运算的符号称为运算符，而参与运算的数据就称为操作数。由运算符和对应的操作数所构成的一个有意义的式子就称为表达式。表达式用来表示某个求值规则，它必须符合 Visual Basic 的语法规则。本节介绍 Visual Basic 的各种运算符和运算表达式。

3.3.1　算术运算符与算术表达式

1. 算术运算符

Visual Basic 提供了 8 种基本的算术运算符，算术运算符的功能与优先级如表 3-3 所示。

表 3-3　Visual Basic 的算术运算符

运算符	功能	优先级	表达式	表达式实例	表达式结果
^	乘方运算	1	X^Y	5^3	125
—	取负	2	-X	-5	-5
*	乘法运算	3	X*Y	3*5	15
/	浮点除法运算	3	X/Y	5/3	1.6666667
\	整数除法运算	4	X\Y	5\3	1
Mod	取模运算	5	X Mod Y	5 Mod 3	2
+	加法运算	6	X+Y	5+3	8
—	减法运算	6	X-Y	5-3	2

其中需要说明的是：

（1）表 3-3 中的 8 个运算符中，只有取负“—”是单目运算符，其余都是双目运算符。取负运算符的功能是：使正数变为负数，负数变为整数。取负运算符必须放在运算对象的左边。

（2）在 Visual Basic 中整除“\”与浮点数相除“/”是不同的运算符。整除得到的结果是一个整数，例如，9\5 等于 1，9.6\5 等于 2（整除前系统把小数部分四舍五入）。而浮点数相除得到的是一个浮点数，例如，9/5 等于 1.8，9.6/5 等于 1.92。

（3）取模运算符 Mod 用来求整数除法的余数，其结果是被除数与除数相除所得的余数。例如：9 Mod 5 等于 4，17 Mod 20 等于 17，20 Mod 5 等于 0。若表达式为 34.56 Mod 6.67，则首先把 34.56 和 6.61 分别取整为 35 和 7，得到的计算结果为 0。

（4）进行除法（包括整除）运算时，如果除数为 0 或进行乘幂运算时指数为负数而底数为 0 时，都会产生算术溢出的错误信息。

2. 算术表达式书写规则

Visual Basic 的算术表达式与数学中的计算表达式是有区别的，在编写程序时应特别给予注意：

（1）每个符号或字符都占一格，所有符号和字符都必须并排写在同一横线上，不能在右上角或右下角写次方数或下标。例如：数学中的 5^3，在程序中必须写成 5^3，数学中的 x_1+x_2，在程序中只能写成 x1+x2。

（2）数学中表达式的一些简化写法在 Visual Basic 的算术表达式中是不允许的。如数学中的 $2x+3x^2y$，在程序中必须写成 2*x+3*x^2*y。数学表达式 $x_{1,2}=\frac{-b\pm\sqrt{b^2-4ac}}{2a}$ 的 Visual Basic 表达式为：

```
x1= (-b+Sqr(b^2-4*a*c))/(2*a)
x2= (-b-Sqr(b^2-4*a*c))/(2*a)
```

（3）程序中的表达式中的所有括号都只能用圆括号，且括号必须配对。例如，数学中的表达式 3[x+5(y+z)]，在程序中只能写成：3*(x+5*(y+z))。

3. 算术运算符的优先级

在算术表达式中可能包含多种算术运算符，必须规定各运算符执行的先后顺序，这就是算术运算符的优先级。表 3-3 中的运算符是按优先顺序由高到低列出的。这其中乘和浮点除运算是同级运算符，加和减是同级运算符，同级运算符按从左到右顺序执行。

当一个表达式中包含有多种算术运算符时，程序将按优先级的次序计算求值。如果表达式中含有括号，则先计算括号内的表达式值；如果有多层括号，就先计算最内层括号中的表达式值。

例如：表达式 4+5\6*7/8 Mod 9 的值是 5，这是因为按运算符的优先级应首先计算 6*7/8 得 5.25；再计算 5\5.25 得 1；再计算 1 Mod 9 得 1；最后计算 4+1 得到该表达式的值 5。如果把该表达式改写成((4+5)\6*7/8) Mod 9，则表达式的值就是 1 了。

3.3.2 字符串运算符和字符串表达式

字符串表达式是由字符串常量、字符串变量、字符串函数和字符串运算符按语法规则组合而成的。字符串表达式可以是一个简单的字符常量，也可以是若干个字符串或字符串变量的组合。Visual Basic 中的字符串运算符有两个："&"和"+"，其功能都是将两个字符串连接起来生成一个新的字符串，但两者的使用是有区别的。

- "+"的运算规则是："+"号两边的运算对象应都是字符型数据，如果两边都是数值型数据则按算术加法运算；若一个为数字型字符，另一个为数值型，则自动将数字字符转换为数值，然后进行算术加运算；若有一个是非数字字符型，而另一个是数值型则系统出错。
- "&"的运算规则是：不论"&"两边的运算对象是否是字符型数据，系统都先将运算对象转变为字符型数据，然后再进行连接运算。

例如：

```
"计算机"+ "程序设计"        '结果为 "计算机程序设计"
"计算机"& "程序设计"        '结果为 "计算机程序设计"
125.25 + 0.25               '结果为 125.5
"125.25"+0.25               '结果为 125.5
125.25 & 0.25               '结果为 "125.250.25"
"ABC" + 100                 '结果出错
"ABC" & 100                 '结果为 "ABC100"
```

3.3.3 日期表达式

日期表达式由算术运算符“+、－”、算术表达式、日期型数据和日期型函数组成。日期型数据是一种特殊的数值型数据，它们之间只能进行加减运算。通常有下述两种情况：

（1）两个日期型数据可以相减，结果是一个数值型数据（两个日期相差的天数）。例如：

```
#1/19/2004# - #1/30/2003#        '结果是数值型数据：354（天）
```

（2）一个表示天数的数值型数据可以被加（或减）到一个日期型数据中，其结果仍然是一个日期型数据。例如：

```
#10/12/2001# + 30                '结果为 #2001-11-11#
#10/12/2001# - 30                '结果为 #2001-9-12#
```

3.3.4 关系运算符与关系表达式

关系运算通常又称为比较运算，即比较两个表达式的大小关系，其运算结果为一逻辑值：True 或 False。关系运算符是双目运算符，功能是将两个运算对象进行关系比较。Visual Basic 提供了 6 种关系运算符，如表 3-4 所示。

表 3-4 关系运算符

运算符	功能	表达式实例	结果
=	等于	"Visual"="Visul"	False
>	大于	"Visual">"Visl"	True
>=	大于等于	"xyz" > "变量"	False
<	小于	55 < 89	True
<=	小于等于	"23" <= "12"	False
<>	不等于	"xyz" <> "XYZ"	True

说明：

（1）关系表达式的运算次序为：先分别求出关系运算符两侧表达式的值，然后再把两者进行比较，二者的关系若与关系运算符指示的一样，则运算结果为 True，反之为 False。

（2）数值比较按其大小进行比较；日期型数据被看成“yyyymmdd”的 8 位整数，按数值大小进行比较；字符串的比较是按字符的 ASCII 码值从左到右一一比较，先大为大。

（3）汉字字符大于西文字符。

（4）关系运算符的运算优先级相同，运算时从左到右依次进行。

（5）一般不要对单精度数或双精度数进行等于“=”的比较，因为浮点数在转换为二进制数存储时会产生误差，可能造成不相等。

（6）数学中的不等式 A≤X≤B，在 Visual Basic 程序中绝对不能写成 A<=X<=B，而只能写成 X>=A And X<= B。这一点要特别注意。

3.3.5 逻辑运算符与逻辑表达式

逻辑运算通常也称为布尔运算，对于复杂的关系条件，必须使用逻辑表达式。逻辑表达式是指用逻辑运算符连接若干个关系表达式或逻辑值而组成的式子，往往出现在分支和循环语句中，用于描述条件。Visual Basic 提供了 6 种逻辑运算符，如表 3-5 所示。

表 3-5　逻辑运算符

运算符	功能	优先级	表达式格式	说明
Not	取反	1	Not X	进行取反操作，即由真变假，由假变真
And	与	2	X And Y	两个运算对象均为真时结果为真，否则为假
Or	或	3	X Or Y	两个运算对象中只要有一个为真时，结果就为真，两个都为假时，结果为假
Xor	异或	3	X Xor Y	两个运算对象相异时，结果为真，否则为假
Eqv	等价	4	X Eqv Y	两个运算对象相同时，结果为真，否则为假
Imp	蕴含	5	X Imp Y	X 为真，Y 为假时，结果为假，其余都为真

Not 由真变假，由假变真。And 是对两个逻辑值进行比较，如果两个值均为真，则结果为真，否则为假。Or 是对两个逻辑值进行比较，如果其中一个值为真，则结果为真，只有两个都为假时，结果才为假。运算逻辑表达式时，先运算关系表达式，再计算逻辑表达式。根据 Visual Basic 的逻辑运算符的运算规则，我们来计算下面逻辑表达式的值：

```
3+5>8 And 8>3                   '结果为 False
3+5>8 Or 8 >3                   '结果为 True
Not 5<3 And 6*2=10+2            '结果为 True
"a">"A" Xor "9" > "0"           '结果为 False
5>=5 Or 4*7 <> 7                '结果为 True
```

说明：

（1）用逻辑运算符 And 或 Or 对数值进行运算，是对数值的二进制值逐位进行逻辑运算。例如，12 And 7 的结果为 4，逐位进行逻辑与运算的过程如下所示：

12 的二进制数为：　00001100
7 的二进制数为：　00000111
12 And 7 的结果：　00000100

再如，12 Or 7 的结果为 15，逐位进行逻辑或运算的过程如下所示：

12 的二进制数为：　00001100
7 的二进制数为：　00000111
12 Or 7 的结果：　00001111

（2）对一个数连续两次进行 Xor 操作，可恢复原值。

初学者可以先重点掌握前三种逻辑运算：Not、And、Or，把握其运算的优先级别和运算规则。

3.3.6　表达式的类型转换及执行顺序

表达式经过运行后可得到一个运行结果，该结果的数据类型由数据和运算符共同决定。

1. 不同数据类型的转换

在算术运算中，如果参加运算的数据具有不同的数据类型，Visual Basic 规定其运算结果的数据类型以精度较高的数据类型为准。即

Integer < Long < Single < Double < Currency。

但当 Long 型数据与 Single 型数据进行运算时，计算结果为 Double 型数据。

2. 执行顺序

在 Visual Basic 中，当一个表达式包含多种运算时，系统将按一定的顺序对表达式进行运算求值，通常的求值顺序如下：

算术运算符 ＞ 字符运算符 ＞ 关系运算符 ＞ 逻辑运算符

所有同级的运算都是从左到右依次进行的，括号内的运算优先进行，嵌在最里层括号内的计算最先进行，然后依次由里向外执行。

3.4 Visual Basic 程序书写规则

用 Visual Basic 语言编写程序时，必须遵循有关的编码规则，否则编写的程序代码就不能被系统正确识别，因而也就无法运行程序。除了需要遵守前面提到的变量命名规则和表达式书写规则外，编写程序时还要注意以下几点：

1. 程序的注释

为提高程序的可读性，可以使用注释来说明自己编写某段代码的作用和功能，以后只要读到这些注释，就会想起当时编程的思路和方法。在 Visual Basic 中，注释行以 Rem 开头，也可以用英文标点符号“'”开头引导内容，用单引号引导的注释内容可以直接放在语句的后面。用 Rem 引导的注释行必须单独成行。

2. 语句的断行

Visual Basic 规定一行语句最多允许有 255 个字符。有时一条 Visual Basic 语句可能会很长，阅读不方便。此时可以使用系统提供的续行符“ _”（一个空格紧跟一条下划线）将长语句分成多行书写。例如：

```
strMyStr = "当前用户为：" & _
                strUserName
```

注意，续行符后面不能加注释，也不能将变量名或属性名分隔开，通常可以把续行符加在运算符的前后或逗号的后面。

3. 将多条语句写在同一行上

一般情况下，书写程序时最好一行写一条语句。但有时也可以使用复合语句行，就是把几条语句写在一行中，语句之间用英文标点符号的冒号“:”隔开。例如：

```
A=5: B=10: Text1.Text = "PassWord"
```

4. 使用不同进制的数

在 Visual Basic 中，除了可以使用系统默认的十进制数字以外，还允许使用十六进制、八进制。例如，在 Visual Basic 中常用十六进制数来表示颜色。对于不同进制数的表示方式，系统有明确的规定：

八进制数的前面加前缀&O，如：&O4231；

十六进制数的前面加前缀&H，如：&HFFFFFF；

十进制数无需添加任何前缀。

5. 使用行号与标号

Visual Basic 程序一般不需要使用行号或标号，但也可以在有关语句前面添加行号或标号。

3.5　Visual Basic 的常用内部函数

函数是完成某些特定运算的程序模块，在程序中要使用一个函数时，只要给出函数名并给出一个或多个相应的参数（自变量），就能得到它的函数值。Visual Basic 中有两类函数：内部函数和用户定义函数。内部函数也称标准函数，是系统已定义好，供程序编写者直接调用的程序模块。Visual Basic 提供了大量的内部函数。在这些内部函数中，有些是通用的，有些则与某些操作有关。用户定义函数是由用户自己根据需要定义的函数，具体的定义和使用方法将在后面的章节中具体介绍。本节主要介绍一些常用的内部函数。

在以下的叙述中，将以 N 表示数值型数据，用 C 表示字符型数据，用 D 表示日期型数据。函数名后的"$"符号表示函数的返回值为字符串。

3.5.1　数学函数

数学函数用于数学计算，与数学中的定义一致，常用的数学函数如表 3-6 所示。

表 3-6　常用的数学函数

函数名	含义	实例	结果
Abs(N)	取绝对值	Abs(-3.5)	3.5
Atn(N)	反正切函数	Atn(0)	0
Cos(N)	余弦函数	Cos(0)	1
Exp(N)	以 e 为底的指数函数，即 e^N	Exp(3)	20.086
Log(N)	以 e 为底的自然对数，即 ln(N)	Log(10)	2.3
Rnd[(N)]	产生小于 1 但大于或等于 0 的随机数	Rnd	0～1 之间的小数
Sgn(N)	符号函数	Sgn(-5)	-1
Sin(N)	正弦函数	Sin(0)	0
Sqr(N)	平方根函数	Sqr(9)	3
Tan(N)	正切函数	Tan(0)	0

有关数学函数的几点说明：

（1）所有三角函数中，函数的参数（自变量）均以弧度表示，不能用度数直接代入计算。例如，如果要计算 sin60° 的值，Visual Basic 的语句是：Sin(60*3.1415926/180)。同样，在 Visual Basic 中，反三角函数的函数值均是以弧度为单位表示的角度值。

（2）Visual Basic 并没有提供所有的常用数学函数，有些数学函数可以由已有的基本函数导出。例如：

反正弦函数 Arcsin(X) = Atn(X / Sqr(-X * X + 1))；

反余弦函数 Arccos(X) = Atn(-X / Sqr(-X * X + 1)) + 2 * Atn(1)；

反余切函数 Arccotan(X) = Atn(X) + 2 * Atn(1)；

以 N 为底的对数函数 $Log_N(X) = Log(X) / Log(N)$等。

（3）符号函数 Sgn(N)的值只有三个：当 N 小于 0 时，函数值为–1，N 等于 0 时，函数值为 0，N 大于 0 时，函数值为 1。

（4）Rnd 函数返回一个 0~1（不包括 1）之间的单精度随机数。默认情况下，每次运行一个程序，Rnd 都产生相同序列的随机数。要产生不同序列的随机数，可在调用 Rnd 之前，先使用无参数的 Randomize 语句初始化随机数生成器，该生成器具有根据系统计时器得到的种子。该语句的形式为：

```
Randomize [number]
```

用 number 将 Rnd 函数的随机数初始化，给该随机数生成器一个新的种子值。如果省略 number，则用系统计时器返回的值作为新的种子值。

（5）随机数函数的使用技巧。

- 用 Rnd 函数产生随机整数：可以通过将由 Rnd 函数产生的随机小数乘以一个整数，然后再对结果取整获得。例如要产生一个 0~25 之间的随机数，可以由以下语句实现：num=Int(Rnd*26)；产生 1～5 之间的随机数（包括 1 和 5）的语句是：n1=Int(Rnd*5)+1。
- 产生一个从 N 到 M 之间的随机整数（M>N，包括 M 和 N）的表达式为：Int(Rnd*(M-N+1))+N。
- 产生随机英文字符：英文字符 A 的 ASCII 码为 65，26 个大写字母的 ASCII 码值范围是 65~90，因此可以先用 Rnd 函数产生一个 65~90 之间的随机整数，然后将该随机整数视为 ASCII 码，通过 Chr 函数将其转换成对应的字符，其实现语句为：

```
Num = Int(Rnd * 26) +65
Letter = Chr(Num)
```


以上语句一次可以产生一个随机英文字母，借助循环控制语句，就可以产生随机英文字母序列了。一些英文打字训练软件范文就是利用这种方法产生的。

3.5.2 数据类型转换函数

在 Visual Basic 中，一些数据的类型可以自动转换，例如数值字符串可以自动转换成数值，但是，多数数据类型不能自动转换，这就需要用专门的转换函数来进行数据转换。常用的数据转换函数如表 3-7 所示。

表 3-7 数据类型转换函数

函数名	含义	实例	结果
Asc(C)	字符转换成 ASCII 码值（整型值）	Asc("A")	65
Chr(N)	ASCII 码值转换成对应字符	Chr(65)	A
Fix(N)	略去 N 的小数部分取整	Fix(-3.99)	-3
Hex(N)	十进制数转换为十六进制数	Hex(100)	64
Int(N)	整数取整同 Fix，负数取不大于 N 的最大整数	Int(-12.2)	-13
		Int(12.8)	12
Lcase(C)	大写字母转换成小写字母	Lcase("ABC")	"abc"

续表

函数名	含义	实例	结果
Oct(N)	十进制数转换为八进制数	Oct(100)	144
Str(N)	数值转换为字符串	Str(123.45)	" 123.45"
Ucase(C)	小写字母转换为大写字母	Ucase("abc")	"ABC"
Val(C)	数字字符串转换为数值	Val("123AB")	123

有关转换函数的几点说明：

（1）函数 Hex(N)、Oct(N)可以将数值 N 转换成对应进制的数值。

（2）函数 Fix(N)、Int(N)的功能都是取整。当参数 N 为正时，它们都是略去 N 的小数部分取整（不是四舍五入）；当参数 N 为负时，Fix(N)仍然是略去 N 的小数部分取整，而 Int(N)则取不大于 N 的最大整数。

（3）Str 函数将非负数值转换为字符串后，会在转换后的字符串前面添加空格。例如，Str(123)的结果是 " 123"，其长度为 4 而不是 "123"。

（4）Val 函数将数字字符串转换为相应的数值，当字符串中出现非数字字符串时，则停止转换。函数返回的是停止转换前的结果。例如：Val("-123.45e2Abc456")的结果是–12345，e 是指数符号。

（5）Visual Basic 中还有其他的一些类型转换函数，如 CInt、CBool、CDate、CStr 等，详细说明请读者查阅联机帮助文档。

3.5.3　字符串操作函数

字符串操作函数可以对字符串进行取子串、求串长等操作。Visual Basic 提供了丰富的字符串操作函数，从而极大地提高了 Visual Basic 对字符的处理能力。常用的字符串操作函数如表 3-8 所示。

表 3-8　字符串操作函数

函数名	含义	实例	结果
InStr([N1,]C1,C2[,M])	在 C1 中从 N1 开始找 C2，省略 N1 则从头开始找，找不到为 0	InStr(2,"Visual Basic", "as")	9
Left(C, N)	从字符串 C 左边取出 N 个字符	Left("ABCDEF",3)	"ABC"
Len(C)	计算字符串 C 的长度	Len("abcde")	5
Ltrim(C)	除去字符串左边的空格	Ltrim(" ab")	"ab"
Mid(C, N1, N2)	从字符串 N1 位开始向右取 N2 个字符	Mid("ABCDEFG", 2, 3)	"BCD"
Right(C, N)	从字符串 C 右边取出 N 个字符	Right("ABCDEF", 3)	"DEF"
Rtrim(C)	除去字符串右边的空格	Rtrim("ABC ")	"ABC"
Space(N)	产生 N 个空格字符串	Space(4)	" "
String(N,C)	返回由 C 中首字符组成的长度为 N 的字符串	String(3,"ABCD")	"AAA"
Trim(C)	除去字符串左右两边的空格	Trim(" ABC ")	"ABC"

有关字符串操作函数的几点说明：

（1）Visual Basic 采用了 Unicode（国际标准化组织 ISO 字符标准）来存储和操作字符串。Unicode 是全部采用两个字节来表示一个字符的字符集。在 Visual Basic 中，一个西文字母、一个汉字都是一个字。比如：Len("123we 喜欢 VB")的值是 9，而不是 11。

（2）Visual Basic 提供了另一个测试字符串所占字节数的函数 LenB，它的值代表字符串的字节数，而不是返回字符串中字符的数量。比如：LenB("123we 喜欢 VB")的值是 18。

3.5.4 日期和时间函数

日期和时间函数用于对日期和时间数据的处理，常用的日期和时间函数见表 3-9。

表 3-9 日期和时间函数

函数名	含义	实例	结果
Date	返回系统日期	Date	2004-2-2
Day(C|N)	返回日期代号（1~31）	Day("2004-3-2")	2
Hour(C)	返回小时代号（0~23）	Hour("11:23:34")	11
Minute(C)	返回分钟代号（0~59）	Minute ("11:23:34")	23
Month(C|N)	返回月份代号（1~12）	Month("2004-3-2")	3
Now	返回系统当时的日期和时间	Now	2004-2-2 11:32:08
Time	返回系统当时的时间	Time	11:32:35
Timer	返回从午夜开始到当前所经过的秒数	Timer	41579.47
WeekDay(C|N)	返回星期代号（1~7），星期日为 1，星期一为 2，……	Weekday("2004-4-1")	5 即星期四
Year（C|N）	返回年份代号（1753～2078）	Year("2004-4-1")	2004

说明：日期函数中的自变量“C|N”表示可以是字符串表达式也可以是数值表达式，其中“N”表示相对于 1899 年 12 月 30 日前后的天数。例如：Year(1)的函数值是 1899，而 Year(2)的值就是 1900 了。因为 1899 年 12 月 30 日的后一天是 12 月 31 日，年份仍然是 1899，而后两天就是 1900 年 1 月 1 日了。

以上所述是 Visual Basic 的基本语言元素，我们要写的每条语句就是由这些元素构成的，能否轻松、正确地书写 Visual Basic 语句，掌握这些元素是基础。如何真正掌握这些元素的应用呢？读者可以借助下面将要介绍的输出方法（Print）。通过对输出结果的分析，去体会、验证，进而掌握这些元素的用法。

3.6 Visual Basic 的基本输入输出语句

在 Visual Basic 中，除了可以通过控件如文本框、组合框等来实现数据的输入与输出之外，还可以利用一些基本的输入输出语句。本节介绍这些基本输入输出语句和相关的内部函数。

3.6.1 消息框 MsgBox

消息框常用于在程序运行过程中显示一些提示性的消息，或要求用户对某个问题作出

“是”或“否”的判断等。消息框 MsgBox 的使用方式有两种：语句方式和函数方式。

MsgBox 函数的使用方式为：

变量 = MsgBox (<提示信息>[, <对话框类型>][, <对话框标题>])

说明：

（1）<提示信息>是必选项，不能省略。它是一个字符串或字符串表达式，将显示在消息对话框中。在<提示信息>中使用硬回车符（Chr(13)）可以使文本换行。对话框的高度和宽度会随<提示信息>内容的增加而增加，最多可有 1024 个字符。

（2）<对话框类型>是一整型表达式，它决定消息框中按钮的数目和类型以及出现在消息框上的图标类型，其设置见表 3-10，该选项的参数值是由表中的四组数值组合而成的。

表 3-10　按钮设置值与含义

组成部分	内部常量	按钮值	功能说明
按钮数目	vbOKOnly	0	只显示“确定”按钮
	vbOKCancel	1	显示“确定”及“取消” 按钮
	vbAbortRetryIgnore	2	显示“终止”、“重试”和“忽略”按钮
	vbYesNoCancel	3	显示“是”、“否”和“取消”按钮
	vbYesNo	4	显示“是”和“否”按钮
	vbRetryCancel	5	显示“重试”和“取消”按钮
图标类型	vbCritical	16	显示严重错误图标（叉号）
	vbQuestion	32	显示蓝色问号图标（问号）
	vbExclamation	48	显示惊叹号图标（惊叹号）
	vbInformation	64	显示蓝色信息图标（信息图标）
默认按钮	vbDefaultButton1	0	第一个按钮是默认值
	vbDefaultButton2	256	第二个按钮是默认值
	vbDefaultButton3	512	第三个按钮是默认值
	vbDefaultButton4	786	第四个按钮是默认值
模式	VbApplicationModal	0	应用程序强制返回；应用程序一直被挂起，直到用户对消息框作出响应才继续工作
	vbSystemModal	4096	系统强制返回；全部应用程序都被挂起，直到用户对消息框作出响应才继续工作

（3）<对话框标题>是一字符串或字符串表达式，将显示在消息框的标题区（对话框顶部）；若省略此项，系统会把运行程序名显示在标题区。

（4）MsgBox 函数返回的值（一整型数）记录了用户在消息框中选择了哪一个按钮，函数值的具体含义见表 3-11。

（5）如果省略了某些可选项，则必须加入相应的逗号分隔符。

例 3-1　MsgBox 的使用实例。在 Visual Basic 环境中建立一新工程，在窗体的代码窗口中编写如下程序：

```
Private Sub Form_Click()
    Dim a As Integer
    a = MsgBox("请你首先注册!", 1+16+256+0, "MsgBox 例子")
    Print a
End Sub
```

表 3-11　MsgBox 函数的返回值及其含义

返回值	系统常量	说明
1	vbOK	用户单击了“确定”（OK）按钮
2	vbCancel	用户单击了“取消”（Cancel）按钮
3	vbAbort	用户单击了“终止”（Abort）按钮
4	vbRetry	用户单击了“重试”（Retry）按钮
5	vbIgnore	用户单击了“忽略”（Ignore）按钮
6	vbYes	用户单击了“是”（Yes）按钮
7	vbNo	用户单击了“否”（No）按钮

程序运行后，单击窗体，系统弹出的对话框如图 3-2 所示。

读者应该注意到，对话框的形式是由程序的第三条语句决定的。语句中的对话框类型部分由四个数值相加组成，其中的 1 表示要显示“确定”及“取消”按钮；16 表示要显示严重错误图标（叉号）；256 表示要把第二个按钮设定为默认按钮，0 表示要采用应用程序强制返回模式。Visual Basic 允许把这四个数字加在一起书写，即“1+16+256+0”可以直接写成“273”。

如果用户在弹出的对话框中单击了“确定”按钮，变量 a 的值就为 1，单击“取消”按钮，a 的值为 2（见表 3-11）。

如果把程序的第三条语句改写成：

```
a = MsgBox("请你首先注册!", 2 + 32, "MsgBox 例子")
```


程序运行时，单击窗体，弹出的对话框如图 3-3 所示。对照表 3-10 的说明，读者不难看出 MsgBox 的使用方法。

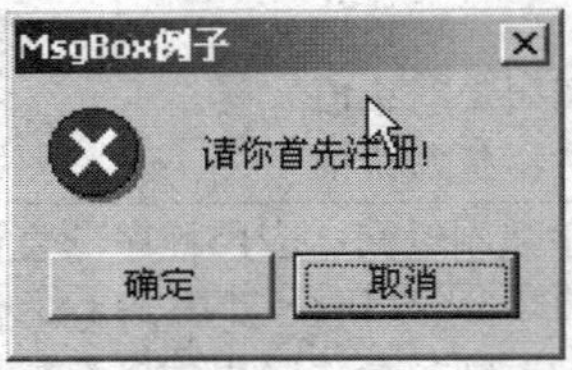

图 3-2　例 3-1 程序运行界面

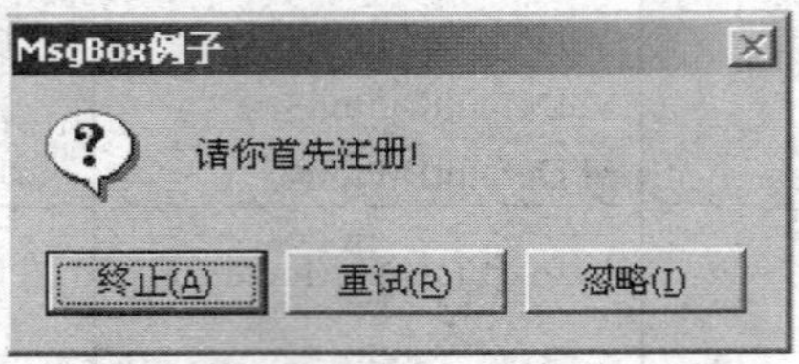

图 3-3　程序运行界面

使用 MsgBox 时，有时不需要返回函数值。若不需要返回值，则可以使用 MsgBox 语句（其实是把它看作一个过程来调用，有关过程及过程的调用格式后续章节详细介绍）。

MsgBox 语句的使用方式为：

```
MsgBox   <提示信息>[, <对话框类型>][, <对话框标题>]
```

请读者注意，使用 MsgBox 语句时，不能在 MsgBox 后面使用括号。例如，以下的程序和例 3-1 的功能基本相同，只是不能记下用户在弹出对话框上单击的是哪个按钮。

```
Private Sub Form_Click()
    MsgBox "请你首先注册!", 1+16+256+0, "MsgBox 例子"
End Sub
```

这里特别提醒读者，上面的 MsgBox 语句中没有括号（只有一个参数时也可以带括号），而使用函数形式时，必须有括号。如果需要对用户选择了消息框中的哪个按钮作判断从而决定后面的操作，就必须用函数方式，否则两种形式都可以。

3.6.2　输入框 InputBox 函数

InputBox 函数显示一个能接受用户输入的对话框，并返回用户在对话框中输入的字符信息。其语法格式为：

变量 = InputBox (<提示信息>[, <对话框标题>][, <默认内容>])

说明：

（1）<提示信息>是必选项，不能省略。它是一个字符串或字符串表达式，将被显示在输入对话框中。在<提示信息>中使用硬回车符（Chr(13)）可以使文本换行。对话框的高度和宽度会随<提示信息>内容的增加而增加，最多可有 1024 个字符。

（2）<对话框标题>是一字符串或字符串表达式，将显示在输入框的标题区（对话框顶部）；若省略此项，系统会把运行程序名显示在标题区。

（3）<默认内容>可以指定输入框的默认文本内容。程序运行时，如果用户单击“确定”按钮，文本框中的文本字符就返回到变量中，若用户单击“取消”按钮，函数返回的将是一个零长度的字符串。

（4）如果省略了某些可选项，则必须加入相应的逗号分隔符。

（5）如果默认值出现乱码或在弹出的输入框中输入中文字符时出现乱码，读者可以安装 SP6 补丁。

（6）该函数返回的值是字符型，若想得到数值型数据，需用 Val()函数转换。

例 3-2　利用 InputBox 函数，编写一个输入学生姓名的对话框，输入完成后，把输入的学生姓名输出在窗体上。

在 Visual Basic 环境中建立一新工程，在窗体的代码窗口中编写如下程序：

```
Private Sub Form_Click()
  Dim sName As String
  sName = InputBox("请输入学生姓名：", "姓名输入", "张三")
  Form1.Print sName
End Sub
```

程序运行后，单击窗体，系统弹出的输入对话框如图 3-4 所示，此时用户可以在文本框中输入学生姓名，单击“确定”按钮后，程序会把输入的姓名打印在窗体上。

图 3-4　输入对话框

3.6.3　Print 方法

1. 使用 Print 方法

使用 Print 方法可以在窗体、图片框或打印机等对象中输出文本字符串或表达式的值，其语法格式为

[<对象名称> .] Print [{Spc (n) | Tab (n) }] [<表达式列表>] [{,| ;}]

说明：

（1）<对象名称>可以是窗体（Form）、图片框（PictureBox）或打印机（Printer）。如果省略“对象名称”则在窗体上直接输出。

（2）<表达式列表>是一个或多个表达式，可以是数值表达式或字符串。对于数值表达式，将输出表达式的值；对于字符串，则原样输出。如省略“表达式列表”，则输出一空行。输出数据时，数值数据的前面有一个符号位，后面有一个空格，而字符串前后都没有空格。

（3）当输出多个表达式时，各表达式之间用分隔符“,”或“;”隔开。如使用“,”分隔符，则各输出项按标准输出格式显示，此时，以 14 个字符宽度为单位将输出行分为若干区段，逗号后面的表达式在下一个区段输出。如使用“;”分隔符，则按紧凑格式输出，即各输出项之间无间隔的连续输出。

（4）如在语句行的末尾使用“;”分隔符，则下一个 Print 输出的内容将紧跟在当前 Print 输出的信息后面；如在语句行的末尾使用“,”分隔符，则下一个 Print 输出的内容将紧跟在当前 Print 输出的下一个分区显示；如省略语句末尾的分隔符，则 Print 方法将自动换行。

（5）Print 方法具有计算和输出的双重功能，对于表达式，总是先计算后输出。

例 3-3 编写程序，用输入框输入球的半径，然后计算球的体积和表面积，并使用 Print 方法在窗体中直接输出结果，如图 3-5 所示。

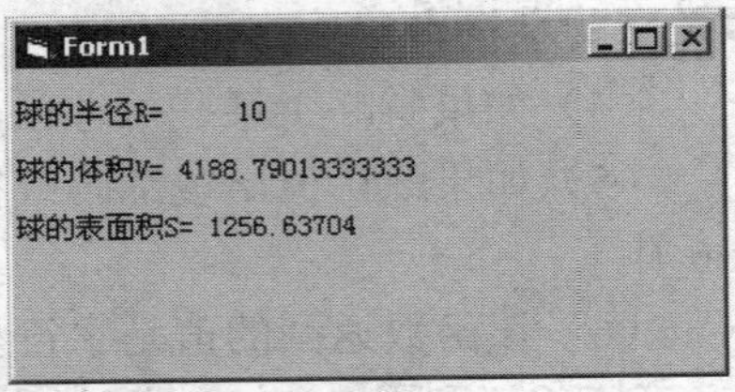

图 3-5 例 3-3 程序运行界面

思路分析：设球的半径为 R，则球的体积 V 和表面积 S 计算公式分别为：

$$V=\frac{4}{3}\pi R^3、S=4\pi R^2$$

设计步骤：建立一新工程，给窗体 Form1 添加单击（Click）事件过程。

```
Private Sub Form_Click()
    Const pi = 3.1415926                        '定义常数
    R = Val(InputBox("请输入球的半径 r："))     '输入半径并进行数据类型转换
    Print                                       '输出一空行
    Form1.Print "球的半径 R=", R                '按标准输出格式显示
    Print
    V = 4 / 3 * pi * R ^ 3
    S = 4 * pi * R ^ 2
    Print "球的体积 V="; V                      '按紧凑格式输出显示
    Print
    Print "球的表面积 S="; S
End Sub
```

启动程序后，单击窗体后的运行结果如图 3-5 所示。

2. 与 Print 方法有关的函数

为了使数据按指定的位置输出，VB 提供了几个与 Print 相配合的函数。

（1）Tab 函数。在 Print 方法中，可以使用 Tab 函数对输出进行定位。其格式为

Tab(<n>)

其中 n 为数值表达式，其值为一整数。Tab 函数把显示或打印位置移至由参数 n 指定的列数，从此列开始输出数据。要输出的内容放在 Tab 函数后面，并用分号隔开。例如：

```
Print Tab(10); "姓名";Tab(30);"年龄"
```

通常最左边的列号为 1。如果当前的显示位置已经超过 n，则自动下移一行。当 n 大于行的宽度时，显示位置为 n Mod 行宽。当在一个 Print 方法中有多个 Tab 函数时，每个 Tab 函数对应一个输出项，各输入项之间用分号隔开。

（2）Spc 函数。在 Print 方法中，还可以使用 Spc 函数对输出进行定位。与 Tab 函数不同，Spc 函数提供若干空格。其格式为

```
Spc (<n> )
```

其中 n 为数值表达式，其值为一整数，表示在显示或打印下一个表达式之前插入的空格数。Spc 函数与输出项之间用分号隔开。例如：

```
Print "ABC";Spc(5); "DEF"      '输出：ABC     DEF
```

当 Print 方法与不同大小的字体一起使用时，使用 Spc 函数打印的空格字符的宽度总是等于选用字体内以磅数为单位的所有字符的平均宽度。

Spc 函数与 Tab 函数的作用类似，可以互相代替。但应注意，Tab 函数从对象的左端开始计数，而 Spc 函数只表示两个输出项之间的间隔。

除 Spc 函数外，还可以用 Space 函数，该函数与 Spc 函数的功能类似。

3.6.4 格式输出函数

格式输出函数 Format 可以使数值、日期或字符按指定的格式输出，常用于 Print 方法中。其语法格式为：

```
Format (表达式[,格式字符串])
```

说明：表达式是要格式化的数值、日期或者字符串型表达式。格式字符串表示用其指定的格式输出表达式的值。格式字符串分为三类：数值格式、日期格式和字符串格式，引用格式字符串要添加双引号。

1. 数值的格式化

数值格式化是将数值表达式的值按“格式字符串”指定的格式输出。有关格式及举例见表 3-12。

表 3-12 常用数值格式化符

符号	作用	数值表达式	格式化字符串	显示结果
0	实际数字少于符号位数，数字前后加 0；多于符号位数，整数部分按实际数字显示，小数部分按指定的位数四舍五入	1234.567	"00000.0000"	01234.5670
		1234.567	"000.00"	1234.57
		1234	"000.00"	1234.00
#	实际数字少于符号位数，数字前后不加 0；多于符号位数，整数部分按实际数字显示，小数部分按指定的位数四舍五入	1234.567	"#####.####"	1234.567
		1234.567	"###.##"	1234.57
		1234	"###.##"	1234.
.	加小数点	1234	"0000.00"	1234.00
,	加千分位符号	1234.567	"##,##0.0000"	1,234.5670

续表

符号	作用	数值表达式	格式化字符串	显示结果
%	数字乘以 100，后面加百分号	1234.567	"###.##%"	123456.7%
$	在数字前加$	1234.567	"$###.##"	$1234.57
+	在数字前加+	-1234.567	"+###.##"	+-1234.57
-	在数字前加一	1234.567	"-###.##"	-1234.57
E+	用指数表示	0.1234567	"0.00E+00"	1.23E-01
E-	用指数表示	1234.567	".00E-00"	.12E04

说明：格式函数 Format 一般用于 Print 方法中，可以按指定的格式输出数据。例如：

```
Print Format(12345.678, "0.00E+00")        ' 结果为 1.23E+04
Print Format(12345.678, "##,##0.0000")     ' 结果为 12,345.6780
```

2. 日期和时间格式化

日期和时间格式化是将日期类型表达式的值或数值表达式的值转换为日期、时间的序数值，按“格式字符串”指定的格式输出。有关格式见表 3-13。

表 3-13 常用日期和时间格式符

符号	作用说明	例子
dddddd	显示完整长日期（yyyy 年 m 月 d 日）	Format(Date, "dddddd") 返回值：2004 年 2 月 3 日
mmmm	显示月份全名（January～December）	Format(Date, "mmmm") 返回值：February
yyyy	以四位数显示年份（0100～9999）	Format(Date, "yyyy") 返回值：2004
dddd	显示星期全称（Sunday～Saturday）	Format(Date, "dddd") 返回值：Tuesday
ddddd	显示完整日期（yy/mm/dd）	Format(Date, "ddddd") 返回值：2004-2-3
ttttt	显示完整时间（小时、分和秒）	Format(Time, "ttttt") 返回值：11:01:12
AM/PM	显示 12 小时制的时间，中午前为 AM 或 am，中午后为 PM 或 pm	Format(Time, "tttttAM/PM") 返回值：11:02:12AM

例 3-4 下面的程序通过 Format 函数，用 print 语句在屏幕上显示的日期和时间，运行结果如图 3-6 所示。

```
Private Sub form_Click()
    Form1.Caption = Now                          '窗体标题为当前系统时间
    mytime = #9:12:34 AM#
    mydate = #2/2/2009#
    Print Tab(6); Format(mydate, "dddddd")       '显示完整长日期
```

```
    Print Tab(6); Format(mytime, "ttttt AM/PM")        '显示完整 12 小时制时间
    Print Tab(6); Format(mydate, "dddddd")             '显示完整日期
    Print Tab(6); Format(mydate, "mmmm")               '显示月份全名
    Print Tab(6); Format(mytime, "ttttt")              '显示完整时间
End Sub
```

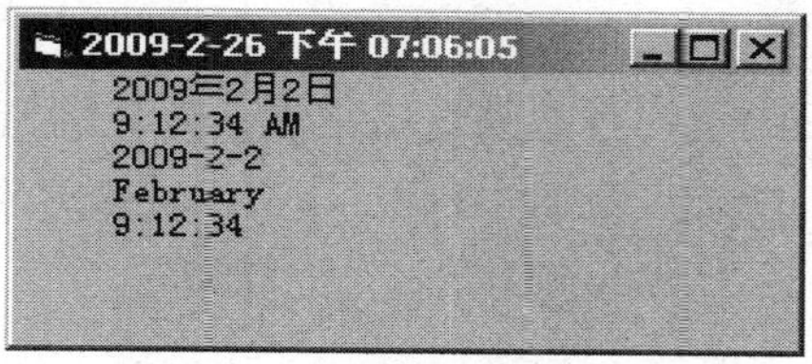

图 3-6　例 3-4 程序运行界面

3. 字符串格式化

字符串格式化是将字符串按指定的格式进行显示，常用的字符串格式符和应用举例见表 3-14。

表 3-14　常用的字符串格式符和应用举例

符号	作用	字符串表达式	格式化字符串	显示结果
<	强制字符小写显示	"Hello"	"<"	hello
>	强制字符大写显示	"happy"	">"	HAPPY
@	实际字符个数小于符号位数时，字符串前面添加空格	"ABCDE"	"@@@@@@@"	ABCDE
&	实际字符个数小于符号位数时，字符串前面不添加空格	"ABCDE"	"&&&&&&&"	ABCDE

本章小结

数据类型是指数据在计算机内部的表述和存储形式。不同的数据类型具有不同的存储长度、取值范围和允许的操作。编写程序时，选择使用合适的数据类型，可以优化程序代码的运行速度，节省存储空间。

常量是那些在程序运行过程中，其值不发生改变的量；变量在程序运行过程中，其值是可以改变的。常量有三种：直接常量、符号常量和系统常量，应特别注意符号常量的定义和使用。变量有四个特性：名字、数据类型、作用范围和生存周期，本章介绍了前两个特性，要熟练掌握变量的定义和使用。

运算是对数据进行加工处理的过程，描述各种不同运算的符号称为运算符，而参与运算的数据就称为操作数。由运算符和对应的操作数所构成的一个有意义的式子就称为表达式。一定要特别注意到程序设计中的表达式与数学表达式之间的区别。

函数是完成某些特定运算的程序模块，在程序中要使用一个函数时，只要给出函数名并给出一个或多个相应的参数（自变量），就能得到它的函数值。Visual Basic 中有两类函数：内部函数和用户定义函数，本章介绍的是内部函数。在使用内部函数时，要注意正确书写函数名

并给出正确的参数（自变量）。

习题3

一、基本概念题

1．说明下列哪些是 Visual Basic 合法的直接常量，并分别指出它们的类型？

100.0　%100　1E1　123D3　123,456　0100

"ASDF"　"1234.5"　#2004/10/7#　100#　π

&O72　&H123　True　T　-1123!　345.54#

2．下列数据哪些是变量，哪些是常量？是什么类型的常量？

Name　"name"　False　ff　"11/16/99"　cj

"120"　n　#11/12/2004#　12.345

3．下列符号中，哪些是 Visual Basic 的合法变量名？

A123　a12_3　123_a　a,123　a 123　Integer

XYZ　False　Sin(x)　变量名　sinx　π

4．把下列数学表达式写成 Visual Basic 表达式。

（1）$|x+y|+z^5$　（2）$(1+xy)^6$

（3）$\dfrac{10x+\sqrt{3y}}{xy}$　（4）$\dfrac{-b+\sqrt{b^2-4ac}}{2a}$

（5）$\dfrac{1}{\dfrac{1}{r_1}+\dfrac{1}{r_2}+\dfrac{1}{r_3}}$　（6）$\sin 45^\circ+\dfrac{e^{10}+\ln 10}{\sqrt{x+y+1}}$

5．写出下列表达式的值。

（1）123 + 23 Mod 10 \ 7 + Asc("A")

（2）Int(68.555 * 100 + 0.4) / 100

（3）#11/22/2004# - 10

（4）"ZXY" & 123 & "abc"

6．设 a=7，b=3，c=4，求下列表达式的值。

（1）a + 3 * c　（2）a ^ 2 / 4

（3）a / 2 + 3 \ 2　（4）a Mod 3 + b ^ 3 / c \ 5

7．写出下列函数的值。

（1）Int(-3.14159)　（2）Fix(-3.14159)

（3）Sqr(Sqr(81))　（4）Len("Visual Basic 程序设计")

（5）Int(Abs(99 - 100) / 2)　（6）Sgn(7 * 3 + 2)

（7）LCase("Hellow VB!")　（8）Mid("Hellow VB!", 4, 3)

（9）Left("Hellow VB!", 3)　（10）Val("16 个加 23 个")

（11）Str(-459.55)　（12）UCase("Visual Basic")

二、选择题

1．可以同时删除字符串前导和尾部空格的函数是（　）。

A．Ltrim　　B．Rtrim　　C．Trim　　D．Mid

2．函数 Int(Rnd(1) * 10)是在（　）范围产生随机整数。

A．(0,1)　　B．(0,9)　　C．(1,10)　　D．(1,9)

3．数学式子 sin25º 写成 Visual Basic 表达式是（　）。

A．Sin25　　B．Sin(25)

C．Sin(25º)　　D．Sin(25*3.14/180)

4．表达式 16/4 – 2^3 * 8/4 Mod 5\2 的值是（　）。

A．14　　B．4　　C．20　　D．2

5．数学关系式 3 ≤ x < 10 表示成正确的 VB 表达式为（　）。

A．3<= x <10　　B．x >= 3 And x<10

C．x>=3 Or x<10　　D．3<= x And <10

6．已知 A="12345678"，则表达式 Val(Left(a, 4) + Mid(a, 4, 2))的值是（　）。

A．123456　　B．123445　　C．8　　D．6

7．表达式 Len("123 程序设计 ABC")的值是（　）。

A．10　　B．14　　C．20　　D．17

8．下面正确的赋值语句是（　）。

A．x+y=30　　B．y=3π*r*r　　C．y=x+30　　D．3y=x+1

9．为了给 x、y、z 三个变量赋初值 1，正确的赋值语句是（　）。

A．x=1: y=1: z=1　　B．x=1, y=1, z=1

C．x=y=z=1　　D．x,y,z=1

10．执行赋值语句 g = 123 + Mid("123456", 3, 2)后，变量 g 中的值是（　）。

A．"12334"　　B．123　　C．12334　　D．157

11．表达式 Not(a+b=c-d)是（　）。

A．逻辑表达式　　B．字符表达式

C．算术表达式　　D．关系表达式

12．如果 x 是一个正实数，对 x 的第 3 位小数四舍五入的表达式是（　）。

A．0.01 * Int(x + 0.005)　　B．0.01 * Int(100 * (x + 0.005))

C．0.01 * Int(100 * (x + 0.05))　　D．0.01 * Int(x + 0.05)

13．以下语句可以将变量 a、b 的值互换的是（　）。

A．a=b: b=a　　B．a=a+b: b=a-b: a=a-b

C．a=c: c=b: b=a　　D．a=(a+b)/2: b=(a-b)/2

14．下列四个字符串进行比较，最小的是（　）。

A．"9977"　　B．"B123"　　C．"Basic"　　D．"DATA"

15．下列逻辑表达式中，其值为 True 的是（　）。

A．"b" > "ABC"　　B．"THAT" > "THE"

C．9 > "H"　　D．"A" > "a"

16．表达式 a+b=c 是（　）。

A．赋值表达式　　B．字符表达式

C．算术表达式　　D．关系表达式

17．在下列表达式中，非法的是（　）。

A．a=b+c　　B．a>b+c　　C．a≠b>c　　D．a<b+c

18．语句 Print Format ("HELLO", "<") 的输出结果是（　）。

A．HELLO　　B．hello　　C．He　　D．he

19．MsgBox()函数的返回值的类型是（　）。

A．整数　　B．字符串　　C．逻辑值　　D．日期

20．代数表达式 $\ln\left|\frac{e^{\pi}+\sin^3(x)}{x+y}\right|$ 对应的 Visual Basic 表达式为（　）。

A．Log(abs((exp(3.14159)+sin(x)^3)/(x+y)))

B．Ln(abs((exp(3.14159)+sin(x)^3)/(x+y)))

C．Log(abs((exp(3.14159)+sin(x)^3)/x+y))

D．Log|exp(3.14159)+sin(x)^3)/x+y|

三、填空题

1．在 VB 中声明符号常量的关键字是________。

2．设 a=1、b=2、c=3，则 VB 6.0 表达式：a<b or b<c and c<a 的值是________。

3．"a"、"T"、"Z"、"9"，这四个字符中，________的 ASCII 码值最大。

4．执行语句 B = MsgBox("XXX",,"YYY")后，在消息框中的标题信息是________。

5．函数 Len("Hello!"+Space(2)+Mid("Shanghai",5,3))的值是________。

6．表达式 Ucase(Mid("abcdefgh",3,4)) 的值是________。

7．表达式 Int(1234.555*100+0.5)/100 的结果是________。

8．代数表达式 $(\ln(1+d^2)-e^2)^{\frac{5}{2}}$ 对应的 Visual Basic 表达式是________。

9．x 是小于 100 的非负数，用 Visual Basic 表达式表示为________。

10．使用 MsgBox 的显示结果如图 3-7 所示，则在 VB 中执行的语句是________。

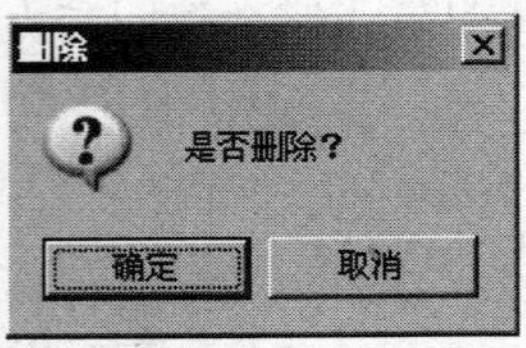

图 3-7　消息框

四、编程题

1．在图 3-8 中“半径”后的文本框（Text1）中输入圆的半径值后，单击“计算面积”按

钮（Command1）和“计算周长”按钮（Command2），其计算结果将显示在“结果”后的文本框（Text2）中。试写出控件的相关事件代码，以完成上述各功能。

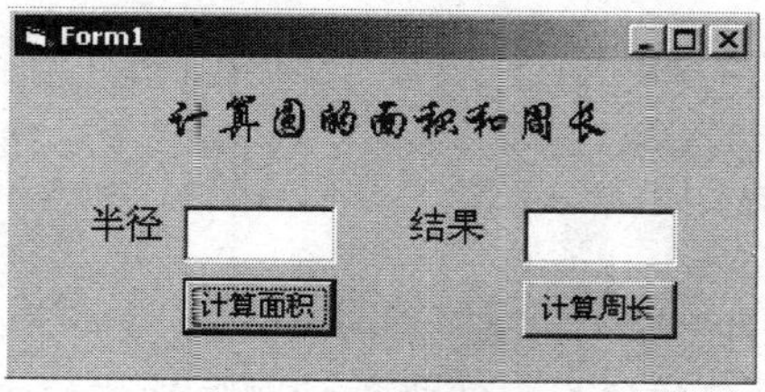

图 3-8　编程题 1

2．编写程序，单击 Command1 能随机产生一个 3 位正整数，并将其显示在文本框 1 中，单击 Command2 将该随机数的逆序显示在文本框 2 中。例如，产生的数字是 734，该数的倒序是 437，程序运行界面如图 3-9 所示。

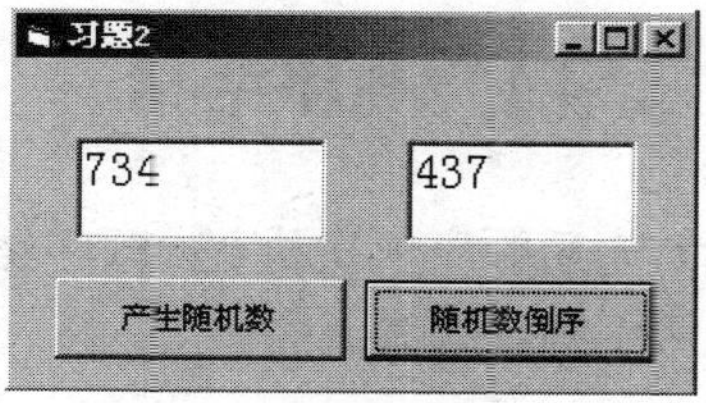

图 3-9　编程题 2

第 4 章　Visual Basic 的程序控制结构

本章要点

- 熟练掌握赋值语句的使用，掌握设计顺序结构的方法；
- 熟练掌握 If 语句和 Select Case 语句的使用，掌握设计选择结构的方法；
- 熟练掌握 For 语句、Do 语句、While 语句和循环嵌套的使用，掌握设计循环结构的方法；
- 了解其他控制语句的使用。

4.1　顺序结构

顺序结构就是按照语句出现的先后顺序依次执行。顺序结构流程图如图 4-1 所示，它有一个入口、一个出口，依次执行语句 1 和语句 2。

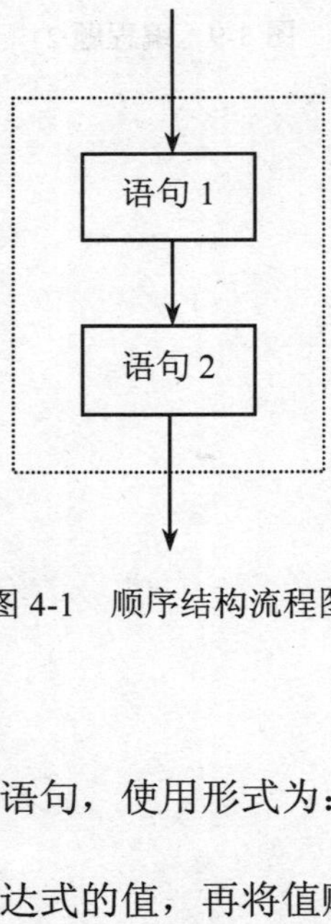

图 4-1　顺序结构流程图

4.1.1　赋值语句

赋值语句是程序设计中最基本的语句，使用形式为：

　　变量名 = 表达式

其功能是先计算出赋值号右侧表达式的值，再将值赋给赋值号左侧的变量。

注意：

（1）赋值号左侧只能是变量，不能是常量、函数或表达式。例如，以下的赋值语句都是非法的。

```
3 = x + 1            '赋值号左侧是常数
Sin(x) = a           '赋值号左侧是函数
```

```
x + 1 = 5                  '赋值号左侧是表达式
```

（2）赋值号右侧表达式的值可以是任何类型的数据，但一般与赋值号左侧变量的数据类型一致。当这两种数据类型不同时，Visual Basic 系统将按以下方法处理：

- 当右侧表达式与左侧变量的类型都是数值型，但精度不同时，系统将强制转换成赋值号左侧变量的数据类型。例如：

```
x% = 3.565             '变量 x 为整型，右侧表达式的值四舍五入取整后再赋给 x，结果为 4
y! = 3.2831528#        '变量 y 为单精度型，赋值结果为 3.283153，有效位数降为 7 位
```

- 当把字符串赋值给数值型变量时，系统会将字符串自动转换成数值再赋值，但当字符串中包含非数字字符或空串时，则出错。例如：

```
x% = "21.456"          '变量 x 的值为 21
x! = "231.456"         '变量 x 的值为 231.456
x% = "11xy34"          '出现“类型不匹配”错误
x% = ""                '出现“类型不匹配”错误
```

- 当把逻辑型值赋给数值型变量时，True 转换为-1，False 转换为 0；把数值型数值赋给逻辑型变量时，非 0 值转换为 True，0 转换为 False。例如：

```
Dim a As Boolean       '声明变量 a 为逻辑型
a = 1                  '变量 a 中的数据为 True
```

- 任何非字符型的数据赋值给字符型变量时，将被转换成字符型。

（3）赋值语句中的赋值号与数学中的等号都用“=”表示，但它们是有区别的，在程序中 x = 1 应读作“将数值 1 赋给变量 x”，表示将 1 这个数值存放在名字为 x 的存储单元中。

（4）常用的赋值语句：

```
sum = sum + n
```

它表示将变量 sum 中原来的值与变量 n 中存放的值相加后再赋值给变量 sum，成为变量 sum 的新值，与循环结构结合使用可实现累加。

```
i = i + 1
```

它表示将变量 i 中原来的值加 1 后再赋值给 i，与循环结构结合使用可用来计数。

（5）不能用一个赋值语句同时给多个变量赋值。例如，以下的赋值语句是错误的：

```
Dim x As Integer, y As Integer, z As Integer
x = y = z = 1
```

程序执行时会把 y = z = 1 看成是关系表达式，值为 False，再将其转换为数值 0 后赋给变量 x，结果 x 的值是 0。

4.1.2　应用举例

例 4-1　输入圆的半径，计算圆的面积，运行结果如图 4-2 所示。

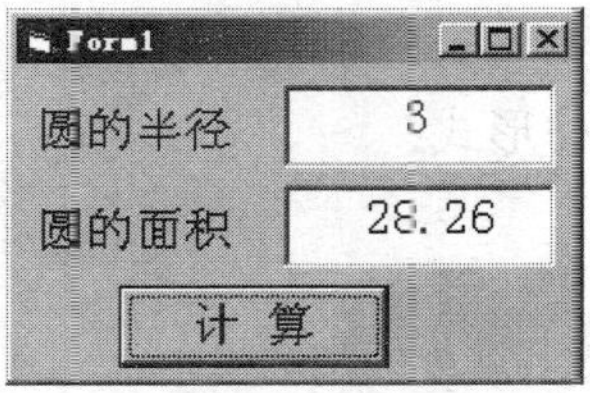

图 4-2　例 4-1 运行结果

“计算”按钮 Command1 的单击事件代码如下：

```
Private Sub Command1_Click()
    Const PI = 3.14
    Dim r As Double, area As Double
    r = Val(Text1.Text)
    area = PI * r * r
    Text2.Text = Str(area)
End Sub
```

例 4-2 编写程序交换两个变量的值，运行结果如图 4-3 所示。

分析：由于计算机内存具有易覆盖的特点，因此计算机中交换两个变量的值只能采取通过第三个变量间接交换的方法来实现，参见图 4-4。

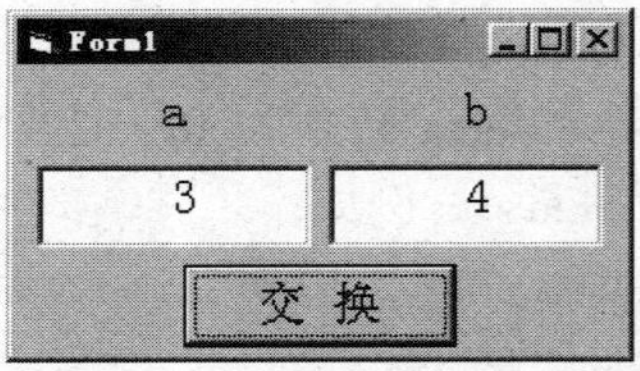

图 4-3 例 4-2 运行结果

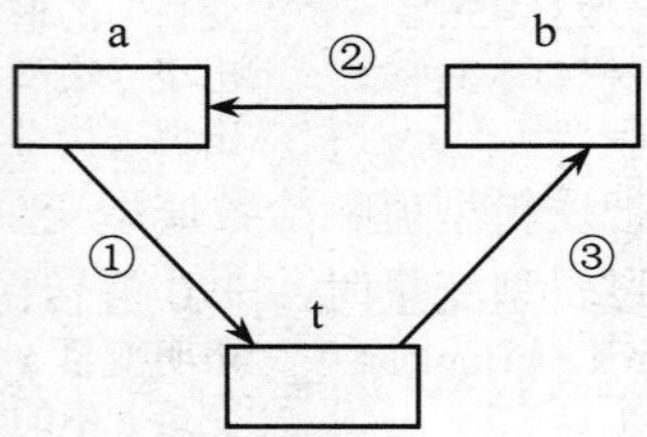

图 4-4 两个数交换的过程

“交换”按钮 Command1 的单击事件代码如下：

```
Private Sub Command1_Click()
    Dim a As Integer, b As Integer, t As Integer
    a = Val(Text1.Text)
    b = Val(Text2.Text)
    t = a: a = b: b = t
    Text1.Text = Str(a)
    Text2.Text = Str(b)
End Sub
```


4.2 选择结构

选择结构是根据所给判定条件的值来决定程序的流向。Visual Basic 中提供了多种形式的条件语句来实现选择结构。

4.2.1 If 语句

If 语句有三种形式：单分支、双分支和多分支。

1. **单分支 If 语句**

If 语句的单分支结构有以下两种形式：

（1）单行形式。

```
If 条件表达式 Then 语句行
```

（2）块结构形式。

```
If 条件表达式 Then
    语句块
End If
```

其中：

① 条件表达式可以是关系表达式、逻辑表达式或算术表达式，表达式值为非 0 表示 True，0 表示 False。

② 单行形式必须是一行，Then 后面直接跟语句行，不能换行。语句行可以是一条语句，也可以是多条语句，但多条语句之间须用冒号“:”隔开。单行结构中不能用 End If。

③ 块结构形式是多行语句结构。Then 后面的语句必须换行书写。语句块可以是一条语句或多条语句。块结构形式必须以 End If 作为结束标志。

单分支 If 语句的执行流程是：先计算条件表达式，若表达式值为 True（非 0），执行 Then 后面的语句行或语句块；否则，不执行语句，转而执行 If 语句后面的下一条语句。其流程图如图 4-5 所示。

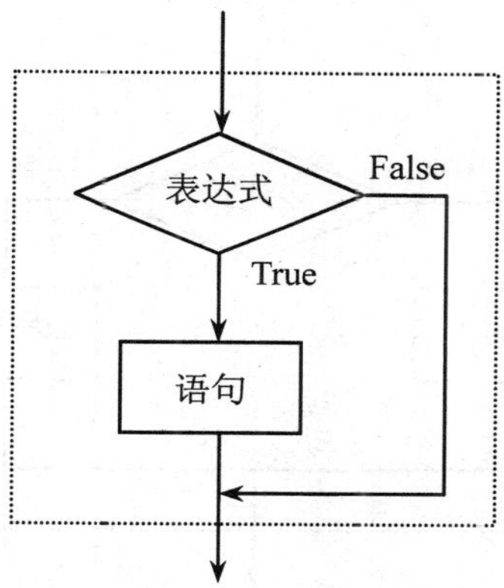

图 4-5　单分支 If 语句流程图

例 4-3　编写验证用户名和密码的应用程序，假定用户名为“wang”，密码为“123”，若输入正确，弹出消息提示“输入正确”，运行结果如图 4-6 所示。

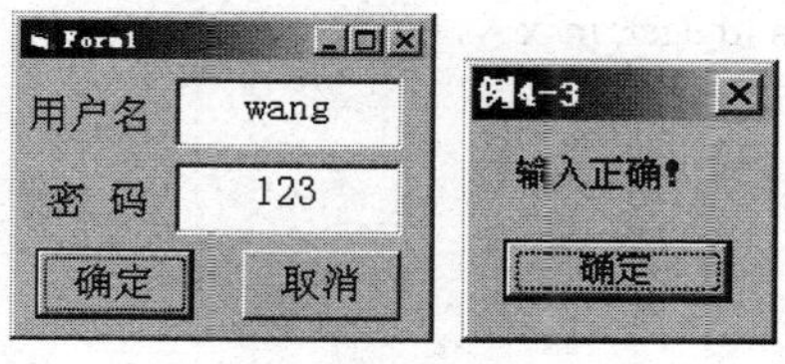

图 4-6　例 4-3 运行结果

（1）“确定”按钮 Command1 的单击事件代码如下：

```
Private Sub Command1_Click()
    If Text1.Text = "wang" And Text2.Text = "123" Then
        MsgBox "输入正确！"
    End If
End Sub
```

（2）“取消”按钮 Command2 的单击事件代码如下：

```
Private Sub Command2_Click()
    End
End Sub
```

2. 双分支 If 语句

If 语句的双分支结构也有两种形式：

（1）单行形式。

```
If 条件表达式 Then 语句行 1 Else 语句行 2
```

（2）块结构形式。

```
If 条件表达式 Then
      语句块 1
Else
      语句块 2
End If
```

双分支 If 语句的执行流程是：先计算条件表达式，若表达式值为 True（非 0），执行语句行 1（语句块 1）；否则，就执行语句行 2（语句块 2）。其流程图如图 4-7 所示。

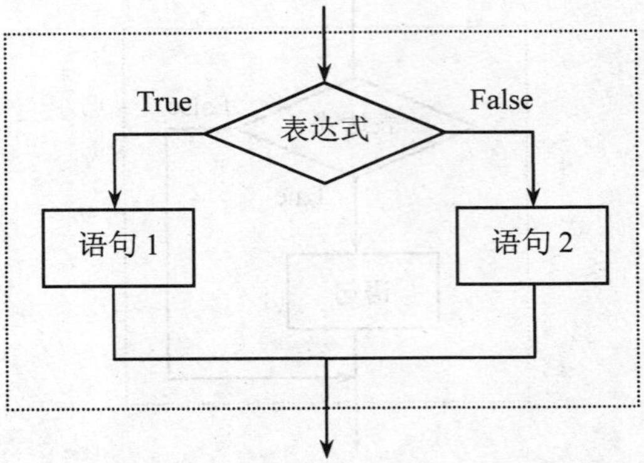

图 4-7　双分支 If 语句流程图

例 4-4　编写程序求两个数中的大值，运行结果如图 4-8 所示。

"求最大值"按钮 Command1 的单击事件代码如下：

```
Private Sub Command1_Click()
    Dim a As Integer, b As Integer, max As Integer
    a = Val(Text1.Text)
    b = Val(Text2.Text)
    If a > b Then
        max = a
    Else
        max = b
    End If
    Label3.Caption = "最大值为：" & max
End Sub
```

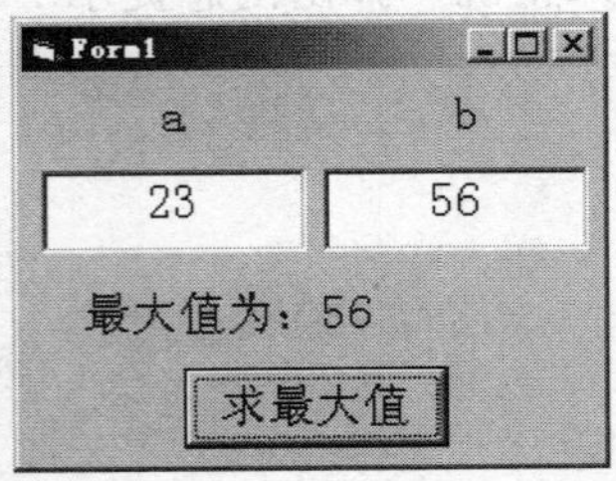

图 4-8　例 4-4 运行结果

例 4-5　计算分段函数

$$y = \begin{cases} \sin x + \sqrt{x+1} & (x \neq 0) \\ \cos x - x^2 + 10x & (x = 0) \end{cases}$$

用双分支 If 语句实现，程序段如下：

```
If x <> 0 Then
    y = Sin(x) +Sqr(x+1)
Else
```

```
        y = Cos(x) – x^2+ 10 * x
    End If
```

用单分支 If 语句也可实现，程序段如下：

```
    y = Sin(x) +Sqr(x+1)                         '不管 x 取值为多少，先进行表达式计算
    If x = 0 Then y = Cos(x) – x^2+ 10 * x       '判断若 x 等于 0，则覆盖先前计算的值
```

思考：将上述单分支 If 语句中两语句次序调换一下，是否也能实现题目要求？为什么？

```
    If x = 0 Then y = Cos(x) – x^2+ 10 * x
    y = Sin(x) +Sqr(x+1)
```

3．多分支 If 语句

双分支结构中只能根据条件成立与否来决定执行两个分支中的一个，但当实际处理问题时可能要判断多种条件，因此就要用到多分支结构。

If 语句的多分支形式为：

```
    If  条件表达式 1 Then
        语句块 1
    ElseIf  条件表达式 2 Then
        语句块 2
    …
    [ Else
        语句块 n+1]
    End If
```

多分支 If 语句的执行流程是：先计算条件表达式 1 的值，若该值为 True（非 0），执行语句块 1；否则计算条件表达式 2 的值，若该值为 True（非 0），就执行语句 2；依此类推，若各条件表达式的值都为 False（0），则执行语句 n+1。若当所有条件的值都为 False（0）时，程序不需要完成任何操作，则可省略最后的 Else 子句。其流程图如图 4-9 所示。

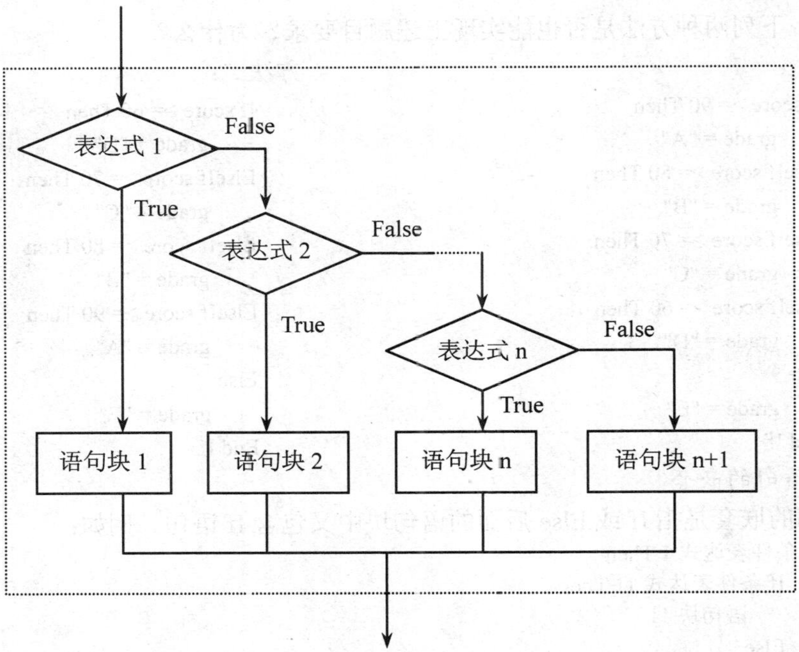

图 4-9　多分支 If 语句流程图

注意：

（1）对于选择分支结构，不管有几个分支，程序只执行第一个满足条件的分支，其余分支不再执行，即使在多分支中有多个条件表达式同时满足。

（2）ElseIf之间没有空格，不能写成 Else If。

（3）条件表达式应该写在 If 或 ElseIf 后面，Else 后面不能直接写条件。

例 4-6 根据百分制成绩 score，决定对应的五级制评定：大于等于 90 分为 A 级，80 分及以上且 90 分以下为 B 级，70 分及以上且 80 分以下为 C 级，60 分及以上且 70 分以下为 D 级，60 分以下为 E 级，运行结果如图 4-10 所示。

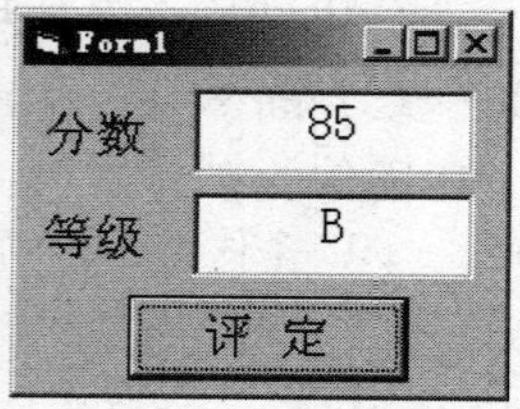

图 4-10　例 4-6 运行结果

“评定”按钮 Command1 的单击事件代码如下：

```
Private Sub Command1_Click()
    Dim score As Integer, grade As String
    score = Val(Text1.Text)
    If score >= 90 Then
        grade = "A"
    ElseIf score >= 80 And score < 90 Then
        grade = "B"
    ElseIf score >= 70 And score < 80 Then
        grade = "C"
    ElseIf score >= 60 And score < 70 Then
        grade = "D"
    Else
        grade = "E"
    End If
    Text2.Text = grade
End Sub
```

思考：下列两种方法是否也能实现上述题目要求？为什么？

方法一：

```
If score >= 90 Then
    grade = "A"
ElseIf score >= 80 Then
    grade = "B"
ElseIf score >= 70 Then
    grade = "C"
ElseIf score >= 60 Then
    grade = "D"
Else
    grade = "E"
End If
```

方法二：

```
If score >= 60 Then
    grade = "D"
ElseIf score >= 70 Then
    grade = "C"
ElseIf score >= 80 Then
    grade = "B"
ElseIf score >= 90 Then
    grade = "A"
Else
    grade = "E"
End If
```

4. If 语句的嵌套

If 语句的嵌套是指 If 或 Else 后面的语句块中又包含 If 语句。例如：

```
If 条件表达式 1 Then
    If 条件表达式 11 Then
        语句块 11
    Else
        语句块 12
```

```
        End If
    Else
        If 条件表达式 2 Then
            语句块 21
        End If
    End If
```

注意：

（1）在 If 语句的嵌套中，为了增强程序的可读性，建议采用锯齿状的书写形式。

（2）If 语句的形式若不是单行结构，必须与 End If 配对；多个 If 嵌套，End If 与它最近的还未配对的 If 配对。

例 4-7　编程比较变量 x、y、z 中所存放的三个不同的数，使得 x>y>z。

分析：要将三个数有序排列，需要通过多次两两比较才能实现，程序段如下：

```
If x < y Then                   '使得 x>y
    t = x: x = y: y = t
End If
If y < z Then
    t = y: y = z: z = t         '使得 y>z
    If x < y Then               '此时 x、y 已不是原 x、y 的值
        t = x: x = y: y = t
    End If
End If
```

4.2.2　Select Case 语句

利用多分支 If 语句可以实现对多重情况的判断处理，但如果遇到更复杂的问题，判断层次多了，程序的结构就显得不是很清晰。为此，Visual Basic 提供了另一种结构更清晰，执行效率更高的多分支结构语句：Select Case 语句，形式为：

```
Select Case 测试条件表达式
    Case 表达式列表 1
        语句块 1
    Case 表达式列表 2
        语句块 2
    …
    [ Case Else
        语句块 n+1]
End Select
```

其中：

（1）“测试条件表达式”可以是数值型或字符串型表达式，一般表示为变量或含有变量的表达式。

（2）“表达式列表”必须与“测试条件表达式”的类型相同，可以是以下的三种形式：

- 表达式：该种表达方法常用来表示一些具体的取值，如：Case 2, 4 ,6 ,8。
- 表达式 To 表达式：常用于表示一个数据范围，如：Case 20 to 50，包括 20 和 50。
- Is 比较运算符 表达式： Is 关键字与比较运算符相结合，也可用来表示一个指定的范围，如： Case Is < 10。注意：Is 前面不要加变量，初学者容易犯这样的错误。

在表达式列表中，上述三种形式在数据类型相同的条件下可以混合使用。例如：

```
Case "a" To "n", Is >"x"
Case "a", "F", "M"
Case 2, 4, 6, 8, Is > 10
```

Select Case 语句的执行流程是：首先计算测试条件表达式的值，然后将该值依次与各 Case 后面的表达式列表进行比较，若与某一列表值相等或满足某一列表要求，就执行与该 Case 相关联的语句块，执行完毕后，程序转到 End Select 之后的语句，不再与其他列表值进行比较，当所有列表表达式的值均不能与测试条件表达式的值相匹配时，则执行 Case Else 后面的语句块。其流程图如图 4-11 所示。

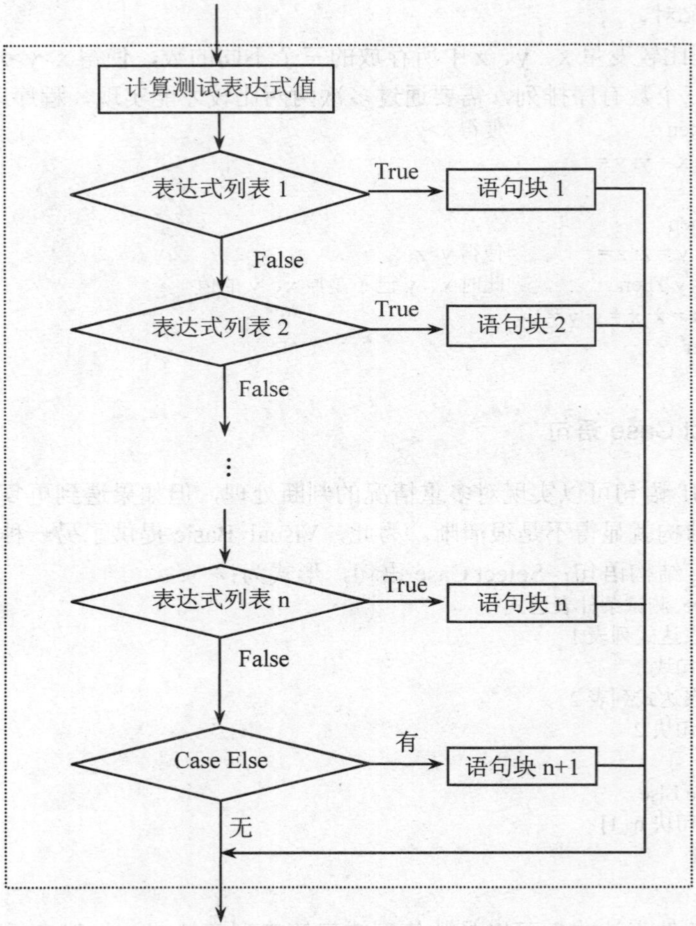

图 4-11　Select Case 语句流程图

例 4-8　用 Select Case 语句实现例 4-6 的程序。

程序段如下：

```
Select Case score
    Case Is >= 90
        grade = "A"
    Case Is >= 80
        grade = "B"
```

```
    Case Is >= 70
        grade = "C"
    Case Is >= 60
        grade = "D"
    Case Else
        grade = "E"
End Select
```

例 4-9　编写程序，判断从键盘所输入的字符是大写字母、小写字母、数字字符还是其他字符，并作相应的提示。

程序代码如下：

```
Private Sub Form_Click()
    Dim str As String
    str = InputBox("请输入一个字符")
    Select Case str
        Case "A" To "Z"
            MsgBox str & "是大写字母"
        Case "a" To "z"
            MsgBox str & "是小写字母"
        Case "0" To "9"
            MsgBox str & "是数字字符"
        Case Else
            MsgBox str & "是其他字符"
    End Select
End Sub
```


4.2.3　条件函数

Visual Basic 中提供的条件函数有：IIf()函数和 Choose()函数，前者可代替“If…Then…ElseIf”，后者可代替 Select Case 语句，可以用来执行一些简单的条件判断操作。

（1）IIf()函数。形式为：

变量 = IIf (条件表达式,True 部分,False 部分)

IIf 函数的功能是：当条件表达式的值为真（True）时，返回“True 部分”的值，否则返回“False 部分”的值。“True 部分”和“False 部分”可以是表达式、变量或者其他函数。应注意：IIf 函数中的三个参数均不能省略，而且要求“True 部分”、“False 部分”和保存结果的变量类型一致。

例如：

```
max=IIf( x > y, x, y)
```

如果 x>y 则 max=x，否则 max=y，即 max 的值等于 x 与 y 中的大值。

（2）Choose()函数。形式为：

Choose(整数表达式,选项列表)

Choose()函数的功能是：根据整数表达式的值来决定返回选项列表中的某个值。如果整数表达式的值是 1，则 Choose 函数会返回选项列表中的第 1 个选项值；表达式的值为 2，则返回选项列表中的第 2 个选项值，……，依此类推。若整数表达式的值小于 1 或大于列出的选项数目时，Choose()函数返回 Null。

例如，根据当前日期函数 Now 和 Weekday，利用 Choose()函数显示今天是星期几：

```
week = Choose(Weekday(Now), "SUN", "MON", "TUE", "WED", "THU", "FRI", "SAT")
```

4.2.4 应用举例

例 4-10 编写程序判断所输入的年份是否为闰年，运行结果如图 4-12 所示。

图 4-12 例 4-10 运行结果

分析：判断闰年的条件为：能被 400 整除，或者能被 4 整除但不能被 100 整除。

“判断”按钮 Command1 的单击事件代码如下：

```
Private Sub Command1_Click()
    Dim y As Integer
    y = Val(Text1.Text)
    If y Mod 400 = 0 Or (y Mod 4 = 0 And y Mod 100 <> 0) Then
        Label2.Caption = y & "年是闰年！"
    Else
        Label2.Caption = y & "年不是闰年！"
    End If
End Sub
```


例 4-11 某商场采用购物打折的优惠办法促销，每位顾客一次购物：500 元以下不优惠；500 元以上，按九五折优惠；1000 元以上，按九折优惠；2000 元以上，按八五折优惠；5000 元以上，按八折优惠。编写程序，输入顾客的购物款，计算并显示出顾客的实际应付款，运行结果如图 4-13 所示。

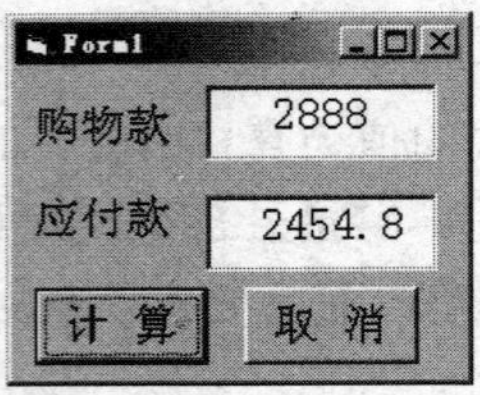

图 4-13 例 4-11 运行结果

分析：设顾客的购物款为 x，打折后的实际应付款为 y，计算公式为

$$y=\begin{cases} x & (x<500) \\ 0.95x & (500\leqslant x<1000) \\ 0.90x & (1000\leqslant x<2000) \\ 0.85x & (2000\leqslant x<5000) \\ 0.80x & (x\geqslant 5000) \end{cases}$$

（1）“计算”按钮 Command1 的单击事件代码为：

```
Private Sub Command1_Click()
    Dim x As Single, y As Single
```

```
        x = Val(Text1.Text)
        Select Case x
            Case Is >= 5000
                y = 0.8 * x
            Case Is >= 2000
                y = 0.85 * x
            Case Is >= 1000
                y = 0.9 * x
            Case Is >= 500
                y = 0.95 * x
            Case Else
                y = x
        End Select
        Text2.Text = Str(y)
    End Sub
```

（2）“取消”按钮 Command2 的单击事件代码为：

```
    Private Sub Command2_Click()
        End
    End Sub
```

4.3　循环结构

在实际应用中，经常遇到一些操作重复多次执行的现象，比如统计全班学生的成绩，计算一个工厂职员的平均收入等，为此，Visual Basic 提供了循环结构来处理该类问题。循环结构就是按照一定的条件，重复执行某个语句块的一种结构。使用循环结构编程时，一定要明确两个问题：第一，哪些操作需要重复执行？第二，在什么情况下重复执行这些操作？这两个问题分别对应循环结构的循环体和循环条件。Visual Basic 中提供了两种类型的循环结构，一种是计数循环（For…Next 循环），另一种是条件循环（Do…Loop 循环和 While…Wend 循环）。

4.3.1　For…Next 语句

For…Next 循环是计数型循环，常用于循环次数已知的情况。形式为：

```
For 循环变量 = 初值 To 终值 [Step 步长]
    [语句块 1]
    [Exit For]
    [语句块 2]
Next 循环变量
```

其中：

（1）循环变量：是用于循环计数的变量，必须为数值型。

（2）初值、终值：循环变量的初值和终值，必须为数值型。

（3）步长：循环变量的增量，可以是正数或者负数。如果初值小于或等于终值，步长的值应该为正；反之，步长应该为负。步长的值为 1 时，可以省略“Step 步长”不写。

（4）语句块可以是一条语句，也可以是多条语句，通常称为循环体，循环体在循环过程中被反复执行。

（5）Exit For 子句是可选项，它可以放置在循环体语句中的任何位置。程序在执行过程中遇到 Exit For 子句时，将强行退出循环去执行 Next 后面的语句。Exit For 子句常与条件判断语句配合使用，使得循环操作能在一些特殊场合下提前终止。

（6）For…Next 循环是计数循环，循环次数的计算公式为：

Int((终值-初值)/步长+1)

For…Next 循环的执行流程为：

（1）设置循环变量的值等于给定的初值。

（2）判断循环变量的值是否超过所设定的终值，如果超过，则结束循环，去执行 Next 后面的语句。当步长为正时，超过是指循环变量的值第一次大于所设定的终值；当步长为负时，超过是指循环变量的值第一次小于所设定的终值。

（3）如果循环变量的值不超过所设定的终值，则执行放在 For 与 Next 语句之间的语句块（循环体）。

（4）循环体执行完成后，循环变量自动增加一个给定的步长，即循环变量=循环变量+步长，然后转到步骤（2），继续循环。

其流程图如图 4-14 所示。

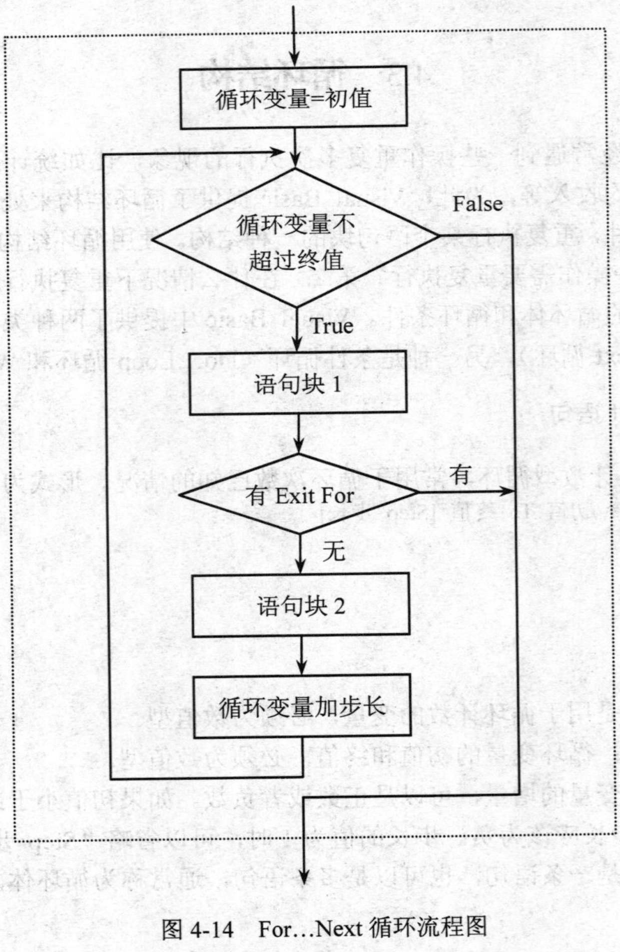

图 4-14　For…Next 循环流程图

例 4-12 编写程序，求 1+2+3+…+100 的值。

分析：这是一个求累加和的问题。加数从 1 开始有规律地变化到 100，每次递增 1，可以用循环变量 i 来表示加数，步长为 1，每循环一次将当前加数累加后，循环变量增加 1，表示下一个加数，用变量 sum 存放每次累加的和，即 sum=sum+i，初始令 sum=0。

程序代码如下：

```
Private Sub Form_Click()
    Dim i As Integer                 '声明循环变量为整型，表示加数
    Dim sum As Long                  '声明求和变量为长整型数，存放累加数
    sum = 0                          '求和变量在循环外清零
    For i = 1 To 100 Step 1          '步长为 1，“step 1”可以省略
        sum = sum + i                '循环累加
    Next i
    Print "1+2+...+100="; sum        '输出结果
End Sub
```

说明：

（1）其中 i 为循环变量，其值从 1 到 100 变化，步长为 1，程序中的 Step 1 可以写，也可以省略；计算结果存放在累加变量 sum 中。

（2）程序的循环次数为 Int((100-1)/1+1)=100。循环结束时，循环变量 i 的值是 101，它是第一个超过终值 100 的值。

（3）在循环体内可以多次引用循环变量，但不要对其赋值，否则会影响原来的循环控制。

思考：若要求 1～100 之间的奇数或偶数的和，上述程序应如何修改？

例 4-13 编写程序显示 1～100 之间所有能被 6 整除的自然数，并统计其个数。

程序代码如下：

```
Private Sub Form_Click()
    Dim i As Integer, count As Integer
    count = 0                            '用变量 count 来计数，初始值为 0
    For i = 1 To 100
        If i Mod 6 = 0 Then              '判断当前的数是否符合条件
            Print i; "能被 6 整除！"
            count = count + 1            '每找到一个符合条件的数就计数一次
        End If
    Next i
    Print "在 1~100 之间共有" & count & "个数能被 6 整除。"
End Sub
```

4.3.2 Do…Loop 语句

Do…Loop 循环既可按照限定的次数执行循环，也可以根据循环条件的成立与否来决定是否执行循环，常用于循环次数未知的情况。Do…Loop 循环有两种语法格式，分别是前测型循环结构和后测型循环结构。

前测型循环结构的形式为：

```
Do [{ While|Until} 条件]
    [语句块 1]
    [Exit Do]
```

```
        [语句块 2]
    Loop
```

后测型循环结构的形式为：

```
    Do
        [语句块 1]
        [Exit Do]
        [语句块 2]
    Loop [{ While|Until} 条件]
```

其中：

（1）前测型循环结构为先判断后执行，循环体有可能一次也不执行；后测型循环结构为先执行后判断，循环体至少要被执行一次。

（2）关键字 While 用于指明条件为 True 时执行循环体一次；关键字 Until 用于指明条件为 False 时执行循环体一次。

（3）若省略[{ While|Until} 条件]选项时，表示循环是无条件循环，此时循环体内应有 Exit Do 子句，否则就成了无限循环，即循环会无终止地重复进行下去。

（4）Exit Do 子句是可选项，它可以放置在循环体语句中的任何位置。程序在执行过程中遇到 Exit Do 子句时，将强行退出循环去执行 Loop 后面的语句。

前测型循环结构 Do While…Loop 的流程图如图 4-15 所示，后测型循环结构 Do…Loop While 的流程图如图 4-16 所示。

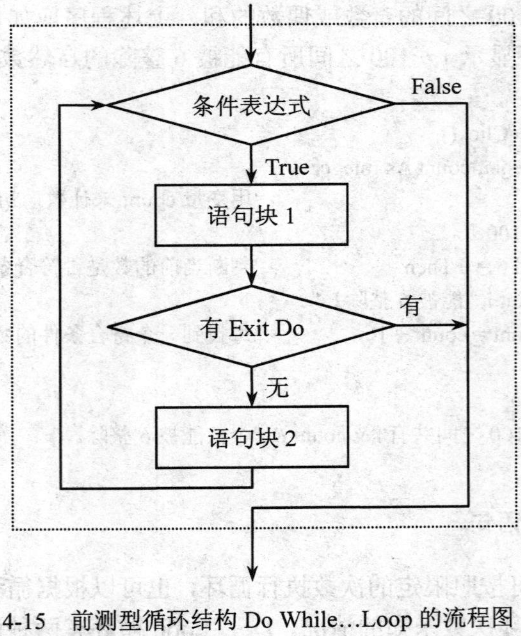

图 4-15　前测型循环结构 Do While…Loop 的流程图

例 4-14　编写程序求 n!，即计算 1*2*3*…n 的值。

分析：本题是求累乘积的问题，前面已用 For 循环编写过求累加和的问题，方法类似。若用 Do 循环编写，可以有多种不同的编写方法，如：

```
Private Sub Form_Click()
    Dim k As Integer, n As Integer
```

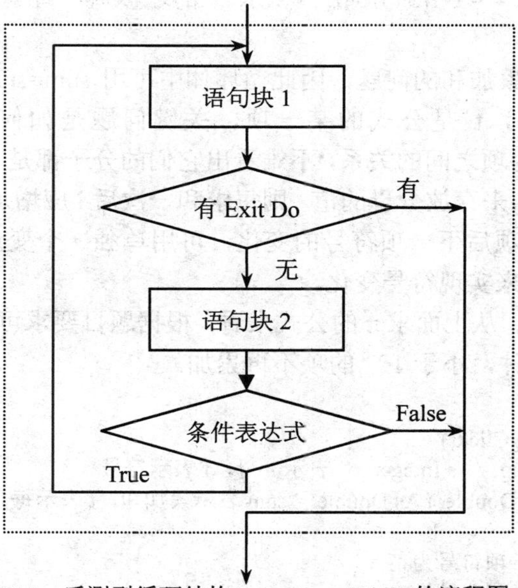

图 4-16　后测型循环结构 Do…Loop While 的流程图

```
    Dim t As Double '若 n!的值较大，整型存放不下，因此将 t 定义为 double 类型
    i = 1              '设置乘数的初始值
    t = 1              '设置存放累乘积变量的初始值
    n = Val(InputBox("请输入 n 的值：", "输入", 10))
    Do While i <= n
        t = t * i
        i = i + 1
    Loop
    Print "1*2*3*...*" & n & "="; t
End Sub
```

上面的循环结构也可以写成：

```
Do Until i > n
    t = t * i
    i = i + 1
Loop
```

上述两段程序使用的都是前测型循环结构，但循环条件的关键字不同，因此条件表达式也不同。也可使用后测型循环结构来编写本程序中的循环：

```
Do
    t = t * i
    i = i + 1
Loop Until i > n
```

或者：

```
Do
    t = t * i
    i = i + 1
Loop While i <= n
```

上述四种循环得到的计算结果是一致的。由此可见，对于相同的问题，编写计算程序的方法可以是多种多样的。

例 4-15 用公式 $\pi/4\approx1-1/3+1/5-1/7+\ldots$ 求 π 的近似值，直到最后一项的绝对值小于 10^{-6} 为止。

分析：本题也是求累加和的问题，因此循环体中可用 sum=sum+t 这样的求和表达式，其中 sum 表示累加的和，t 是公式的某一项。关键问题是如何求出每一项 t？首先考虑 1+1/3+1/5+1/7+…相邻两项之间的关系，不难看出它们的分子都是 1，分母是 1，3，5，7，9，…的奇数序列，若用变量 i 来存放分母的值，则每求和一次后 i 应增加 2，因此 t=1/i，其中 i=i+2。

下面再考虑每加一项后下一项符号的变化，可用单独一个变量表示符号，每次求下一项时，原来项的符号乘-1 来实现符号变化。

最后确定循环条件：从上面求 π 的公式来看，根据题目要求可用每一项 t 的绝对值大于等于 10^{-6} 来作为循环的条件，小于 10^{-6} 的项不再累加。

程序代码如下：

```
Private Sub Form_Click()
    Dim i As Long, f As Integer    'i 表示分母，f 表示符号
    Dim sum As Double, t As Double    'sum 表示累加和，t 表示每一项
    sum = 0
    f = 1    '第一项符号为正
    i = 1    '第一项分母为 1
    t = 1    '第一项为 1
    Do While Abs(t) > 0.000001
        sum = sum + t
        f = -f
        i = i + 2
        t = f * 1 / i
    Loop
    sum = sum * 4              '求出的累加和还不是最终的结果，还应乘上 4
    Print "pi 的值为："; sum
End Sub
```


例 4-16 输入两个自然数，用辗转相除法求最大公约数。

分析：通常采用辗转相除法求两个自然数的最大公约数。方法如下：

（1）对于已知的两个数 m、n，使得 m>n；

（2）m 除以 n 得余数 r；

（3）若 r=0，则 n 即为最大公约数，算法结束，否则令 n->m，r->n，转到第（2）步继续执行。

程序代码如下：

```
Private Sub Form_Click()
    Dim m As Integer, n As Integer, r As Integer
    m = Val(InputBox("请输入 m 的值"))
    n = Val(InputBox("请输入 n 的值"))
    If m < n Then
        r = m: m = n: n = r
    End If
    Do
        r = m Mod n
        If r = 0 Then Exit Do      '若 r=0，则此时 n 为最大公约数，循环结束
        m = n
```

```
        n = r
    Loop
    Print "两个数的最大公约数为："; n
End Sub
```

4.3.3　While…Wend 语句

While…Wend 循环语句的形式为：

```
While 条件表达式
    [语句块]
Wend
```

While…Wend 循环的执行流程为：当给定的条件表达式值为 True 时，程序就重复执行夹在 While 和 Wend 之间的语句块，直到条件表达式的值为 False 时终止。其流程图如图 4-17 所示。

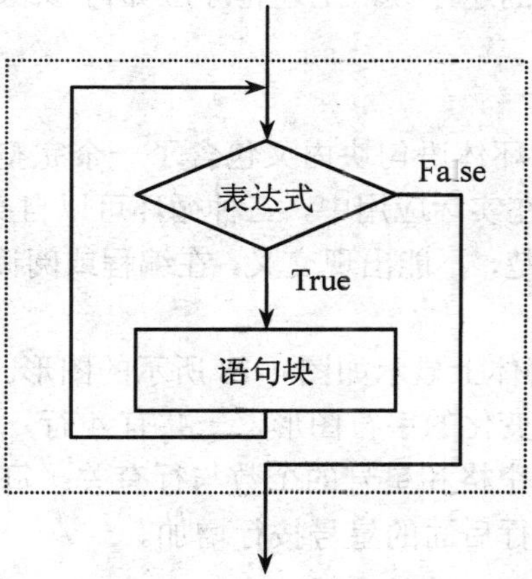

图 4-17　While…Wend 循环流程图

例 4-17　我国现有人口 13 亿，设年增长率为 0.75%，试编写程序，计算多少年后将达到 20 亿。

分析：设 n 年后将达到 20 亿，则计算公式为

$$20=13\times(1+0.0075)^n$$

有两种方法可以解此问题，一是直接利用数学函数中求对数的函数求得；二是利用循环求得。程序代码如下：

```
Private Sub Form_Click()
    Dim n As Integer, x As Double 'n 表示年数，x 表示人口数
    x = 13          'x 起始值为 13
    n = 0
    While x < 20
        x = x * 1.0075
        n = n + 1
    Wend
    Print "经过" & n & "年后人口将达到" & x & "亿！"
End Sub
```

例 4-18　编写程序将一正整数按逆序形式输出。

分析：逆序输出是指先输出个位数，再输出十位数、百位数…，可以先通过 n mod 10 求出个位，然后将 n 缩小 10 倍（n=n\10）后求出新的个位，即原来的十位数，再缩小 10 倍求得百位数，依此类推，直到 n 等于 0 时为止。

程序代码如下：

```
Private Sub Form_Click()
    Dim n As Integer
    n = Val(InputBox("请输入一个正整数"))
    While n > 0
        Print (n Mod 10);
        n = n \ 10
    Wend
End Sub
```

思考：若要求一个正整数的逆序数，上述程序应如何修改？

4.3.4　循环的嵌套

循环的嵌套是指在一个循环体语句块内又包含了一个完整的循环，内嵌的循环体还可以再嵌套循环，形成多重循环。在实际应用中，三种循环可以自身嵌套，也可以相互嵌套，但无论哪种嵌套形式，都要层次清楚，不能出现交叉，在编程或阅读程序时要注意各层的循环变量的变化。

例 4-19　编写程序，在窗体上显示如图 4-18 所示的图形。

分析：这是一个按照规则变化的字符图形，一共有 4 行，每行由空格和星号字符构成，空格和星号的个数与行有关：每行前面的空格数按行减少，每行后面的星号按行增加。

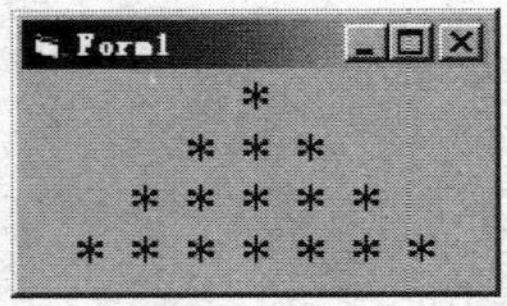

图 4-18　例 4-19 运行结果图

程序代码如下：

```
Private Sub Form_Click()
    Dim i As Integer, j As Integer
    For i = 1 To 4                      '步长为 1
        Print Spc(10 - 2 * i);          '打印由 Spc 函数值规定的空格
        For j = 1 To 2 * i - 1
            Print "*"; " ";             '打印三角形的“*”号
        Next j
        Print                           '当前行所有*号输出后换行
    Next i
End Sub
```

注意：用字符打印图形的一般方法是：

（1）先分割图形，将有共同规律的图形或上下对称的图形作为一个二重循环可打印的部分，从上到下依次打印各部分图形。其中外循环变量代表行，内循环变量代表列。

（2）图形的每行都是由一组或若干组空格字符、非空格字符和一个回车组成，重要的是找到字符数与行号之间的关系。

例 4-20　百元买百鸡问题：现有 100 元钱，要求买 100 只鸡。假定母鸡每只 3 元，公鸡每只 2 元，小鸡每只 5 角。编程列出所有可能的购鸡方案。

分析：设母鸡、公鸡、小鸡的数量分别为 x、y、z，根据题目要求，列出方程组。

$$\begin{cases} x+y+z=100 \\ 3x+2y+0.5z=100 \end{cases}$$

其中包括 3 个未知数，2 个方程，此题有若干个解，可采用试凑法（也称为穷举法）来实现，将可能出现的各种情况一一罗列测试，判断是否满足条件。可用如下两种方法实现。

方法一：用三重循环实现。

```
Private Sub Form_Click()
    Dim x As Integer, y As Integer, z As Integer
    Print "母鸡", "公鸡", "小鸡"
    For x = 0 To 100
      For y = 0 To 100
        For z = 0 To 100
            If 3 * x + 2 * y + 0.5 * z = 100 And x + y + z = 100 Then
              Print x, y, z
            End If
        Next z
      Next y
    Next x
End Sub
```

方法二：用二重循环实现。相应的程序段如下：

```
For x = 0 To 33
    For y = 0 To 50
        z = 100 - x - y
        If 3 * x + 2 * y + 0.5 * z = 100 Then
          Print x, y, z
        End If
    Next y
Next x
```

方法一利用了三重循环分别表示三种鸡的数量，考虑了所有的购鸡情况，最内层的循环体一共执行了 1000000 次；而方法二进行了优化，因为三种鸡总数为 100 只，若已知母鸡和公鸡的数量就可以通过 100-x-y 获得小鸡的数量，同时根据总共价格只有 100 元，可以得到母鸡的数量不会超过 33 只，公鸡的数量不会超过 50 只，这样最内层循环体只需执行 1734 次。运行结果如图 4-19 所示。

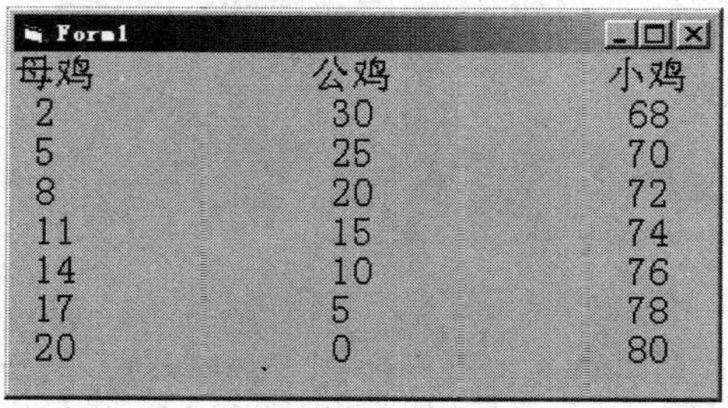

图 4-19　例 4-20 运行结果图

因此，在多重循环中，为了提高运行速度，对程序要考虑优化，尽量利用已经给出的条件，减少多重循环的重数。

4.3.5　应用举例

例 4-21　编程输出所有的水仙花数。水仙花数是指一个三位数，其各位数字的立方和等于该数本身，如 153 是一个水仙花数，$153=1^3+5^3+3^3$。

分析：从 100 到 999，每个三位数依次判断是否为水仙花数，用一个循环变量表示该三位数，每个三位数都拆分为个位、十位和百位三个数字，再比较三个数字的立方和是否等于该数本身。

程序代码如下：

```
Private Sub Form_Click()
    Dim i%, a%, b%, c%
    Print "水仙花数有"
    For i = 100 To 999
        a = i Mod 10            'a 表示个位
        b = i \ 10 Mod 10       'b 表示十位
        c = i \ 100             'c 表示百位
        If i = a ^ 3 + b ^ 3 + c ^ 3 Then
            Print i
        End If
    Next i
End Sub
```

例 4-22　从键盘输入一个大于 1 的正整数，判断它是否为素数。

分析：素数是指那些大于 1，且除了 1 和它本身以外，不能被其他任何数整除的数。为了判断某数 m 是否为素数，最简单的方法是用 2～m-1 中的数逐个去除 m，看是否能整除，只要能被其中某个数整除，m 就不是素数（这时不用再判断这个数后面的数能不能整除 m 了）；否则，若不能被其中任何一个数整除，m 就是素数。


```
Private Sub Form_Click()
    Dim m As Integer, i As Integer
    m = Val(InputBox("请输入一个大于 1 的正整数："))
    i = 2
    Do Until i >= m
      If m Mod i = 0 Then     '如果能被某数整除就退出循环，不再往后判断
        Exit Do
      End If
      i = i + 1
    Loop
    If i >= m Then            'i>=m 说明 m 不能被 2~m-1 之间的任何数整除，循环是正常结束
      Print m; "是素数"
    Else
      Print m; "不是素数"
    End If
End Sub
```

例 4-23　编写程序，计算 $\sin x \approx x-\dfrac{x^3}{3!}+\dfrac{x^5}{5!}+\cdots+(-1)^{n-1}\dfrac{x^{2n-1}}{(2n-1)!}$，直到第 n 项的绝对值小于 10^{-5} 为止（x 为弧度值）。

分析：本题也是求累加和的问题，主要考虑相邻两项之间的关系，可以看出每一项的分子是前一项的分子乘上 x^2，分母是前一项的分母再乘上(i+1)(i+2)，变量 i 的值依次是 1、3、

5、…，则每求和一次后 i 应增加 2，且每一项的符号和前一项符号相反，因此 t_{n+1}=-t_n*x*x/((i+1)*(i+2))。

程序代码如下：

```
Private Sub Form_Click()
    Dim x As Double
    Dim sum As Double, t As Double
    Dim i As Integer
    sum = 0: i = 1
    x = Val(InputBox("请输入弧度值"))
    t = x
    Do
        sum = sum + t
        t = -t * x * x / ((i + 1) * (i + 2))
        i = i + 2
    Loop Until Abs(t) < 0.00001
    Print "sin(" & x & ")="; sum
End Sub
```

例 4-24　编写程序打印如图 4-20 所示的九九乘法表。

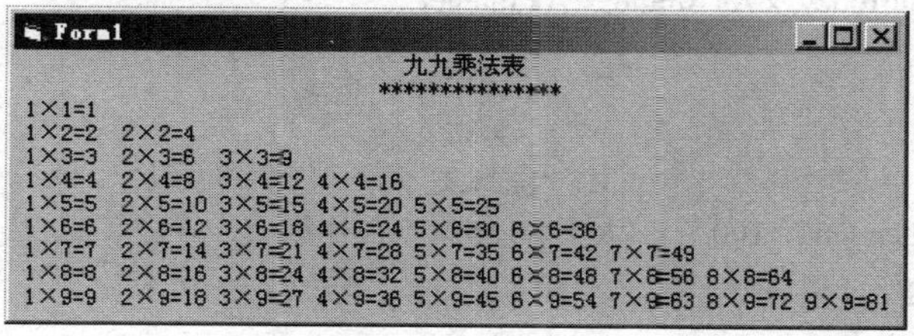

图 4-20　例 4-24 运行结果图

程序代码如下：

```
Private Sub Form_Click()
    Dim s As String                    's 表示每个乘式
    Dim i As Integer, j As Integer
    Print Tab(33); "九九乘法表"          '打印标题
    Print Tab(31); "***************"
    For i = 1 To 9
        For j = 1 To i                 '每行乘式数目不同，第 i 行有 i 个乘式
            s = j & "×" & i & "=" & (i * j)
            Print Tab((j - 1) * 8 + 2); s;   '每个乘式在规定的列数开始打印
        Next j
        Print                          '每行输出结束后换行
    Next i
End Sub
```

4.4　其他控制语句

除了上面提到的几种语句外，Visual Basic 还提供了其他一些流程控制语句，下面简单介绍其用法。

4.4.1 GoTo 语句

Visual Basic 保留了 GoTo 语句型控制。尽管 GoTo 语句会影响程序的质量，但在某些情况下还是有用的，大多数计算机程序设计语言都没有取消 Goto 语句。但读者应注意的是，在结构化程序设计中要求尽量少用或不用 GoTo 语句，以免影响程序的可读性和可维护性。

GoTo 语句可以改变程序的执行顺序，无条件地把流程控制转移到“标号”或“行号”所在的程序行，并从该行开始向下执行，其形式为：

```
GoTo    {标号|行号}
```

其中，“标号”是一个以冒号结尾的标识符，而“行号”是一个整型数，它不以冒号结尾。标号必须以英文字母开头，以冒号结束；行号由数字组成，后面不能跟冒号。它们的作用都是用来标明 GoTo 语句要转向的位置。

GoTo 语句可以改变程序的执行顺序，跳过程序的某一部分去执行另一部分，或者返回已执行过的某语句使之重复执行。因此，用 GoTo 语句可以构成选择结构或循环结构。

例 4-25 编写程序计算存款利息。设本金为 10000 元，年利率为 3.75%，每年复利计息一次，求 10 年后本利合计是多少。

```
Private Sub Form_Click()
    Dim s As Currency, x As Single, y As Integer
    s = 10000                       's 表示初始本金 10000 元
    x = 0.0375                      'x 表示年利息
    y = 1                           'y 表示年数
Again:                              '标号
    If y > 10 Then GoTo 100        '大于 10 年就不再计算
    s = s + s * x
    y = y + 1
    GoTo Again
100                                 '行号
    Print "10 后本利合计为："; s; "元"
End Sub
```

Visual Basic 中还提供了 On GoTo 语句用来实现多分支选择控制。它可以根据不同的条件从多种处理方法中选择一种。其形式为：

```
On  数值表达式  GoTo  标号列表|行号列表
```

On GoTo 语句的执行流程为：先计算“数值表达式”的值，将其四舍五入处理得一整数，然后根据该整数的大小来决定转移到第几个行号或标号执行程序。如果表达式的值为 1，程序就转到第一个行号或标号所指定的语句行，如果为 2，则转向第二个行号或标号所指的语句行，依此类推。如果“表达式”的值等于 0 或大于“行号列表”或“标号列表”中的项数，程序找不到适当的语句行，就自动执行 On GoTo 语句下面的可执行语句。

例如：

```
On x1 GoTo 100, 200, Start, Again
```

上条语句中，x1 是表达式；而 100、200 是行号；Start、Again 则是标号。

4.4.2 Exit 语句

Exit 语句通常用于强制退出某种控制结构或某个过程的执行。如 Exit For 语句用于强制退出 For…Next 循环；Exit Do 语句用于强制退出 Do…Loop 循环；还有 Exit Sub、Exit Function 语句等，将在第 6 章介绍。

4.4.3　End 语句

单独的 End 语句提供了一个强迫终止程序运行的方法，它可以放在任何事件过程中，形式为：

```
End
```

在 Visual Basic 中还提供了多种形式的 End 语句，用于结束一个流程控制或一个过程，在控制语句或过程中经常使用，如 End If、End Select、End Sub、End Function 等。

4.4.4　Stop 语句

Stop 语句用于暂停程序的执行，常用于调试程序，其形式为：

```
Stop
```

使用 Stop 语句相当于在程序代码中设置断点，它可以放在过程的任何位置。Stop 语句不同于 End 语句，它会暂停程序的执行，但不会关闭任何文件，也不会清除变量。但在将程序编译成可执行程序前，需删除所有的 Stop 语句。

4.4.5　With…End With 语句

With…End With 语句可以对某个对象执行一系列语句，而不用重复指出对象的名称，其形式为：

```
With 对象名
     语句块
End With
```

例如，要改变按钮 Command1 的多个属性，可以使用如下语句：

```
With Command1
     .Height = 2000
     .Width = 2000
     .Caption = "With 示例"
End With
```

相当于

```
Command1.Height = 2000
Command1.Width = 2000
Command1.Caption = "With 示例"
```

注意：

（1）属性前面的“.”不能省略。

（2）当程序进入 With 语句块后，对象就不能改变，因此不能用一个 With 语句来设置多个不同的对象。

本章小结

本章介绍了结构化程序设计的三种基本控制结构：顺序结构、选择结构和循环结构，它们是程序设计的基础，应熟练掌握。

顺序结构就是按照语句出现的先后顺序依次执行。

选择结构有两种语句：If 语句和 Select Case 语句。If 语句又有三种形式：If 单分支、If-Else 双分支和 If-ElseIf 多分支，可以构成任意条件的表示；Select Case 语句用于多分支情况。

循环结构有三种语句，其中 For 语句、Do While|Until…Loop 和 While 语句先判断后循环，Do…Loop While|Until 语句是先执行循环体后判断条件。一般已知循环次数用 For 语句，未知循环次数用 Do…Loop 或 While 语句。应掌握循环语句执行的流程，避免构成无限循环。

习题4

一、选择题

1．下列结构中不属于分支结构的是（　）。

A．If…End If　　B．If…Else…End If

C．With…End With　　D．Select Case…End Select

2．若 x=1，执行语句 If x<>0 Then x = 0 Else x = 1 的结果是（　）。

A．实时错误　　B．编译错误

C．x=1　　D．x=0

3．下面程序段运行后，显示的结果是（　）。

```
Dim x
If x Then Print x Else Print x+1
```

A．1　　B．0　　C．-1　　D．显示出错信息

4．下面四个程序段中，不能求两个数中大数的是（　）。

A．Max=IIf(x>y,x,y)　　B．If x>y Then Max=x Else Max=y

C．Max=x
If y>=x Then Max=y　　D．If y>=x Then Max=y
Max=x

5．下列 If 语句统计满足性别为男、职称为副教授以上、年龄小于 40 岁条件的人数，不正确的语句是（　）。

A．If sex="男"And age<40 And InStr(duty,"教授")>0 Then n=n+1

B．If sex="男"And age<40 And(duty="教授"or duty="副教授") Then n=n+1

C．If sex="男"And age<40 And Right(duty,2)="教授" Then n=n+1

D．If sex="男"And age<40 And duty="教授"And duty="副教授" Then n=n+1

6．当 a=4,b=3,c=2,d=1 时，执行下面一段程序后，x 的值为（　）。

```
If a<b Then
    If c<d Then
        x=1
    Else
        x=2
    End If
Else
    If c<d Then
        x=3
    Else
```

```
    x=4
   End If
End If
```

A．1　　B．2　　C．3　　D．4

7．用 Select Case 语句选择|x|<=5 情况的语句为：Case（　）。

A．Not (-5To 5)　　B．-5 To 5

C．Is Abs(x)>5　　D．Is <-5 Or >5

8．执行如下程序段时，从键盘输入 5，输出的结果是（　）。

```
x=-5
s=Val(InputBox("请输入 s 的值:"))
Select Case s
   Case Is>0
      y=x+1
   Case Is=0
      y=x+2
   Case Else
      y=x+3
End Select
Print x;y
```

A．-5　-2　　B．-5　-4　　C．-5　-3　　D．-5　-5

9．运行下列程序段，显示的结果是（　）。

```
x=Int(Rnd)+5
Select Case x
  Case 5
    Print "优秀"
  Case 4
    Print "良好"
  Case 3
    Print "通过"
  Case Else
    Print "不通过"
End Select
```

A．优秀　　B．良好　　C．通过　　D．不通过

10．设 a=1,b=2,c=3,d=4，则表达式 IIf(a<b,c,d)的结果为（　）。

A．4　　B．3　　C．2　　D．1

11．下列结构中不属于循环结构的是（　）。

A．For…Next　　B．While…Wend

C．With…End With　　D．Do…Loop

12．循环结构 For i = 1 To 10 Step 2 的执行次数是（　）。

A.4　　B．5　　C．9　　D．10

13．下列程序段执行后的 a 的值为（　）。

```
a=0
For b=1 To -2 Step -1
  a=a-1
Next b
```

A．-2　　B．- 4　　C．3　　D．0

14．若要退出 For 循环，可使用的语句为（　）。

A．Exit　　B．Exit Do　　C．Loop　　D．Exit For

15．下列循环能正常结束的是（　）。

A．
```
i=5
DO
    i=i+1
Loop Until i<0
```
B．
```
i=1
DO
    i=i+2
Loop Until i=10
```
C．
```
i=10
DO
    i=i+1
Loop Until i>10
```
D．
```
i=6
DO
    i=i-2
Loop Until i=1
```

16．下列程序段的循环结构执行后，i 的输出值是（　）。

```
Dim y as Integer
For i = 1 To 10 Step 2
    y = y + i
Next i
Print i
```

A．25　　B．10

C．11　　D．因为 y 初值不知道，所以不确定

17．以下程序段的运行结果是（　）。

```
Private Sub Form_Click()
   Dim i As Integer, X As String, Y As String
   X = "ABCDEFG"
   For i = 4 To 1 Step -1
      Y = Y + Mid(X, i, 1)
   Next i
   Print Y
End Sub
```

A．ABCD　　B．DCBA　　C．DEFG　　D．GFED

18．以下程序段的运行结果是（　）。

```
Private Sub Form_Click()
    m = 1: n = 1
    Do
        m = m * n
        n = n + 1
    Loop Until n > 4
    Print m
End Sub
```

A．6　　B．10　　C．24　　D．120

19．以下程序段执行后，变量 s、x 的值分别为（　）。

```
Dim s As Integer, x As Integer
s = 0:   x = 1
Do While x < 10
    s = s + 2
    x = x + 2
```

```
Loop
Print s, x
```

A．40　11　　B．10　10　　C．10　11　　D．100　10

20．以下程序段的运行结果是（　）。

```
Private Sub Form_Click()
  Dim b As Integer, k As Integer
  b = 1
  For k = 1 To 5
    b = b * k
    If b >= 15 Then
       Exit For
    End If
  Next k
  Print k, b
End Sub
```

A．3　15　　B．2　12　　C．4　24　　D．5　15

21．以下程序段的作用是（　）。

```
m=0: n=0
For i=1 To 10
  x= Val(InputBox("请输入 x 的值:"))
  If x>0 Then
     m=m+x
  ElseIf x<0 Then
     n=n+1
  End If
Next i
Print m,n
```

A．计算从键盘输入的数据之和，并统计输入数据的数目

B．分别计算从键盘输入的正数之和与负数之和

C．分别计算从键盘输入的正数和负数的个数

D．计算从键盘输入的正数之和，并统计负数的个数

22．下列程序中 s = s + j 语句共执行了（　）次。

```
Dim s As Integer
Dim i As Integer, j As Integer
For i = 1 To 10 Step 2
  For j = 1 To 5 Step 2
    s = s + j
  Next j
Next i
Print s
```

A．10　　B．15　　C．20　　D．25

23．以下程序段的执行结果是（　）。

```
n=0
For i=0 To 1
  For j=0 To 1
    n=n+1
  Next j
```

```
Next i
Print n
```

A．4　　B．2　　C．1　　D．0

24．以下程序段的执行结果是（　）。

```
For x=1 To 2
  a=0
  For y=1 To x+1
    a=a+1
  Next y
  Print a;
Next x
```

A．1　1　　B．0　0　　C．1　2　　D．2　3

25．以下程序段的执行结果是（　）。

```
For i=1 To 4
    x=2
    For j=1 To 3
        x=1
        For k=1 To 2
            x=x+3
        Next k
    Next j
Next i
Print x
```

A．7　　B．6　　C．56　　D．72

26．以下程序段的执行结果为（　）。

```
For i=3 To 1 Step -1
    Print Space(3-i);
    For j=1 To 2*i-1
        Print "*";
    Next j
    Print
Next i
```

A．
```
  *
 ***
*****
```
B．
```
*****
 ***
  *
```
C．
```
*****
  ***
    *
```
D．
```
*****
***
*
```

二、填空题

1．VB 程序的三种基本控制结构是：________、________和________。

2．For…Next 循环的<step>子句缺省时，循环变量每次改变的值是________。

3．以下循环执行结束后，k 的值为________。

```
k = 0
Do While k<=10
    k = k + 1
Loop
```

4．有如下程序段：

```
For i=1 To 3
    For j=5 To 1 Step -1
        Print i*j
    Next j
Next i
```

程序运行后，语句 print i*j 的执行次数为________。

5．填入正确的内容，使得程序运行后，能在窗体上打印如图 4-21 所示的图案。

```
Private Sub Form_Click()
    Dim s As String
    s = "ABCDEFG"
    For i = 1 To 7
        Print Tab(10 - i);
        For j = 1 To ________
            Print ________
        Next j
        Print
    Next i
End Sub
```

图 4-21　第 5 题的程序运行结果

6．下面程序的功能是利用随机函数产生 10 个 1～100 之间的随机整数，打印其中能被 3 整除的数并求其和，试填入正确的内容。

```
Private Sub Form_Click()
    Dim sum As Integer, n As Integer
    For i = 1 To 10
        n = ________
        If ________Then
            sum = sum + n
            Print "n=";n
        End If
    Next i
    Print "sum="; sum
End Sub
```

7．以下程序能够找出 30 以内所有能构成直角三角形的整数，请填入正确的内容。

```
Private Sub Form_Click()
Dim a As Integer, b As Integer,c As Single
For a = 1 To 30
    For b = a To 30
        c = Sqr(a ^ 2 + b ^ 2)
        If ________ Then Print a, b, c
    Next b
Next a
End Sub
```

8．某大奖赛有 7 位评委给参赛选手打分，以下程序是输入 7 位评委对某选手的打分后，去掉最高分和最低分后计算其平均值作为该选手的成绩。试填空使得程序能正确运行。

```
Private Sub Form_Click()
    Dim sum!, score!, max!, min!, aver, i%
    sum = 0
    For i = 1 To 7
        score = Val(InputBox("请输入第" & i & "位评委的打分", "录入"))
```

```
            If i = 1 Then
                max = score
                min = score
            Else
                If min > score Then
                    min = cj
                ElseIf ________ Then
                    max = score
                End If
            End If
            sum = sum + score
        Next i
        aver = ________
        Print "该选手的成绩为："; aver
    End Sub
```

9．以下程序计算 1+1/3+1/5+……，直到最后一项小于 10^{-5} 为止，请填入正确的内容。

```
    Private Sub Form_Click()
        Dim sum As Single, t As Single, i As Long
        sum = 0: i = 1
        Do
            sum = sum + t
            ________
            t = 1 / i
            If t < 0.00001 Then ________
        Loop
        Print "i="; i
        Print "sum="; sum
    End Sub
```

三、程序阅读题

1．有如下程序，运行时从键盘输入 3，则输出的结果是________。

```
    Private Sub Form_Click()
        a=InputBox("请输入 a 的值:")
        Select Case a
            Case Is>2
                b=a+1
            Case Is>3
                b=a+2
            Case Is>5
                b=a+3
            Case Else
                b=a+4
        End Select
        Print a;b
    End Sub
```

2．下面程序的运行结果是________。

```
    Private Sub Form_Click()
        Dim s As Long, f As Long, n As Integer, i As Integer
        f = 1: n = 4: i = 1
```

```
    Do
        f = f * i
        s = s + f
        i = i + 1
    Loop While i <= n
    Print "s="; s
End Sub
```

3．如果从键盘输入的数据依次是 1、2、3、4、5、6、7、8、9、10，下面程序的运行结果是________。

```
Private Sub Form_Click()
    s = 0
    For i = 1 To 10
        x = Val(InputBox("请输入 x 的值:"))
        If x / 3 = Int(x / 3) Then
            s = s + x
        End If
    Next i
    Print "s="; s
End Sub
```

4．下面程序的运行结果是________。

```
Private Sub Form_Click()
    Dim s As Integer
    s = 1
    For i = 0.4 To 2.1 Step 0.6
        s = s + 1
    Next i
    Print i, s
End Sub
```

5．在窗体上画一个名称为 Command1 的命令按钮，然后编写如下事件过程：

```
Private Sub Command1_Click()
    Dim x%,n%,i%,j%
    n = InputBox("请输入一个整数")
    For i = 1 To n
        For j = 1 To i
            x = x + 1
        Next j
    Next i
    Print x
End Sub
```

程序运行后，单击命令按钮，如果输入 3，则在窗体上显示的内容是________。

四、编程题

1．设计如图 4-22 所示的界面，根据在文本框中输入的里程数计算费用。计算公式：3 公里之内为 8 元，超过 3 公里小于等于 20 公里按每公里 1.2 元加收，超过 20 公里按每公里 1.8 元加收。

2．某商场采用购物打折的优惠办法促销，每位顾客一次购物在 100 元以上，按九五折优惠；在 500 元以上，按九折优惠；在 1000 元以上，按八五折优惠；在 5000 元以上，按八折优惠。编写程序，输入顾客的购物款，计算并显示出顾客的实际应付款。

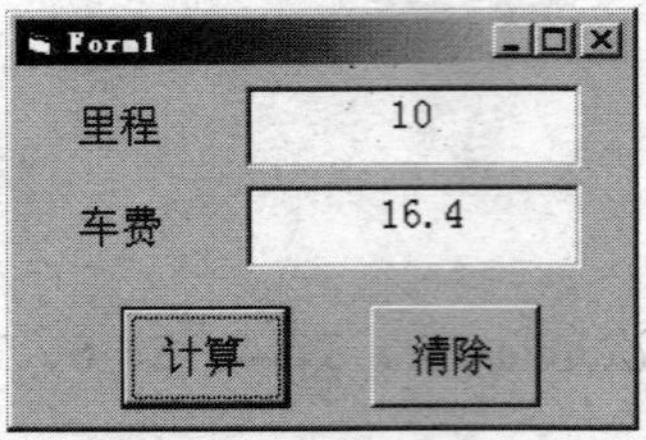

图 4-22　第 1 题程序运行结果

3．编写程序将 1~200 自然数中能同时被 3 和 7 整除的数打印出来，并统计其个数。

4. 某林场 2007 年植树 100 亩，以后每年的植树面积按 5%的速度增长，请编写计算到 2012 年时五年的植树总面积的程序。

5．Fibonacci 数列的第一项、第二项都是 1，从第三项开始，每项都是前两项之和，编程输出 Fibonacci 数列的前 20 项。

6．猴子吃桃子。小猴一天摘了若干个桃子，当天就吃掉一半多一个；第二天接着吃了剩下的桃子的一半多一个；以后每天都吃掉尚存桃子的一半多一个，到第 7 天早上要吃时只剩下一个了，问小猴那天共摘了多少只桃子。

7. 设计程序，求 s=1+(1+2)+(1+2+3)+……+(1+2+3+……+n)的值，其中 n 的值从键盘输入。

8．编写程序，计算 $\sin x \approx x - \frac{x^3}{3!} + \frac{x^5}{5!} + \cdots + (-1)^{n-1}\frac{x^{2n-1}}{(2n-1)!}$，直到最后一项的绝对值小于 10^{-6} 为止。

9．编写程序，在窗体上打印图 4-23 所示的“数字金字塔”。

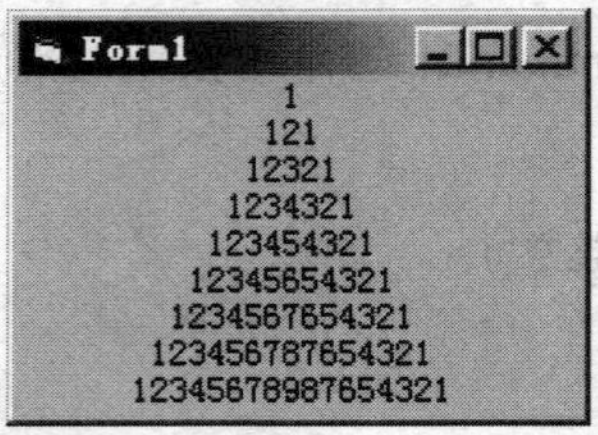

图 4-23　第 9 题程序运行结果

10．求解“百元买百鸡”问题，已知母鸡每只 3 元，公鸡每只 2 元，小鸡每只 0.5 元，现在用 100 元钱买 100 只鸡，列出所有可能的购鸡方案。

11．编写程序，输出 1000 之内的所有完数。“完数”是指一个数恰好等于它的因子之和，如 6 的因子为 1、2、3，而 6=1+2+3，因而 6 是完数。

第 5 章　数组

本章要点

- 熟练掌握一维数组的声明、基本操作及常用算法。
- 掌握二维数组的声明及基本操作。
- 掌握动态数组的声明及使用。
- 掌握控件数组的创建及应用。

5.1　概述

在前面各章中使用的字符串型、数值型、逻辑型等数据类型都是简单的数据类型，都是通过定义一个变量来存取一个数据，然而在实际应用中经常要处理同一性质的成批数据，例如求一个班 50 个学生的平均成绩或最高分，如果使用简单变量来处理，很不方便，这时有效的解决办法就是使用数组。

例如，求一个班 50 个学生的平均成绩，并统计出高于平均成绩的人数。

若按以前使用简单变量来处理，求平均成绩的程序段可以如下：

```
Dim score As Integer,aver As Integer
For i=1 To 50
    score=Val(InputBox("输入第" & i & "个学生的成绩"))
    aver=aver+score
Next i
aver=aver/50
```

此时若要再统计高于平均分的人数，必须再重新输入这 50 个学生的成绩来依次判断，这时输入数据的工作量将成倍增多，且容易出错，若输入过程中，两次输入的成绩不相同，统计的结果可能不正确。

若想这 50 个学生的成绩只输入一遍，每个学生的成绩都保存到相应的变量中，按简单变量的使用，必须定义 50 个变量来保存所输入的这 50 个学生的成绩，则程序的代码量将很大，也不便于理解，为此引入了数组。

数组是由一组具有相同类型的数据按照一定的规则组成的集合。其中的每个数据都称为数组元素，元素在内存中顺序排列，用数组名代表这一组数据，每个元素用下标来区分，下标代表元素在数组中的位置，通过数组名和下标可以访问数组中的每个元素。在需要处理大量的同类数据时，将数组和循环语句结合使用，使得程序书写简洁、结构清晰。

数组必须先声明后使用，数组声明主要声明数组名、类型、维数和每一维长度。Visual Basic 中的数组，按不同方式可以分为以下几类：按声明时下标的个数确定数组的维数，可分为一维数组、二维数组…最多 60 维；按声明时数组的大小是否可改变，可分为定长数组和动态数组

（可变长数组）；按对象分类可分为菜单数组和控件数组。

5.2 一维数组

如果只用一个下标就能确定一个元素在数组中的位置，则称这个数组为一维数组。

5.2.1 一维数组的声明

Visual Basic 中的数组没有隐式声明，所有数组必须先声明后使用。在计算机中，一个数组在内存中占有一片连续的存储区域，数组名就是这个区域的名称，数组中的每个元素都在这个区域中，数组的声明就是通知计算机为其分配所需要的区域空间。数组的声明必须包括数组的名称、数组元素的数据类型、数组的维数以及每一维长度。

一维数组的声明格式为：

```
Dim 数组名([<下标下界> To] <下标上界>) [As <数据类型>]
```

或

```
Dim 数组名[<数据类型符>]([<下标下界> To] <下标上界>)
```

例如：

```
Dim a(1 To 10) As Integer          '声明了一个整型数组，其中包含 10 个数组元素
```

或

```
Dim a%(1 To 10)
```

说明：

（1）数组名的命名规则与简单变量的命名规则相同。

（2）数组元素的个数由下标的上界和下界确定的，为下标上界-下标下界+1；其中下标的上界与下界必须为常量，不能为表达式或变量。常量可以是值常量，也可以是符号常量，一般为整型常量，若是实数，则系统自动按四舍五入来取整。

例如：

```
Dim n As Integer
Dim a(1 To n) As Integer          '错误，因为 n 是变量
Const m =10
Dim b(0 To m) As Integer          '正确，因为 m 是符号常量
Dim c(2.8) As Integer             '相当于 Dim c(3) As Integer
```

（3）数组声明时可以只声明下标上界，省略下标下界，此时默认下标的下界为 0。

例如：

```
Dim a(10) As Integer              '声明了一个包含 11 个元素的数组，数组下标下界默认为 0
```

若希望默认的下标从 1 开始，可在模块的通用部分使用 Option Base 语句来设置，其使用格式为：

```
Option Base 0|1                   '默认的下标下界只能设置为 0 或 1
```

例如：

```
Option Base 1                     '将数组声明时默认的下标下界设置为 1
```

注 1：该语句只能放在模块的通用部分，不能放在过程体中，且一个模块只能出现一次该语句，它只能对本模块中的数组声明起作用，对其他模块的数组声明不起作用。

注 2：在 Visual Basic.NET 中不能指定下标的下界，下标的下界只能为 0。

（4）Visual Basic 中的数组可以声明为任何基本数据类型，包括用户自定义类型和对象变

量数组。如果省略 As 子句，即不显式给出数组的数据类型，则默认数组的类型为变体类型。

注：一般一个数组的所有元素都应是相同的数据类型，但变体型数组中的元素可以是不同类型的数据。

（5）数组声明后，系统会在内存中按数组元素的个数为数组分配一块连续的存储单元，其中各个数组元素在其所分配的内存单元中是按下标从小到大的顺序依次存放的。

例如：用 Dim a(10) As Integer 声明后 a 数组的内存分配如图 5-1 所示。

a(0)	a(1)	a(2)	…	a(10)

图 5-1　a 数组中各元素的存储顺序

5.2.2　一维数组元素的引用

数组声明后就可以使用了，一般而言，数组不作整体引用，而是逐个引用其中的数组元素，数组元素的使用与简单变量的操作基本一样。

一维数组的引用形式为：

数组名(下标)

说明：

（1）引用时的下标可以是整型常量、变量或表达式，但其范围小于等于数组声明时下标的上界，大于等于数组声明时下标的下界，不能越界，否则将出错。

例如，设有数组声明：

```
Dim a(10) As Integer, i As Integer
a(i)=a(i+1)              ' 引用时数组下标可以是整型变量或整型表达式
For i=0 To 10
    a(i)=i
Next i
Print a(i)               ' 错误，此时 i 的值已为 11，超过了数组 a 定义时下标的上界
```

（2）在 Visual Basic 中，若声明数组时没有给各数组元素赋值，则数值型数组元素的初值默认为 0，字符型数组元素的初值默认为空。

5.2.3　一维数组的基本操作

因为数组中数组元素的下标是有序的，可以以数组元素的下标作为循环变量，利用循环结构来处理数组中的每个数组元素，一般用单重循环来处理一维数组。

假设有定义：

```
Dim a[N] As Integer, i As Integer          ' 其中 N 是已定义过的符号常量
```

（1）数组元素的输入。

```
For i=0 To N
    a(i)=InputBox("输入第" & i & "个元素的值" )
Next i
```

（2）随机产生数组元素的值。

上述程序段在程序运行时需要分别输入每个元素的值，若数组元素较多，调试程序时工作量较大，会花费大量时间，为了方便程序调试，通常对于大量数据的输入可通过随机函数 Rnd 来实现。

例如，若要随机产生N个0~100之间的随机整数：

```
For i=0 To N
    a(i)=Int(Rnd*101)
Next i
```

（3）数组元素的输出。

```
For i=0 To N
    Print a(i)
Next i
```

（4）数组元素的求和、求平均值。

```
sum=0
For i=0 To N
    sum=sum+a(i)                    ' 求和
Next i
aver=sum/(N+1)                      ' 求平均值
```

（5）求数组元素中最大值。

```
max=a(0)                            ' 用 max 存放最大值，初始假定 a(0)最大
For i=1 To N
    If a(i)>max Then max=a(i)       ' 依次和数组其他元素比较
Next i
```

（6）求数组元素中最大值的下标。

```
imax=0                              ' 用 imax 存放最大值所在的下标
For i=1 To N
    If a(i)>a(imax) Then imax=i
Next i
```


以上这些操作是数组应用的基础，初学者应熟练掌握。

5.2.4 一维数组的应用

1. 统计

统计是数组最常见的应用，一般是根据条件来统计符合条件的元素个数。

例 5-1 输入10个学生的成绩，并按每行5个在窗体上显示这些学生的成绩，求出他们的平均成绩，并统计出高于平均成绩的人数。

分析：可以先将输入的10个数存入一个一维数组中，再对数组进行相关的操作。程序代码如下：

```
Private Sub Form_Click()
    Dim a(1 To 10) As Integer
    Dim i%, sum%, aver#, count%
    sum = 0
    For i = 1 To 10
        a(i) = Val(InputBox("请输入第" & i & "学生成绩："))
    Next i
    For i = 1 To 10
        Print a(i);
        If i Mod 5 = 0 Then Print           '若本行已输出 5 个数，则换行
        sum = sum + a(i)
    Next i
    aver = sum / 10
```

```
        count = 0
        For i = 1 To 10
            If a(i) > aver Then count = count + 1
        Next i
        Print "平均成绩为："; aver, "高于平均成绩的人数为："; count
    End Sub
```

2. 排序

排序是数组最典型的应用，它是将一组数据按递增（从小到大）或递减（从大到小）的次序重新排列的过程，如将一个班的学生成绩进行从小到大的排序，或将学生年龄从大到小进行排序等。排序的算法有多种，如选择法、冒泡法、插入法、归并法等，这里仅介绍选择法和冒泡法。

（1）选择法。选择法排序较为简单且易理解，其基本思想是每次从待排序序列中找出最小数（递增排序）或最大数（递减排序）的位置（即下标），然后与待排序序列中第 1 个数交换位置，使得待排序序列缩小范围，直到最后待排序序列中只剩下一个数（当待排序序列中只剩下一个数时，就认为其是有序的），此时排序完成。

设有 N 个数存放在数组 a(1 To N)中，则这 N 个数递增排序的算法步骤为：

① 初始待排序序列为 a(1)到 a(N)这 N 个元素，从中找出最小数的下标 imin，将 a(imin)与 a(1)交换，此时待排序序列为 a(2)到 a(N)这 N-1 个元素，a(1)是有序的。

② 再从 a(2)到 a(N)中找出最小数的下标 imin，将 a(imin)与 a(2)交换，此时，待排序序列为 a(3)到 a(N)，a(1)到 a(2)是有序的。

③ 依此类推，进行 N-1 趟后，待排序序列只剩下 a(N)一个元素，认为其是有序的，这时 N 个数递增排序完成。

若要按递减次序排序，只要每次找出最大数的下标即可。

例 5-2　随机产生 10 个 1～100 的整数，用选择法按递增排序，并将排序后的结果输出。

```
    Private Sub Form_Click()
        Dim a(1 To 10) As Integer
        Dim i%, j%, imin%, temp%
        Randomize
        For i = 1 To 10                 '随机产生 10 个 1~100 之间的整数
            a(i) = Int(Rnd * 100) + 1
        Next i
        For i = 1 To 9                  '进行 N-1 趟排序
            imin = i                    '每趟排序从待排序序列 a(i)到 a(N)中找最小数的下标
            For j = i + 1 To 10
                If a(imin) > a(j) Then imin = j
            Next j
            temp = a(i)                 '将待排序序列中最小数与第 1 个数交换位置
            a(i) = a(imin)
            a(imin) = temp
        Next i
        For i = 1 To 10
            Print a(i);
        Next i
    End Sub
```

（2）冒泡法排序。冒泡法的基本思想是将待排序序列中的元素从左到右两两相邻元素进行比较，若不符合次序要求（递增排序要求前小后大，递减排序要求前大后小），就交换，直到所有的元素都排好序为止。若递增排序，将使得小的数逐渐从后面移到前面（从下标较大的位置移向下标较小的位置），就像水底下的气泡一样逐渐向上冒，所以称为冒泡排序。

设有 N 个数存放在数组 a(1 To N)中，则这 N 个数递增排序的算法步骤为：

① 初始待排序序列为 a(1)到 a(N)这 N 个元素，将其中两两相邻的元素进行比较，即 a(1)与 a(2)比较，a(2)与 a(3)比较，…，直到最后 a(N-1)与 a(N)比较，比较时，如果发现次序不对，即前数大于后数就进行交换，一趟比较后，最大数沉底，成为数组中的最后一个元素，此时待排序序列为 a(1)到 a(N-1)这 N-1 个元素，a(N)是有序的。

② 再将 a(1)到 a(N-1)这 N-1 个数中两两相邻的元素进行比较，不符合次序要求的进行交换，第二趟比较结束后，待排序序列为 a(1)到 a(N-2)，a(N-1)到 a(N)是有序的。

③ 依此类推，进行 N-1 趟比较交换后，待排序序列只剩下 a(1)一个元素，认为其是有序的，这时 N 个数递增排序完成。

若要按递减次序排序，比较时前数小于后数就进行交换。

例 5-3 随机产生 10 个 1~100 的整数，用冒泡法按递减排序，并将排序后的结果输出。

```
Private Sub Form_Click()
    Dim a(1 To 10) As Integer
    Dim i%, j%, temp%
    Randomize
    For i = 1 To 10                          '随机产生 10 个 1~100 之间的整数
        a(i) = Int(Rnd * 100) + 1
    Next i
    For i = 1 To 9                           '进行 N-1 趟排序
        For j = 1 To 10 - i                  '每趟排序在待排序序列 a(1)到 a(N+1-i)中进行两两比较
            If a(j) < a(j + 1) Then          '若前小后大就交换（递减排序）
                temp = a(j)
                a(j) = a(j + 1)
                a(j + 1) = temp
            End If
        Next j
    Next i
    For i = 1 To 10
        Print a(i);
    Next i
End Sub
```

冒泡法可以改进，减少排序的趟数以提高效率。若某趟排序中，元素两两比较时没有发生交换，说明数组已经有序，不必再继续排序。为了判断待排序序列是否已经有序，可增设一个变量来记录元素比较时是否有交换，可在每趟排序开始时将该变量赋一个初值，若该趟排序过程中，元素两两比较时发生交换了，就将该变量值重新赋值，等本趟排序结束后，判断该变量值是否改变，若未改变，说明待排序序列已经有序，可跳出循环，结束排序。相关程序段如下：

```
For i = 1 To 9
    tag = 1   '变量 tag 用来记录比较时是否有交换，每趟排序开始 tag 初值为 1
    For j = 1 To 10 - i
        If a(j) < a(j + 1) Then
```

```
            temp = a(j)
            a(j) = a(j + 1)
            a(j + 1) = temp
            tag = 0                 '若有交换，就将 tag 值赋为 0
        End If
    Next j
    If tag = 1 Then Exit For        '若 tag 值未变，数组已经有序，退出循环，结束排序
Next i
```

5.3　二维数组

在声明数组时，若有两个下标，则该数组为二维数组。二维数组通常用来处理如二维表格、数学中的矩阵等问题。

5.3.1　二维数组的声明

二维数组也必须先声明后使用，二维数组的声明形式为：

Dim 数组名([<下标下界 1> To]<下标上界 1>,[<下标下界 2 > To]<下标上界 2>) [As <数据类型>]

例如：

```
Dim a(2,3) As Integer        ' 声明了一个 3 行 4 列的二维数组 a，共有 12 个数组元素
```

说明：

（1）每一维长度是由该维下标的上界和下界确定的，为下标上界-下标下界+1，其中下标的上界与下界必须为常量，一般为整型常量，若是实数，则系统自动按四舍五入来取整。数组元素的个数为每一维长度的乘积。

（2）数组声明时可以只声明下标上界，省略下标下界，此时默认下标的下界为 0。也可使用语句“Option Base 1”来指定下标从 1 开始。

（3）二维数组在内存的存放顺序是“先行后列”。例如上例中数组 a 的各元素在内存中的存放顺序如图 5-2 所示。

a(0,0)	a(0,1)	a(0,2)	a(0,3)
a(1,0)	a(1,1)	a(1,2)	a(1,3)
a(2,0)	a(2,1)	a(2,2)	a(2,3)

图 5-2　二维数组 a 中各元素的存储顺序

若数组声明时有两个以上的下标，则该数组为多维数组，多维数组的元素个数是每一维长度的乘积，多维数组使用较少，在此不作详细介绍。

5.3.2　二维数组的引用

二维数组的引用形式为：

数组名(下标 1,下标 2)

说明：引用时的每一维下标可以是整型常量、变量或表达式，但其范围小于等于数组声明时该维下标的上界，大于等于数组声明时该维下标的下界，不能越界。

例如，设有数组声明：

```
Dim a(2,3) As Integer, i As Integer, j As Integer
a(i,j)=a(i+1,j)+a(0,1)                '引用时数组下标可以是整型变量或整型表达式
```

5.3.3 二维数组的基本操作

因为二维数组元素有两个下标，通常通过二重循环来操作使用二维数组元素。

假设有定义：

```
Dim a[1 To N, 1 To M] As Integer, i%, j%          '其中 N,M 是已定义过的符号常量
```

（1）输入数组元素的值。

```
For i=1 To N
    For j=1 To M
        a(i,j)=InputBox("输入元素 a(" & i & "," & j & ")的值：")
    Next j
Next i
```

（2）输出数组元素的值。

```
For i=1 To N
    For j=1 To M
        Print a(i,j);          '一行元素输出在一行上，可用 Tab 函数或 Spc 函数控制格式
    Next
    Print                      '一行元素输出完成后，换行输出下一行
Next i
```

（3）求最大元素及其所在的行和列下标。

```
max=a(1,1)                     '用变量 max 存放最大值，初始假设 a(1,1)最大
row=1:col=1                    '用变量 row 和 col 分别存放最大值所在的行下标和列下标
For i=1 To N
    For j=1 To M
        If a(i,j)>a(row,col) Then
            max=a(i,j)
            row=i
            col=j
        End If
    Next j
Next i
```

（4）矩阵相乘。

设有矩阵 A 是 N*M 阶的矩阵，B 是 M*P 阶的矩阵，则矩阵 C=A*B 是 N*P 阶的矩阵，它的第 i 行第 j 列元素可以通过下面的公式求得。

$$C(i,j)=\sum_{k=1}^{M}(A(i,k)*B(k,j)) \quad (i=1,2,\ldots,N,\quad j=1,2,\ldots,P)$$

实现的程序段如下：

```
For i=1 To N
    For j=1 To P
        c(i,j)=0
        For k=1 To M
            c(i,j)=c(i,j)+a(i,k)*b(k,j)
        Next k
    Next j
Next i
```

（5）矩阵转置。

```
Dim b(1 To M, 1 To N) As Integer            '用来存放 a 矩阵转置后的矩阵
For i=1 To N
    For j=1 To M
        b(j,i)=a(i,j)
    Next j
Next i
```

5.3.4　二维数组的应用

例 5-4　输入一个小于 10 的正整数 n，显示具有 n 行的杨辉三角形，运行结果如图 5-3 所示。

分析：杨辉三角形的特点是第 1 列和主对角线均为 1，即 a(i,1)=1，a(i,i)=1，其余各项有如下关系：

a(i,j)=a(i-1,j-1)+a(i-1,j)

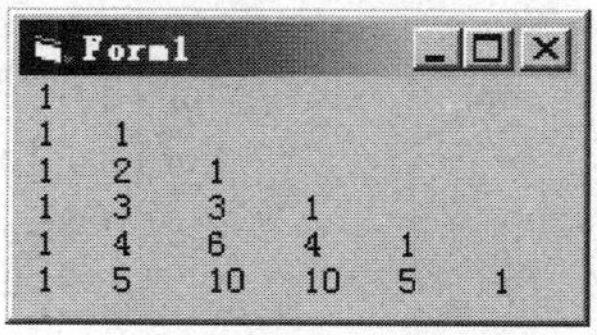

图 5-3　杨辉三角形

程序代码如下：

```
Private Sub Form_Click()
    Dim a(10, 10) As Integer
    Dim i%, j%, n%
    n = InputBox("请输入行数（<=10）：")
    For i = 1 To n        '将第 1 列与对角线上元素置为 1
        a(i, 1) = 1
        a(i, i) = 1
    Next i
    For i = 3 To n        '计算其余各项值
        For j = 2 To i - 1
            a(i, j) = a(i - 1, j - 1) + a(i - 1, j)
        Next j
    Next i
    For i = 1 To n        '打印杨辉三角形
        For j = 1 To i
            Print Tab((j - 1) * 5); a(i, j);        '每个元素占 5 位
        Next j
        Print             '一行输出完成后换行
    Next i
End Sub
```

例 5-5　利用随机数生成一个 5 行 5 列的整型数组，查找其中所有在行上最大、在列上也最大的元素。

分析：可先找出行上最大值 max，并记下其所在列号 col，接着在 col 列上判断 max 是否为最大值，若是，max 就是要查找的数据，从第一行开始依次查找并判断。

程序代码如下：

```
Private Sub Form_click()
    Dim a(1 To 5, 1 To 5) As Integer
    Dim i%, j%, k%, max%, col%, flag%
    Randomize
    For i = 1 To 5
        For j = 1 To 5
```

```
                a(i, j) = Int(Rnd * 100)            '用随机函数为数组 a 的各元素赋值
            Next j
        Next i
        Print "数组元素值为："
        For i = 1 To 5
            For j = 1 To 5
                Print Tab(j * 5 - Len(Str(a(i, j)))); a(i, j);
            Next j
            Print
        Next i
        Print
        For i = 1 To 5
            max = a(i, 1)                 '初始假设每行第一个元素为最大
            col = 1
            For j = 1 To 5                '找出当前行最大值 max 及最大值的列下标 col
                If a(i, j) > max Then
                    max = a(i, j): col = j
                End If
            Next j
            flag = 0
            For k = 1 To 5                '判断 max 是否为其所在 col 列的最大值
                If a(k, col) > max Then
                    flag = 1: Exit For     '若不是所在 col 列的最大值则设置相应标志 flag 并跳出循环
                End If
            Next k
            If flag = 0 Then
                Print "a(" & i & "," & col & ")="; a(i, col); "是行最大列也最大。"
            End If
        Next i
    End Sub
```


程序的运行结果如图 5-4 所示。

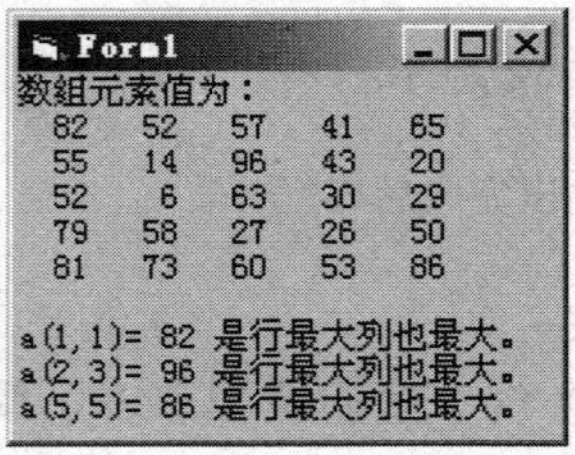

图 5-4　例 5-5 程序的运行结果

5.4　动态数组

前两节介绍的数组都是在声明时就确定了数组的维数和每一维的长度，这种在声明时就确定大小的数组，称为定长数组。但在实际编程过程中，有时数组的大小在设计阶段根本无法确定，所以希望能够在运行时改变数组的大小，这就要用到动态数组。动态数组也叫可变长数组，是指在声明数组时未给出数组的大小（省略括号中的维数和下标范围），当需要使用它时，

随时用 ReDim 语句重新声明数组的大小。动态数组的使用灵活方便，有助于有效利用内存。

5.4.1　动态数组的定义

定义动态数组的步骤如下：

（1）用 Public、Private 或 Dim 语句声明一个括号内为空的数组，但数组名后的括号一定不能省略。声明格式如下：

```
Dim 数组名() [As <数据类型>]
```

（2）在使用该数组之前用 ReDim 语句来确定数组的实际元素个数。

ReDim 语句形式为：

```
ReDim  [Preserve] 数组名([<下标下界 1> To ]<下标上界 1> [,[下标下界 2 To ]<下标上界 2>…]) [As <数据类型>]
```

例如：

```
Dim a() As Integer            ' 声明一个动态数组 a
ReDim a(10)                   ' 确定数组 a 实际是一维的，有 11 个数组元素
```

说明：

（1）ReDim 语句中下标的上下界可以是常量，也可以是有了确定值的变量或表达式，这与声明定长数组时的下标上下界只能使用常量不同。

（2）ReDim 语句中的[As <数据类型>]可以省略，若不省略，则必须与 Dim 语句中声明的类型一致。

（3）ReDim 语句只能出现在过程中，并且可以多次使用，用来改变数组的维数和大小，但不允许改变数组的数据类型。

（4）每次执行 ReDim 语句会使数组中原有的数据丢失，若要保留数组中原有数据元素的值，必须在 ReDim 语句中加上 Preserve 参数，但使用 Preserve 参数时，只能改变数组最后一维的大小，不能改变数组的维数。

例如：

```
Dim a() As Single             ' 定义动态数组 a
ReDim a(5,10)                 ' 确定数组 a 为 6 行 11 列的二维数组
…
ReDim Preserve a(5,15)        ' 改变了数组 a 的第二维长度，但保留了数组 a 中原有的值
…
```

5.4.2　与数组操作相关的函数

1．Array()函数

在前面的例子中，使用了循环语句给数组元素赋值，在实际编程过程中，为了方便给数组元素整体赋值，Visual Basic 提供了 Array()函数，可以利用该函数将一个数据序列读入到指定的数组中。

使用形式如下：

```
数组名=Array(数组元素值)
```

说明：

（1）它只能给声明为 Variant 数据类型的变量或动态数组赋值，赋值后的数组大小由赋值的个数决定。

（2）数组的下标下界默认为 0，也可以通过 Option Base 语句来指定下标下界；下标上界由 Array()函数括号内的参数个数决定，也可以通过 UBound()函数获得。

例如：

```
Dim a As Variant                    ' 定义 a 为变体型变量
a=Array(1,2,3)                      ' a 数组的下标下界为 0，下标上界为 2
Dim b()                             ' 定义 b 为变体型动态数组
b=Array("One","Two","Three")        ' b 数组的下标下界为 0，下标上界为 2
```

2. UBound()函数和 LBound()函数

UBound()函数和 LBound()函数分别用来获得数组某一维的下标上界与下标下界值。虽然 Array()函数可方便地给数组元素整体赋值，但要在程序中获得数组的下标上界与下界，以保证数组元素引用时的下标在合法的范围内，就可以使用这两个函数来获得。

使用形式如下：

```
UBound(<数组名>[,<N>])
LBound(<数组名>[,<N>])
```

说明：<数组名>是必需的；<N>是可选的，一般是整型值，用于指定返回哪一维的下标上下界，1 表示第一维，2 表示第二维，依此类推，若省略则默认为 1。

例如：

```
Dim A
A=Array(1,2,3,5,6,8)
For i=LBound(A) To UBound(A)              ' 输出数组中所有数组元素的值
    Print A(i);" ";
Next i
```


UBound()函数和 LBound()函数一起使用时，可用来确定一个数组的大小。

3. Split()函数

Split()函数可从一个字符串中，以某个指定符号为分隔符，分隔若干个子字符串，建立一个下标从 0 开始的一维数组。

使用形式如下：

```
Split(<字符串表达式>[,<分隔符>])
```

说明：

（1）<字符串表达式>是含有分隔符的字符串，若<字符串表达式>是一个长度为 0 的空串（""），则函数返回一个空数组，即没有元素的数组。

（2）<分隔符>是用来分隔子字符串的特殊字符，若省略，默认分隔符为空格字符（" "），若分隔符是一个长度为 0 的空串，则返回整个字符串表达式。

例 5-6 在一个文本框内输入一系列用“,”隔开的整数，将它们分离后，再按数的奇偶性分别显示出来。程序的运行结果如图 5-5 所示。

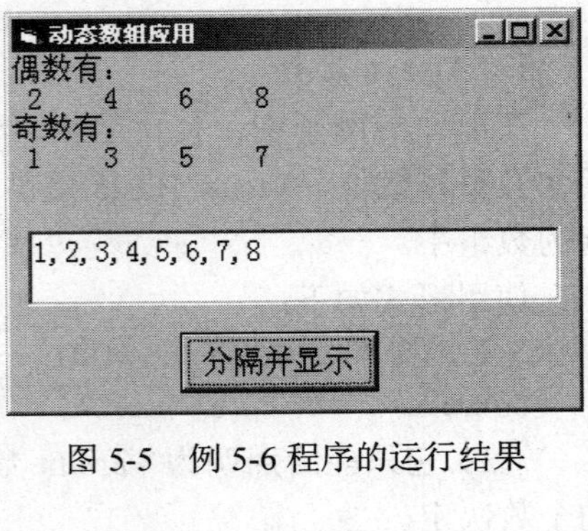

图 5-5 例 5-6 程序的运行结果

分析：先使用 Slpit()函数将文本框中所输入的字符串分离到一个数组中，再依次判断该数组中元素的奇偶性。

程序代码如下：

```
Private Sub Command1_Click()
    Dim a() As String                          '定义动态数组 a 存放文本框中文本分离后的值
    Dim b() As Integer, c() As Integer         '定义动态数组 b 和 c 分别存放偶数值和奇数值
    Dim i%, n%, m%
    a = Split(Text1.Text, ",")                 '将文本框内的文本以","为分隔符分开存入数组 a 中
    For i = LBound(a) To UBound(a)             '依次判断数组 a 中元素的奇偶性，放到相应数组 b 或 c 中
        If a(i) Mod 2 = 0 Then
            n = n + 1
            ReDim Preserve b(n)    '重新定义数组 b 的大小，并保持原有的值
            b(n) = a(i)            '若是偶数则存放到数组 b 中
        Else
            m = m + 1
            ReDim Preserve c(m)    '重新定义数组 c 的大小，并保持原有的值
            c(m) = a(i)            '若是奇数则存放到数组 c 中
        End If
    Next i
    Print "偶数有："
    For i = 1 To n
        Print b(i); Spc(2);
    Next i
    Print
    Print "奇数有："
    For i = 1 To m
        Print c(i); Spc(2);
    Next i
End Sub
```

5.5　控件数组

如果在应用程序中用到一些类型相同且功能类似的控件，可以将这些相同的控件定义为一个数组来使用，这种数组就是控件数组。

5.5.1　控件数组的概念

控件数组是指在同一个窗体上，拥有相同对象名（Name 属性相同）、相同事件过程的一组相同类型的控件。建立控件数组时，每个元素（控件）会自动被赋予一个唯一的下标索引号（Index 属性），通过 Index 属性可获取该控件在数组中的下标为多少，第 1 个控件的下标为 0，例如 Text1(3)表示数组名为 Text1 的第 4 个控件元素。一个控件数组至少有一个控件元素，最多可达 32768 个，因此 Index 属性值最大不能超过 32767。

控件数组具有以下特点：

（1）相同的名称（Name 属性相同），以下标索引值（Index 属性）来识别各个控件。

（2）控件数组中的控件具有相同的一般属性。

（3）所有控件共用相同的事件过程。

5.5.2 控件数组的建立

控件数组的建立有两种方法。

1. *在设计阶段建立*

（1）在窗体上添加某个控件，然后进行该控件名的属性设置（此时设置的 Name 属性即控件数组名）。

（2）选中该控件，进行复制和粘贴操作，系统会弹出一个提示对话框，要求确认是否要创建控件数组，单击“是”按钮，就建立了一个控件数组。此时，系统自动将第一个控件元素的 Index 属性设为 0，而将复制的第二个控件元素的 Index 属性设为 1，依此类推，经过若干次粘贴操作，即可建立所需个数的控件数组。

2. *在运行阶段建立*

（1）在窗体上添加某个控件，设置该控件的 Index 属性值为 0，表示该控件为控件数组的第一个元素，也可以进行控件数组名的属性设置（Name 属性设置）。

（2）在代码中通过 Load 方法添加其余若干个控件元素，也可通过 Unload 方法删除某个添加的元素。每个新添加的控件元素应将 Visible 属性值设置为 True，并可通过设置 Left 和 Top 属性值来确定其在窗体上的位置。

Load 和 Unload 方法的使用形式如下：

    Load 控件数组名(<表达式>)
    Unload 控件数组名(<表达式>)

其中，<表达式>为整型值，表示控件数组中某个元素的下标索引值。

例 5-7 建立一个包含 4 个命令按钮的控件数组，单击每个命令按钮时，能分别显示直线、矩形、圆形和结束操作，如图 5-6 所示。

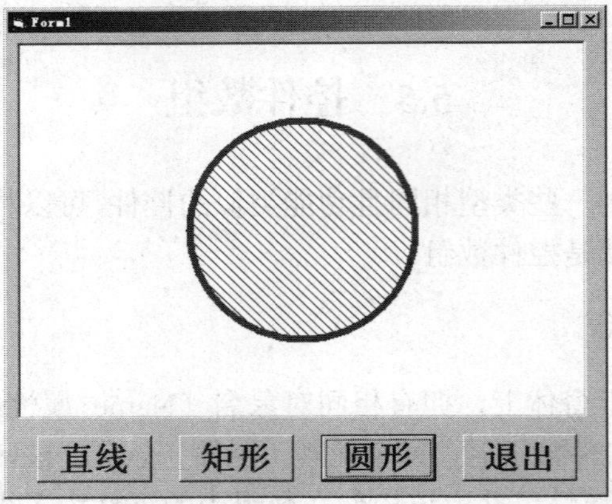

图 5-6 例 5-7 程序的运行结果

具体设计步骤如下：

（1）新建一项工程，在窗体上建立控件数组的 4 个元素（4 个命令按钮），并添加一个用于显示图形的图片框 Picture1，如图 5-6 所示。

（2）按表 5-1 所列的属性值设置控件属性。

表 5-1　例 5-7 的控件属性设置

对象	属性	属性值
Command1	Caption	直线
	Index	0
Command1	Caption	矩形
	Index	1
Command1	Caption	圆形
	Index	2
Command1	Caption	退出
	Index	3

（3）编写程序代码如下：

```
Private Sub Form_Load()
    Picture1.Scale (-10, 10)-(10, -10)              '设置绘图坐标系
End Sub

Private Sub Command1_Click(Index As Integer)
    Picture1.Cls
    Picture1.FillColor = vbBlue
    Picture1.FillStyle = 4                          '在图形内部充填 45°斜线
    Select Case Index                               '根据不同按钮的 index 属性确定执行不同的操作
        Case 0
            Picture1.Line (-8, -8)-(8, 8)           '画直线
        Case 1
            Picture1.Line (-8, -8)-(8, 8), , B      '画矩形
        Case 2
            Picture1.Circle (0, 0), 4, vbRed        '画半径为 4 的圆
        Case 3
            End                                     '结束程序
    End Select
End Sub
```

本章小结

数组是一个用统一的名字，不同的下标表示的、顺序排列的一组变量。数组中的每个变量称为数组元素，通过不同的下标进行区分。Visual Basic 中使用数组必须先定义，后使用。长度可变的动态数组，使用之前应通过 ReDim 语句确定其维数及每一维长度。

在程序设计中数组是最常使用的数据结构，应熟练掌握数组的使用。循环和数组结合使用，可以简化程序，提高程序的运行效率，但必须掌握数组的下标与循环变量之间的关系，这也是学习中的难点。

本章要求重点掌握一维和二维数组的基本概念、基本操作和常用算法。

习题5

一、选择题

1．如下数组声明语句，正确的是（　）。

A．Dim a[3,4] As Integer　　B．Dim a(3,4) As Integer

C．Dim a(n,n) As Integer　　D．Dim a(3 4) As Integer

2．用语句 Dim A(-3 To 5) As Long 定义的数组元素个数是（　）。

A．7　　B．8　　C．9　　D．10

3．若在通用声明段已有 Option Base 1 语句，那么 Dim a(3,4) As Integer 所声明的数组共有（　）个元素。

A．7　　B．12　　C．15　　D．20

4．以下说法不正确的是（　）。

A．使用 ReDim 语句可以改变数组的维数

B．使用 ReDim 语句可以改变数组的类型

C．使用 ReDim 语句可以改变数组每一维大小

D．使用 ReDim 语句可以对数组中的所有元素进行初始化

5．对动态数组 a()，若原数组为 a(3)，若要改为 a(6)时，为保证数组原来的数据不丢失，应使用下列（　）语句进行定义。

A．ReDim a(6)　　B．Dim a(6)

C．ReDim a(3 To 6)　　D．ReDim Preserve a(6)

6．下面对控件数组描述正确的是（　）。

A．控件数组中的每个控件大小外观必须相同

B．控件数组中的每个控件的 Caption 属性肯定相同

C．只需使用控件数组的数组名就可以在代码中访问数组中任一控件

D．控件数组中的每个控件都共享同样的事件过程。

7．控件数组是通过设置对象的（　）属性来创建的。

A．Name　　B．Tabindex　　C．Index　　D．Enabled

8．下列程序段的运行结果为（　）。

```
Dim a(6) As Integer
For i=1 To 6
    a(i)=i*i
Next i
Print a(i-1)
```

A．0　　B．6　　C．25　　D．36

9．窗体上画一个名为 Command1 的命令按钮，然后编写以下程序：

```
Private Sub Command1_Click()
    Dim m(10) As Integer
    For k = 1 To 10
        m(k) = 12 - k
```

```
        Next k
        x = 8
        Print m(2 + m(x))
    End Sub
```

运行程序，单击命令按钮，在窗体上显示的是（　）。

A．6　　B．5　　C．7　　D．8

10．窗体上有 Command1、Command2 两个命令按钮。现编写以下程序：

```
Option Base 0
Dim a() As Integer, m As Integer
Private Sub Command1_Click()
    m = InputBox("请输入一个正整数")
    ReDim a(m)
End Sub
Private Sub Command2_Click()
    m = InputBox("请输入一个正整数")
    ReDim a(m)
Print UBound(a) - LBound(a)
End Sub
```

运行程序时，单击 Command1 后输入整数 10，再单击 Command2 后输入整数 5，则数组 a 中元素的个数是（　）。

A．5　　B．6　　C．10　　D.11

11．在窗体上画一个命令按钮 Command1，然后编写如下代码：

```
Private Sub Command1_Click()
    Dim city As Variant
    city = Array("北京", "上海", "天津", "重庆")
    Print city(1)
End Sub
```

程序运行后，单击命令按钮，输出结果是（　）。

A．空白　　B．错误提示　　C．北京　　D．上海

12．执行下面程序后，输出的结果是（　）。

```
Private Sub Form_Click()
    Dim a(10, 10) As Integer
    For i = 2 To 4
        For j = 4 To 5
            a(i, j) = i * j
    Next j, i
    Print a(2, 5) + a(3, 4) + a(4, 5)
End Sub
```

A．22　　B．42　　C．32　　D．52

13．有如下程序：

```
Dim a(3,3) As Integer
For m = 1 To 3
    For n = 1 To 3
        a(m,n)=(m-1)*3+n
Next n,m
For m = 2 To 3
    For n = 1 To 2
```

```
        Print a(n,m);
    Next n,m
```

运行后输出结果是（ ）。

A．2 5 3 6　　B．2 3 5 6　　C．4 7 5 8　　D．4 5 7 8

14．以下程序运行的结果是（ ）。

```
Option Base 1
Private Sub Command1_Click()
    Dim a,b(3,3)
    a=array(1,2,3,4,5,6,7,8,9)
    For i=1 To 3
        For j=1 To 3
            b(i,j)=a(i*j)
            If (j>=i) Then Print Tab(j*3);Format(b(i,j),"# # #");
        Next j
        Print
    Next i
End Sub
```

A．	B．	C．	D．
1 2 3	1	1 4 7	1 2 3
4 5 6	4 5	2 4 6	4 6
7 8 9	7 8 9	3 6 9	9

15．下列程序是在列表框 List1 中显示 3 个学生的名字。用户单击列表框中的某个名字后，文本框 Text1 中显示的是（ ）。

```
Dim student(0 To 2) As String
Dim grade(0 To 2) As Single
Private Sub Form_Load()
    student(0) = "章力" : student(1) = "刘唯" : student(2) = "方红"
    grade(0) = 92.5:   grade(1) = 73 : grade(2) = 84
    For i = 0 To 2
        List1.AddItem student(i)
    Next i
    List1.ListIndex = 0
End Sub
Private Sub List1_Click()
    Text1.Text = grade(List1.ListIndex)
End Sub
```

A．被选中的学生名　　B．被选中的学生成绩

C．第一个学生名　　D．第一个学生的成绩

二、程序阅读题

1．以下程序段的运行结果是________。

```
Private Sub Form_Click()
    Dim a(3) As Long
    a(0) = 1: a(1) = 2: a(2) = 3: a(3) = 4
    j = 1
    For i = 3 To 0 Step -1
        s = s + a(i) * j
```

```
        j = j * 10
    Next i
    Print s
End Sub
```

2．以下程序段的运行结果是________。

```
Private Sub Form_Click()
    Dim x() As String
    a = " How are you!"
    n = Len(a)
    ReDim x(1 To n)
    For I = n To 1 Step -1
        x(I) = Mid(a, I, 1)
    Next I
    For I = 1 To n
        Print x(I);
    Next I
End Sub
```

3．以下程序的运行结果是________。

```
Option Base 0
Private Sub Form_Click()
    Dim a
    Dim i As Integer
    a = Array(1, 2, 3, 4, 5, 6, 7, 8, 9)
    For i = 0 To 3
       Print a(5 - i);
    Next i
End Sub
```

4．执行以下程序后，输出的结果是________。

```
Private Sub Form_Click()
    Dim a(10) As Integer, p(3) As Integer
    k = 5
    For i = 1 To 10
        a(i) = i
    Next i
    For i = 1 To 3
        p(i) = a(i * i)
    Next i
    For i = 1 To 3
        k = k + p(i) * 2
    Next i
    Print k
End Sub
```

5．执行以下程序后，输出的结果是________。

```
Private Sub Form_Click()
    Dim a(4, 4)
    For i = 1 To 4
        For j = 1 To 4
            a(i, j) = (i - 1) * 3 + j
        Next j
```

```
        Next i
        For i = 3 To 4
            For j = 3 To 4
                Print a(j, i);
            Next j
            Print
        Next i
    End Sub
```

三、程序填空题

1．生成 20 个（0～100）之间的随机整数存放在数组中，打印数组中大于 50 的数，统计其个数。

```
    Private Sub Form_Click()
        Dim a(1 To 50)
        Randomize
        For i = 1 To 50
            ________
        Next i
        n = 0
        For i = 1 To 50
            If ________ Then
                Print a(i)
                n = n + 1
            End If
        Next i
        Print "大于 50 的个数有："; n
    End Sub
```


2．将任意一组数存放在数组中，从键盘输入一数据，将其插入到数组中，插入的位置也从键盘输入。

```
    ________
    Private Sub Form_Click()
        n = Val(InputBox("请输入初始数据个数："))
        n = n + 1
        ReDim a(n)
        For i = 1 To n - 1
            a(i) = Val(InputBox("输入第" & i & "个数据"))
        Next i
        d = Val(InputBox("请输入要插入的数据"))
        p = Val(InputBox("请输入要插入的位置"))
        Do While ________
            MsgBox ("位置越界，请重新输入")
            p = Val(InputBox("请输入要插入的位置"))
        Loop
        For i = n To ________ Step -1
            a(i) = ________
        Next i
        a(p) = d
        For i = 1 To n
```

```
            Print a(i);
        Next i
    End Sub
```

3．随机生成 x 个 n 到 m 之间的一个整数，n 和 m 是由键盘输入的两个整数（n<m），用比较交换法对这 x 个数从大到小进行排序。

```
Dim a()
Private Sub Form_Click()
    k = Val(InputBox("请输入 x 的值"))
    ________
    n = Val(InputBox("请输入 n 的值"))
    m = Val(InputBox("请输入 m 的值"))
    Randomize
    For i = 1 To k
        a(i) = ________
    Next i
    For i = 1 To k - 1
        For j =________ To k
            If________ Then
                t = a(i)
                a(i) = a(j)
                a(j) = t
            End If
        Next j
    Next i
    For i = 1 To k
        Print a(i);
    Next i
End Sub
```


4．生成大小可变的正方形图案，如图 5-7 所示，由外到内，最外圈是第一层，要求每层上显示的数字与层数相同。

```
Private Sub Form_Click()
    Dim a() As Integer
    n = Val(InputBox("请输入行数："))
    ________
        For i = 1 To ________            'i 表示层数
        For j = i To n - i + 1
            For k = i To n - i + 1
                ________
            Next k
        Next j
    Next i
    For i = 1 To n
        For j = 1 To n
            Print Tab(j * 3); a(i, j);
        Next j
        ________
    Next i
End Sub
```

图 5-7　第 4 题运行结果

5．设在窗体上有一个文本框 Text1，一个标签数组 Label1，单击任一标签将标签的内容显示到文本框中。

```
Private Sub Label1_Click(Index As Integer)
    Text1.Text= ________
End Sub
```

四、编程题

1．随机产生 100 个 0～9 之间的整数，统计各个整数的个数并存放在数组中。

2．随机生成 10 个数据，排成非递减序列，现在将一个新数据插入数组中，插入后数组仍保持有序。

3．随机生成 10 个互不相同的 1～100 之间的整数，存放在一维数组中，找出值最大的元素，并从数组中删除该元素。

4．编写程序，建立并输出一个 6*6 矩阵，该矩阵两条对角线上的元素为 1，其余元素均为 0。

5．十位歌手由七个评委打分，分数在 5～10 之间（保留一位小数），去掉一个最高分，去掉一个最低分，求每位选手的最后得分。并将十位歌手的得分从高到低排列输出。

6．如图 5-8 所示，在相应的文本框数组 Text1 中输入成绩，单击按钮数组 Command1 中任意一个按钮，将在 Label5 上显示相应的统计方式（最高分、最低分、平均分或总分），在 Text2 中显示统计结果。

图 5-8　习题 6 运行结果

第 6 章　过程

本章要点

- 熟练掌握子程序过程和函数过程的定义及调用方法。
- 掌握形参和实参按值传递和按地址传递。
- 掌握变量的作用域，能够根据具体情况使用全局变量、模块级变量和局部变量。
- 掌握变量的生存期，能够使用静态变量。
- 掌握递归的概念，了解过程的嵌套调用与递归调用。

6.1　过程概述

结构化程序设计思想是将一个复杂的问题逐步细化分成若干个简单的功能模块，每个模块通过执行一系列的语句来完成一个特定的操作过程，程序其他地方可以调用这些过程，使得程序简练，便于调试和维护，简化设计任务。在 Visual Basic 中引入过程的概念既是结构化程序设计的需要，也是为了提高代码的重用性和可读性。

在 Visual Basic 中，过程一般分为事件过程、子程序过程（Sub 过程）、函数过程（Function 过程）和属性过程（Property 过程）。

- 事件过程：当发生某个事件时，对该事件做出响应的程序段。
- 子程序过程（Sub 过程）：执行一系列操作完成某个功能，无需返回结果。
- 函数过程（Function 过程）：用来完成特定的功能并返回相应的结果。
- 属性过程（Property 过程）：用来创建和操作应用程序中用户定义的属性。Visual Basic 允许用户定制现有的控件或创建新的对象、属性和方法。

实际上，Visual Basic 的应用程序就是由一个个相互调用的过程组成的，因此在用 Visual Basic 设计应用程序时，除了定义常量、变量和设计窗体外，主要工作就是编写过程，本书将重点介绍 Sub 过程和 Function 过程。

6.2　事件过程

事件是发生在对象上的事情。在 Visual Basic 中，事件是预先定义好的、能够被对象识别的动作。事件过程是当发生某个事件时，对该事件做出响应的程序段。每种对象能识别一组预先定义好的事件，但并不能对每个事件都能做出响应，若使对象能够对某一事件做出响应，则必须编写该事件对应的事件过程，如果是没有编码的空事件过程，系统就不对其事件做出响应。

事件过程的名字是由对象名、下划线和事件名组成的，形式如下：

```
Private Sub 对象名_事件名()
    …      '事件过程代码
End Sub
```

例如，单击窗体，在窗体上输出一串字符串，则对应的事件过程如下：

```
Private Sub Form_Click()          '窗体单击事件
    Print "事件过程"
End Sub
```

一种对象可以响应一个或多个事件，用户在编写程序时，只需编写需要响应的事件过程，而其他不需要响应的事件过程则不必编写。

6.3 Sub 过程

6.3.1 子过程的定义

子过程和事件过程不同，它不是由某个事件激活，也不依附于某个对象，其定义的形式与事件过程略有不同，形式如下：

```
[Static] [Public|Private] Sub <过程名>([形参列表])
    <语句块 1>
    [Exit Sub]
    <语句块 2>
End Sub
```


Sub 过程以 Sub 开头，以 End Sub 结束，在 Sub 和 End Sub 之间是过程操作的语句块，又称为“过程体”。

说明：

（1）若使用 Static（静态）关键字，表示该过程中所有局部变量的存储空间只分配一次，在每次调用过程时，局部变量的值保留上次调用结束时的值，不再重新初始化；若省略 Static，则局部变量默认为自动的，每次调用过程时，系统会重新为局部变量分配存储空间，重新初始化，过程调用结束时系统将释放其局部变量的存储空间。

（2）若使用 Public 关键字，表示过程是公有过程，可以在程序的任何地方调用它。在标准模块中定义的公有过程可以在应用程序中任意调用；但在窗体模块中定义的公有过程一般在本窗体中使用，若要在其他窗体模块中使用，调用时必须在过程名前加窗体名限定。

若使用 Private 关键字，表示子过程是私有过程，只能被本模块中的过程调用，不能被其他模块中的过程调用。

缺省情况下，默认为 Public 公有过程。

（3）“过程名”必须遵循标准的变量命名规则，一个过程只能有一个唯一的过程名，且在同一个模块中，不同过程的过程名不能相同，也不能与同一级别的变量名相同。

（4）“形参列表”表示在过程调用时，从调用过程传递给 Sub 过程的变量个数和类型，形参的个数可以为零到多个，若不止一个参数，用逗号隔开。形式为：

```
[ByVal] 变量名[()] [As 数据类型][, [ByVal] 变量名[()] [As 数据类型]…]
```

此处的“变量名”是合法的 Visual Basic 变量名或数组名，如果是数组名，则应省略其维数，但圆括号不能省略；“数据类型”指的是形参变量的类型，如果省略，则默认为 Variant；

ByVal 表示该形参变量是传值参数，如果省略，则默认为传址参数。

（5）“语句块”是 Visual Basic 的程序段，语句块中可以用一个或多个 Exit Sub 语句退出过程。

6.3.2　子过程的建立

Sub 过程的建立既可以在标准模块中实现，也可以在窗体模块中实现。子过程的建立方法有以下两种。

1. 直接在代码编辑窗口中定义

打开要添加过程的模块代码编辑窗口，直接输入过程的定义形式。

例 6-1　编写一个过程，根据参数的值，在窗体上输出相应数目的“*”号。

分析：根据题目要求，首先应该知道输出“*”号的数量，因此可以将其设为形参，等过程调用时，再从实参传值过来。

程序代码如下：

```
Private Sub display(n As Integer)
    Dim i As Integer
    For i = 1 To n
        Print "* ";
    Next i
End Sub
```

2. 使用“添加过程”对话框建立

（1）打开要添加过程的模块代码编辑窗口。

（2）选择“工具→添加过程”菜单命令，打开如图 6-1 所示的“添加过程”对话框。

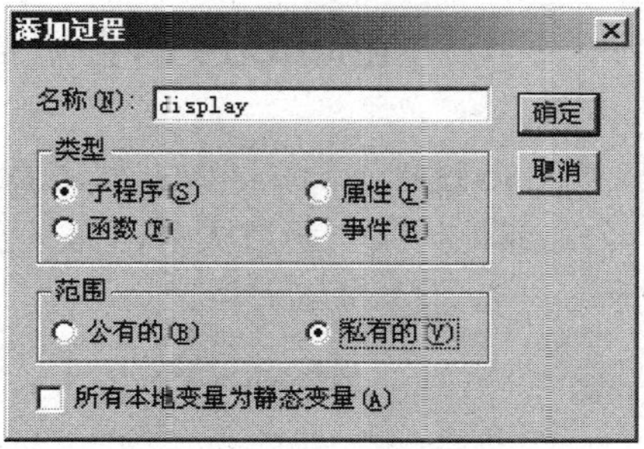

图 6-1　“添加过程”对话框

（3）在对话框中的“名称”文本框中输入过程名（注意不要输入空格）。

（4）选择过程的类型和范围。

（5）单击“确定”按钮，回到代码编辑窗口，就可以得到过程的框架了，但若要添加过程的形式参数还需要对框架加以修改。

6.3.3　子过程的调用

要想执行一个过程，必须要调用该过程，子过程的调用有以下两种形式：

```
Call <过程名>[(实参列表)]
```

或

<过程名> [实参列表]

说明：

（1）“实参列表”必须与过程定义时形参列表的个数相同，相对应位置的参数类型应相符，但参数的名字不需要相同。

（2）用 Call 语句调用一个过程时，如果该过程定义时没有形参，则“实参列表”和圆括号都可以省略，否则，应给出相应的实参，并把实参放在圆括号中。

（3）直接用过程名调用过程时，实参列表不能用圆括号括起来。

（4）若要调用其他模块中所定义的过程，如果该过程是在标准模块中定义的，且过程名唯一，则调用时可以不加模块名限定；若有两个以上的模块包含该同名过程，或该被调过程是在窗体模块中定义的，在调用时必须用模块名来加以限定。

例如，在窗体模块 Form1 中定义了一个 Proc 过程，若在 Form2 中调用它，则调用语句为：

```
Call Form1.Proc(实参列表)
```

注意：Sub 过程不能嵌套定义，即在 Sub 过程体中不能再定义其他 Sub 过程或 Function 过程，但可以嵌套调用，即可以在过程体中调用其他过程。

例 6-2 在窗体的单击事件中调用例 6-1 所定义的过程，根据所输入的整数输出相应数目的“*”。

程序代码如下：

```
Private Sub Form_Click()
    Dim i As Integer
    i = Val(InputBox("请输入一个正整数："))
    Call display(i)            ' 调用过程，i 作为实参
End Sub
```


6.4 Function 过程

Function 过程即函数过程，与 Sub 过程不同，函数过程需要返回一个值，称为函数值。当编写程序时需要多次用到某一公式或处理某一函数关系，而又没有现成的内部函数可以使用时，就可自定义所需的函数过程。

6.4.1 函数过程的定义

函数过程的定义形式如下：

```
[Static] [Public|Private] Function <函数过程名>([形参列表]) [As  数据类型]
    [<语句块 1>]
    [函数名=返回值]
    [Exit Function]
    [<语句块 2>]
    [函数名=返回值]
End Function
```

Function 过程以 Function 开头，以 End Function 结束，在 Function 和 End Function 之间是过程操作的语句块，又称为“函数体”。

说明：

（1）其中的“Static”、“Public”、“Private”、“函数过程名”、“形参列表”、“语句块”和

“Exit Function”的含义与 Sub 过程相同。

（2）“As 数据类型”表示函数返回值的数据类型，若省略，则默认为 Variant。

（3）函数总是以该函数的名称返回给调用过程一个值，因此在函数体内应该有对函数名赋值的语句。若省略该语句，则该过程返回一个默认值：数值函数过程返回 0；字符串函数过程返回空字符串；Variant 函数过程返回 empty。

6.4.2 函数过程的建立

Function 过程的建立既可以在标准模块中实现，也可以在窗体模块中实现。函数过程的建立方法同子过程的建立方法相同，有以下两种。

1. 直接在代码编辑窗口中定义

打开要添加函数过程的模块代码编辑窗口，直接输入函数过程的定义形式。

例 6-3 编写函数过程，根据三角形三条边的边长计算三角形面积。

分析：根据题目要求，首先应该知道三角形的三个边长，可以将它们设为过程的三个形式参数，等过程调用时，再从实参传值过来。

计算面积的公式为：$area=\sqrt{s(s-a)(s-b)(s-c)}$，其中 s=(a+b+c)/2。

程序代码如下：

```
Public Function Triarea(a As Double, b As Double, c As Double) As Double
    Dim s As Double
    s = (a + b + c) / 2
    Triarea = Sqr(s * (s - a) * (s - b) * (s - c))
End Function
```

例 6-4 编写一个求两个自然数的最大公约数的函数过程。

分析：通常采用辗转相除法求两个自然数的最大公约数。方法如下：

（1）m 除以 n 得余数 r。

（2）若 r=0，则 n 即为最大公约数，算法结束，否则令 n->m，r->n，转到第 1 步继续执行。

代码如下：

```
Public Function gcd(ByVal m As Integer, ByVal n As Integer) As Integer
    Dim r As Integer
    r = m Mod n
    Do While r <> 0
        m = n
        n = r
        r = m Mod n
    Loop
    gcd = n
End Function
```

2. 使用“添加过程”对话框建立

（1）打开要添加过程的模块代码编辑窗口。

（2）选择“工具→添加过程”菜单命令，打开如图 6-2 所示的“添加过程”对话框。

（3）在对话框中的“名称”文本框中输入函数过程名（注意：不要输入空格）。

（4）选择类型为“函数”和函数过程的范围。

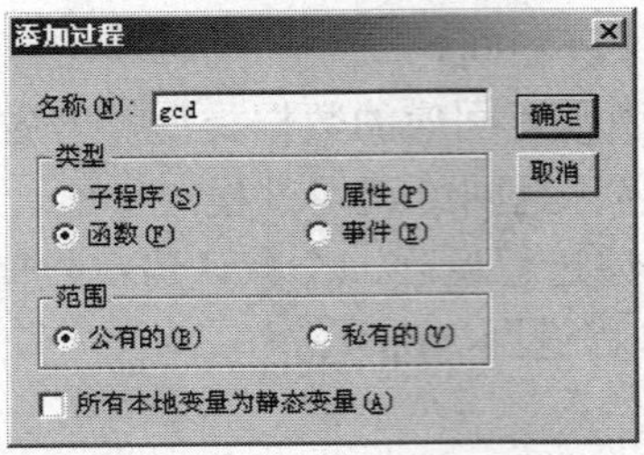

图 6-2　使用“添加过程”对话框建立函数

（5）单击“确定”按钮，回到代码编辑窗口，就可以得到函数过程的框架了，但若要添加函数过程的形式参数、函数返回值的数据类型还需要对框架加以修改。

6.4.3　函数过程的调用

函数过程创建以后，就可以像使用 Visual Basic 的内部函数一样来调用了。形式如下：

函数过程名 [(实参列表)]

说明：

（1）“实参列表”必须与过程定义时形参列表的个数相同，相对应位置的参数类型应相符，但名字不需要相同。

（2）若函数过程定义时没有形参，则“实参列表”和圆括号都可以省略，否则，应给出相应的实参，并把实参放在圆括号中。

（3）由于函数过程调用返回一个值，一般函数过程的调用不作为单独的语句使用，而是作为表达式或表达式的一部分来使用。

例 6-5　利用例 6-4 所定义的求最大公约数的过程 gcd，编程计算两个给定的整数的最大公约数，运行结果如图 6-3 所示。

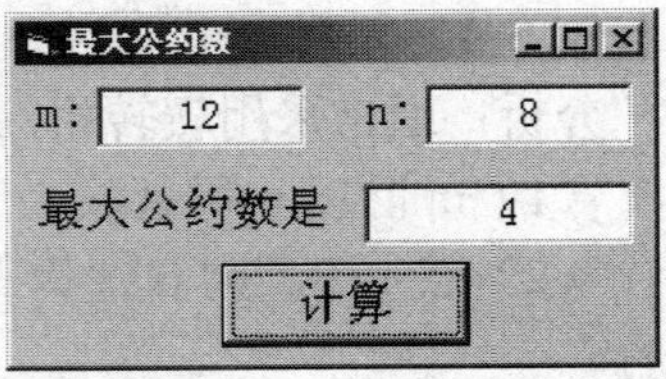

图 6-3　例 6-5 的运行结果图

程序代码如下：

```
Private Sub Command1_Click()
    Dim m As Integer, n As Integer, g As Integer
    m = Val(Text1.Text)
    n = Val(Text2.Text)
    g = gcd(m, n)   ' 函数调用，m、n 是实际参数，函数调用的结果存放到变量 g 中
    Text3.Text = Str(g)
End Sub
```

6.5　过程之间参数的传递

调用过程时可以把数据传递给被调用的过程进行处理，也可以把被调用过程中处理后的数据传递回来。因此，在编写一个过程时，应考虑它需要输入哪些值，进行处理后又要返回哪些值。

6.5.1　形式参数与实际参数

形式参数（简称为形参）是指在 Sub 过程或 Function 过程定义时，出现在过程名后圆括号内的变量名或数组名，用来接收要处理的数据。

实际参数（简称为实参）是指在调用 Sub 过程或 Function 过程时，传递给被调过程的常量、变量、表达式或数组，用来传递要处理的数据。

形式参数与实际参数的对应关系：形参的个数与实参的个数应该相等，在过程定义时，形参为实参预留位置，过程调用时，实参的值被一一插入到对应的形参位置上，因此各实参的书写顺序应与相应的形参顺序一致，且类型应相符，但名字可以不相同。

在过程调用时，必须把实际参数传递给被调过程，完成形式参数和实际参数的相结合，然后按实际参数执行调用的过程。

6.5.2　参数传递

在 Visual Basic 中，参数传递主要有按地址传递（ByRef）与按值传递（ByVal）两种。默认的参数传递方式为按地址传递，关键字 ByRef 常常省略，若形参前加了关键字 ByVal 则是按值传递。

1. 按地址传递

按地址传递又称为引用，就是让被调过程根据变量的内存地址去访问实际变量的内容，即形参和实参使用相同的内存地址单元，被调过程中使用的变量是实际传送的变量本身，在被调过程中可改变变量的值，往往在需要被调过程返回不止一个值时可以通过参数传递返回多个值。在按地址传递值时，实参应该是变量或数组，若是常量或表达式将无法按地址传递。

2. 按值传递

按值传递就是系统为形式参数另外分配存储空间，将实参的值复制给形参后，实参与形参就断开了联系，被调过程中操作的形参相当于实参的副本，所有对形参副本的修改不会影响到实参。在按值传递时，实参可以是变量、常量或表达式。

例 6-6　比较下列两个过程 swap1 和 swap2，它们的功能是交换两个数，swap1 是按值传递参数，swap2 是按地址传递参数。运行结果如图 6-4 所示。

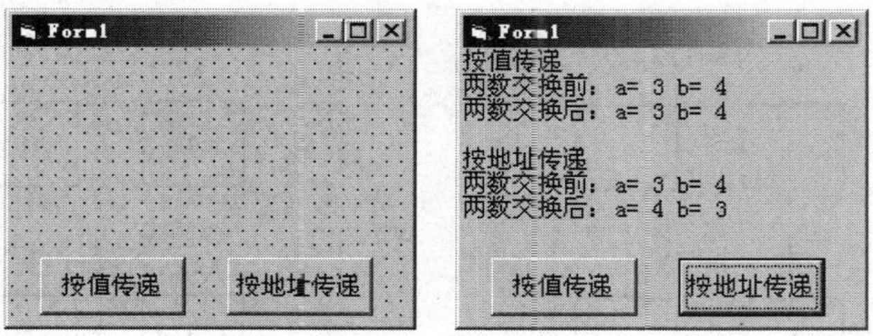

图 6-4　例 6-6 的运行结果

（1）按值传递的过程 swap1 的程序代码如下：

```
Sub swap1(ByVal x As Integer, ByVal y As Integer)
    Dim t As Integer
    t = x: x = y: y = t
End Sub
```

（2）按地址传递的过程 swap2 的程序代码如下：

```
Sub swap2(x As Integer, y As Integer)
    Dim t As Integer
```

```
        t = x: x = y: y = t
    End Sub
```

（3）“按值传递”命令按钮 Command1 的单击事件过程代码如下：

```
    Private Sub Command1_Click()
        Print "按值传递"
        Dim a As Integer, b As Integer
        a = 3: b = 4
        Print "两数交换前：a="; a; "b="; b
        swap1 a, b
        Print "两数交换后：a="; a; "b="; b
    End Sub
```

（4）“按地址传递”命令按钮 Command2 的单击事件过程代码如下：

```
    Private Sub Command2_Click()
        Print
        Print "按地址传递"
        Dim a As Integer, b As Integer
        a = 3: b = 4
        Print "两数交换前：a="; a; "b="; b
        swap2 a, b
        Print "两数交换后：a="; a; "b="; b
    End Sub
```

程序运行时，分别单击两个命令按钮，得到的结果如图 6-4（右）所示，可以看到按值传递参数的过程 swap1 不能交换两个变量的值，而按地址传递参数的过程 swap2 能交换两个变量的值。

可以通过图 6-5 的参数传递示意图看出两者的区别。按值传递参数时，实参与形参使用不同的存储单元，系统将实参的值拷贝给形参后，实参与形参就断开了联系，因此过程中对形参的任何操作不会影响到实参。过程 swap1 调用结束后，形参的变化不会再传递回实参，实参的数据并没有发生变化，如图 6-5 所示。

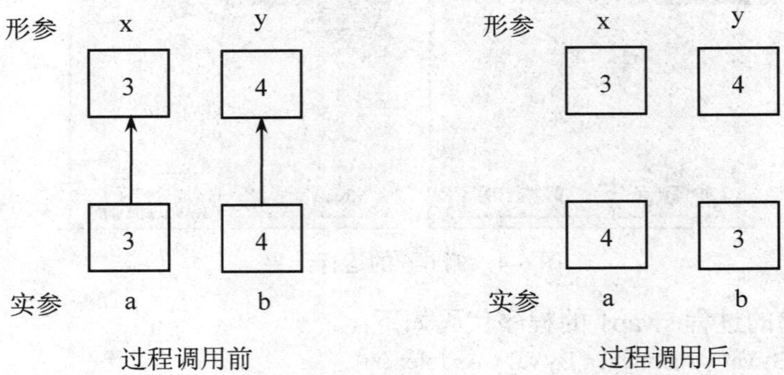

图 6-5　按值传递参数示意图

按地址传递参数时，实参与形参实际上使用相同的存储单元，过程中对形参的任何操作实际上就是对实参的操作。因此过程 swap2 调用结束后，形参的变化就相当于实参发生了变化，如图 6-6 所示。

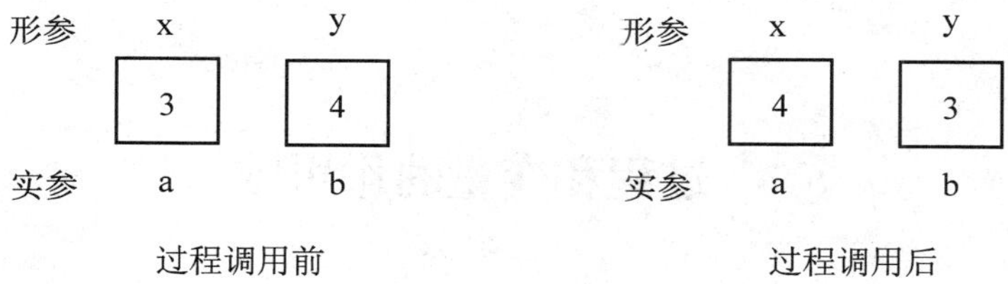

图 6-6　按地址传递参数示意图

6.6　数组作过程的参数

Visual Basic 允许数组作过程的参数，但数组参数只能通过传地址方式进行参数传递，即若在被调过程中修改了形参数组中数组元素的值，过程调用结束后，主调过程中实参数组的值就是修改后的值。

说明：

（1）当用数组作形参时，对应的实参必须也是数组，且类型应一致。

（2）在传递数组参数时，在形参列表中放入数组名，省略数组的维数，但圆括号不能省略，实参列表中数组后面的括号可以省略，但为了便于阅读，建议一般不要省略。

（3）若被调过程不知道实参数组的上下界，可用 Lbound()和 Ubound()函数来确定实参数组的上下界。

例 6-7　编写一个对数组进行从小到大排序的 sort 过程，再编写窗体的单击事件从键盘输入 10 个数，调用排序的过程进行排序后再输出。

（1）排序的 sort 过程代码如下：

```
Public Sub sort(b() As Integer)
    Dim m As Integer, n As Integer
    Dim i As Integer, j As Integer, t As Integer
    m = LBound(b): n = UBound(b)
    For i = m To n – 1 '冒泡法排序
        For j = m To n – i
            If b(j) > b(j + 1) Then
                t = b(j): b(j) = b(j + 1): b(j + 1) = t
            End If
        Next j
    Next i
End Sub
```

（2）窗体的单击事件代码如下：

```
Private Sub Form_Click()
    Dim a(1 To 10) As Integer
    Dim i As Integer
    For i = 1 To 10
        a(i) = Val(InputBox("请输入第" & i & "个数"))
    Next i
    Call sort(a())        '调用 Sort 过程对数组进行排序
    For i = 1 To 10
```

```
        Print a(i);
    Next i
End Sub
```

6.7　过程和变量的作用域

6.7.1　过程的作用域

Visual Basic 的应用程序是由过程组成的，过程代码存储在模块中。Visual Basic 提供了三类模块：窗体模块、标准模块和类模块（本书不作介绍），如图 6-7 所示。

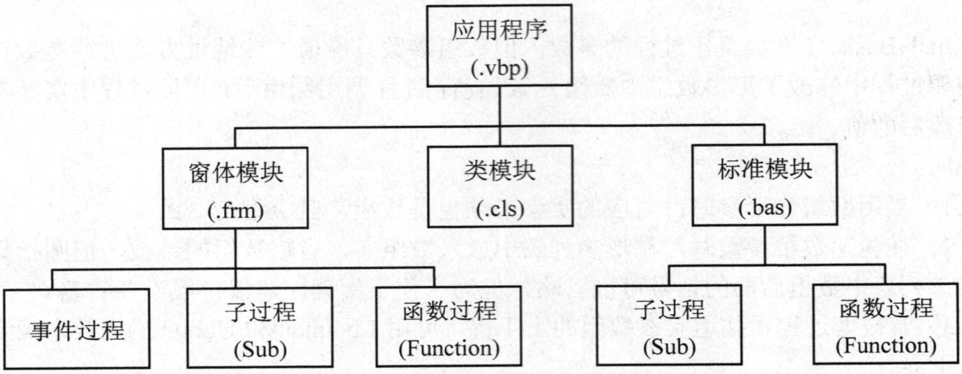

图 6-7　Visual Basic 应用程序的过程组成

过程的作用域分为模块级和程序级（全局）。

1. **模块级**

过程定义时，前面加了 Private 关键字，这类过程只能被定义时所在模块中的过程调用，不能被其他模块中的过程调用。

2. **程序级（全局）**

过程定义时默认是全局的，也可以在前面加上 Public 关键字显式说明。程序级（全局）过程可以被该应用程序中所有窗体和标准模块中的过程调用，根据过程定义与过程调用所在位置不同，调用的方式有所区别。

（1）标准模块中定义的过程。若过程名唯一，即整个应用程序中没有同名过程，其他过程可直接用该过程名调用；若过程名不唯一，本模块中其他过程调用该过程时，也可直接用该过程名调用，但其他模块中的过程调用该过程时，应在该过程名前加模块名来限定，例如：模块名.过程名。

例如，若模块 Module1 和 Module2 中都有名为 proc 的过程，在 Module1 中调用本模块定义的 proc 过程，可以用语句：Call proc (实参表)。如果在 Module1 中想调用 Module2 中的 proc 过程，则必须用语句：Call Module2. proc (实参表)

（2）窗体模块中定义的过程。本窗体模块中其他过程可直接用该过程名调用，其他模块中的过程若要调用该过程，该过程名前应加窗体模块名限定，例如：窗体名.过程名。

例如，在窗体模块 Form1 中定义一个 proc 过程，若在 Form2 中加以调用，则调用语句是：

Call Form1. proc (实参表)。

6.7.2　变量的作用域

变量除了变量名和数据类型外，还有一个重要的特性就是变量的作用域，即变量在程序中能够被访问的范围。在 Visual Basic 中，可以在模块或过程中声明变量，根据变量声明位置的不同，可以把变量分为三类：局部（过程级）变量、模块级变量和全局（程序级）变量。

1. 局部变量（过程级变量）

在一个过程内部用 Dim 或 Static 关键字声明的变量（或未加声明而直接使用的变量），叫做局部变量，又称为过程级变量。只有该过程内部的代码才能访问或改变该变量的值，即局部变量的作用域范围被限制在该过程内部，别的过程不能访问它。

局部变量随过程的调用而分配存储空间，并只能在此过程内部访问该变量的值，一旦该过程调用结束，变量所分配的存储空间被系统自动释放，通常用于存储临时数据或运算的中间结果。不同的过程可以有相同名字的局部变量，它们之间没有任何关系。

2. 模块级变量

在模块中任何过程外用 Dim 或 Private 关键字声明的变量称为模块级变量，通常在模块顶部的通用声明段中声明。模块级变量可以被本模块中的所有过程访问，但其他模块不能访问。模块级变量使用前必须先声明，否则未声明而直接使用的变量默认为局部变量。当模块中的多个过程需要使用同一个变量时，应将其声明为模块级变量。

3. 全局变量（程序级变量）

在模块中所有过程外用 Public 关键字或 Global 关键字声明的变量称为全局变量，又称为程序级变量，通常在标准模块顶部的通用声明段中声明。全局变量可以被该应用程序中所有过程访问。全局变量使用前也应先声明，程序运行时，系统事先为它们分配好存储空间，所分配的存储空间在整个应用程序执行期间始终不会被系统释放，只有当整个应用程序执行结束后，才会被系统释放。

一个应用程序中，局部变量可以与模块级变量、全局变量同名，发生同名时，局部变量优先，即起作用的是局部变量，此时模块级变量和全局变量被屏蔽。

例 6-8　变量作用域示例。

```
Dim x As Integer, z As Integer             '模块级变量
Sub proc(ByVal a As Integer, ByVal b As Integer)
    Dim x As Integer      '当模块级变量与局部变量同名时，起作用的是局部变量
    z = a + b
    x = a * a
    y = b + b             '未定义而直接使用的变量是局部变量
    Print "调用 proc 过程中："
    Print "x="; x; " y="; y; " z="; z
End Sub
Private Sub Form_Click()
    x = 3: z = 5    '模块级变量
    y = 4     '未定义而直接使用的变量是局部变量，与 proc 过程中同名变量没有关系
    Print "调用 proc 过程前："
    Print "x="; x; " y="; y; " z="; z
    Call proc(x, y)
```

```
        Print "调用 proc 过程后："
        Print "x="; x; " y="; y; " z="; z
    End Sub
```

程序的运行结果如图 6-8 所示，可以看到：

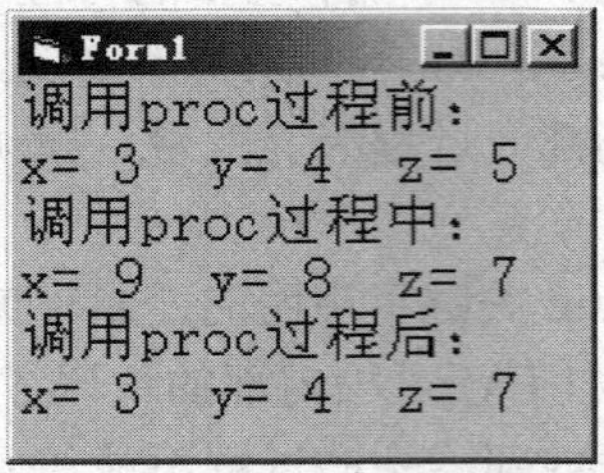

图 6-8　例 6-8 运行结果

（1）proc 过程中的局部变量 x 与通用声明段中的模块级变量 x 同名时，在 proc 过程中模块级变量 x 被覆盖，起作用的是局部变量 x。

（2）尽管 proc 过程中的局部变量 y 与窗体单击事件过程中的局部变量 y 的变量名相同，但互相没有影响。

（3）因为 proc 过程与窗体单击事件过程中都没有重新声明变量 z，则使用的都是模块级变量 z。

6.7.3　变量的生存期

变量的生存期是指变量在程序运行期间起作用的周期。对于全局变量，程序运行时，系统事先为它们分配好存储空间，它们的生存期是整个程序的运行期间。对于局部变量，只有当调用其所在的过程时，系统才会为其分配存储空间，而在过程调用结束后，其所分配的存储空间会被系统回收，若再次调用该过程，系统将重新为这些局部变量分配空间并重新初始化，上次调用结束后的值全部丢失，局部变量的生存期是过程调用开始到过程调用结束时终止。

若希望保存过程上次调用结束后局部变量的值，可以在过程中用 Static 关键字将其声明为静态变量。静态变量是指程序运行进入该变量所在的过程，修改变量的值后，退出该过程，变量的值仍被保留，变量所占用的存储空间没有被释放，再次进入该过程时，原来变量的值可以继续使用。静态变量的生存期是整个程序的运行期间。

例 6-9　变量的生存期示例。

```
Dim c As Integer
Sub proc()
    Dim a As Integer
    Static b As Integer
    a = a + 1
    b = b + 1
    c = c + 1
    Print "a="; a; " b="; b; " c="; c
End Sub
Private Sub Form_Click()
    Dim i As Integer
    For i = 1 To 5
```

```
        Call proc
    Next i
End Sub
```

程序的运行结果如图 6-9 所示。程序中变量 a、b 都是过程 proc 的局部变量，但 b 是静态变量，变量 c 是模块级变量。程序运行时，窗体单击事件过程中调用了 proc 过程 5 次，变量 a 每次都被重新初始化为 0，而静态变量 b 和模块级变量 c 每次调用后的值都被保存。

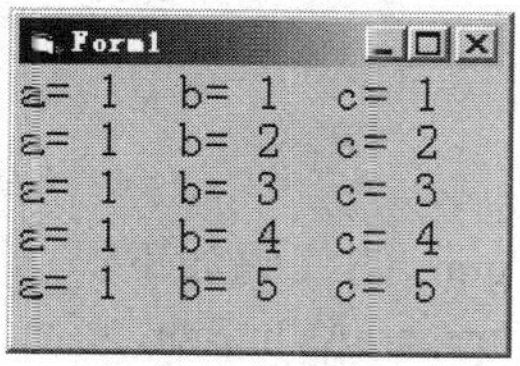

图 6-9　例 6-9 运行结果

6.8　过程的嵌套和递归调用

在一个过程中调用另外一个过程，称为过程的嵌套调用；而一个过程直接或间接地调用其自身，则称为过程的递归调用。

6.8.1　过程的嵌套调用

在 Visual Basic 中，过程的定义是相互独立的，不能嵌套定义，也就是说在定义过程时，过程体内不能再包含另一个过程的定义。但在 Visual Basic 中过程的调用可以相互嵌套，即主程序可以调用子过程或函数，在子过程体或函数体中还可以调用子过程或函数，这种程序结构称为过程的嵌套调用，如图 6-10 所示。

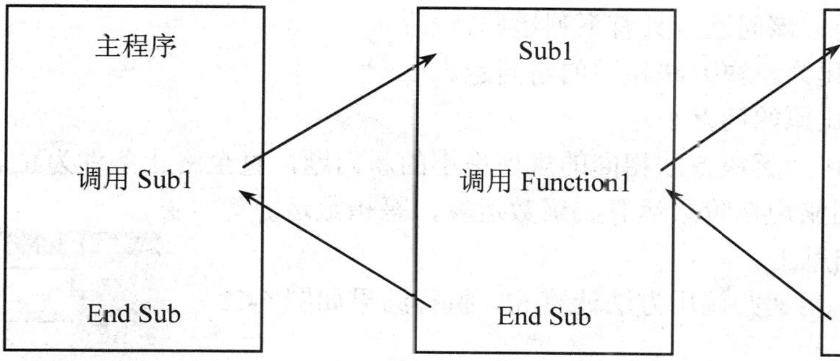

图 6-10　过程的嵌套调用

从图 6-10 可看出，主调过程在遇到子过程调用语句就转去执行子过程，而本过程的余下部分要等从子过程返回后才得以继续执行。

例 6-10　编写函数调用求最大公约数的函数过程 gcd 来求两个自然数的最小公倍数。运行结果如图 6-11 所示。

分析：求自然数 m、n 的最小公倍数的公式为：m*n/最大公约数。

（1）求最大公约数的函数过程 gcd 的代码如下：

```
Function gcd(ByVal m As Integer, ByVal n As Integer) As
Integer
    Dim r As Integer
    r = m Mod n
    Do While r <> 0
        m = n
        n = r
        r = m Mod n
    Loop
    gcd = n
End Function
```

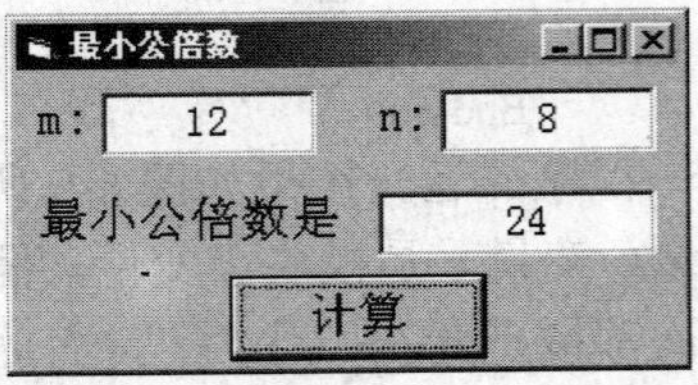

图 6-11　例 6-10 运行结果

（2）求最小公倍数的函数过程 gcm 的代码如下：

```
Function gcm(m As Integer, n As Integer) As Integer
    gcm = m * n / gcd(m, n)                '嵌套调用函数过程 gcd
End Function
```

（3）按钮 Command1 的单击事件过程代码如下：

```
Private Sub Command1_Click()
    Dim m As Integer, n As Integer, g As Integer
    m = Val(Text1.Text)
    n = Val(Text2.Text)
    g = gcm(m, n)                          '调用函数过程 gcm
    Text3.Text = Str(g)
End Sub
```


6.8.2　过程的递归调用

递归调用是指一个过程直接或间接调用自己本身。许多具有递归特性的复杂问题，使用递归调用来描述它们显得非常简洁和清晰。Visual Basic 允许一个 Sub 过程或 Function 过程在过程体或函数体内部递归调用自己。

要想用递归描述问题，该问题应具有下列递归特性：

（1）原始问题可转化为解决方法相同的新问题。

（2）新问题的规模比原始问题小。

（3）新问题又可转化为解决方法相同的规模更小的新问题，直至终止条件为止。

一般而言，递归调用常用在阶乘运算、级数运算、幂指数运算等具有较明显递归特性的问题上。

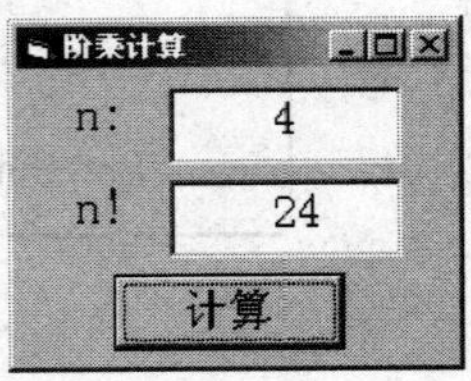

图 6-12　阶乘计算

例 6-11　编写过程，用递归调用方法计算 n!，执行结果如图 6-12 所示。

分析：根据求 n!的定义，n!=n*(n-1)!可以写成如下形式：

$$\mathrm{fac}(n)=\begin{cases}1 & n=1\\ n*\mathrm{fac}(n-1) & n>1\end{cases}$$

代码如下：

（1）求阶乘的过程代码如下：

```
Function fac(n As Integer) As Long
    If n = 1 Then
        fac = 1
```

```
        Else
            fac = n * fac(n - 1)
        End If
    End Function
```

（2）按钮的单击事件过程代码如下：

```
    Private Sub Command1_Click()
        Dim n As Integer, m As Long
        n = Val(Text1.Text)
        m = fac(n)
        Text2.Text = Str(m)
    End Sub
```

在函数 fac(n)的定义中，当 n>1 时，函数连续调用 fac 函数自身 n-1 次，直到 n=1 为止。当 n=4 时，求 fac(4)的值变为求 4×fac(3)；求 fac(3)的值又变为求 3×fac(2)；……，当 n=1 时，fac 的值为 1，递归结束，其结果为 4×3×2×1。fac(4)的执行过程如图 6-13 所示。

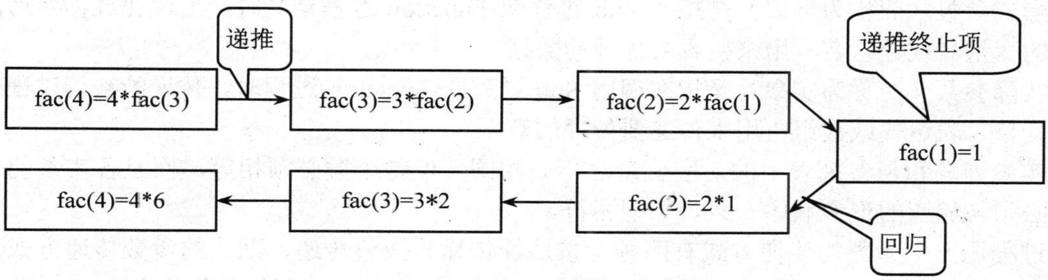

图 6-13　fac(4)的执行过程

思考：在上述 fac 函数体中，若少了语句：

```
    If n = 1 Then fac = 1
```

则程序运行结果如何？

由此可见，任何有意义的递归必须具有：

（1）递归结束条件及结束时的值；

（2）能用递归形式表示，并且递归向结束条件发展。

递归算法虽然设计简洁，但与非递归算法相比，执行效率较低，因此在选择递归算法编程时要慎重。

本章小结

本章主要介绍了 Visual Basic 中一个非常重要的组成部分——过程，重点介绍了 Sub 过程和 Function 过程，主要内容包括：

1．Sub 过程的定义

```
    [Static] [Public|Private] Sub <过程名>([形参列表])
        <语句块 1>
        [Exit Sub]
        <语句块 2>
    End Sub
```

过程的调用：

Call <过程名>[(实参列表)]

或

<过程名> [实参列表]

2. 函数过程的定义

```
[Static] [Public|Private] Function <函数过程名>([形参列表]) [As 数据类型]
        [<语句块 1>]
        [函数名=返回值]
        [Exit Function]
        [<语句块 2>]
        [函数名=返回值]
End Function
```

函数的调用：

函数过程名 [(实参列表)]

3. 参数的传递

形式参数（简称为形参）是指在 Sub 过程或 Function 过程定义时，出现在过程名后圆括号内的变量名或数组名，用来接收要处理的数据。

实际参数（简称为实参）是指在调用 Sub 过程或 Function 过程时，传递给被调过程的常量、变量、表达式或数组，用来传递要处理的数据。

实参列表和形参列表中的对应变量名不必相同，但是个数必须相等，而且各实参的书写顺序必须与相应的形参顺序一致，类型相符。

过程调用中参数的传递方式有两种：按地址传递和按值传递，默认的参数传递方式为按地址传递，关键字 ByRef 常常省略，若形参前加了关键字 ByVal 则是按值传递。

4. 变量的作用域与生存期

变量的作用域是指变量的作用范围，变量的生存期是指变量的作用时间。根据变量声明的位置不同，可以把变量分为三类：局部（过程级）变量、模块级变量和全局（程序级）变量。全局变量的生存期是整个程序的运行期间；局部变量的生存期是过程调用开始到过程调用结束时终止；静态变量的生存期也是整个程序的运行期间。

5. 嵌套与递归

Visual Basic 中不能嵌套定义过程，但可以嵌套调用过程，也就是主程序可以调用子过程，在子过程内还可以调用子过程。递归算法是指一个过程直接或间接调用自己本身，即自己调用自己。

习题6

一、选择题

1. 下面定义 proc 子过程的语句，正确的是（　）。

A. Dim Sub proc(x,y)　　　　B. Public Sub proc(x,y)

C. Private Sub proc(x,y) As Integer　　　　D. Sub proc(x,y) As Integer

2. 下述函数过程的叙述正确的是（　）。

A. 函数名只能被赋值一次

B．函数名没有被赋值，就没有函数值返回到主调过程中

C．函数名可以多次被赋值

D．定义函数过程的类型是指定义形参的数据类型

3．在 Visual Basic 系统中，Sub 过程与 Function 过程最根本的区别是（　）。

A．Sub 过程可用 Call 语句或用过程名调用，而 Function 过程不能

B．Funciton 过程可以有参数，而 Sub 过程不能有参数

C．它们的参数传递方式不同

D．Sub 过程不能返回值，而 Function 过程可通过过程名返回值

4．Visual Basic 的模块分为三类，分别是（　）。

A．子程序模块、函数模块、窗体模块

B．窗体模块、过程模块、标准模块

C．子程序模块、标准模块、窗体模块

D．窗体模块、标准模块、类模块

5．要立即退出一个子程序过程，可以使用语句（　）。

A．Exit Sub　　B．Exit　　C．Exit Function　　D．Exit Property

6．在过程定义时，Private 表示（　）。

A．此过程可以被其他过程调用

B．此过程不可以被任何其他过程调用

C．此过程只可以被本工程中其他过程调用

D．此过程只可以被本模块中其他过程调用

7．用 Static 关键字定义过程，是指（　）。

A．声明过程名是静态的　　B．声明形式参数是静态的

C．声明过程中的局部变量是静态的　　D．声明函数过程的返回值是静态的

8．假定在窗体中有两个命令按钮 Command1 和 Command2 及一个文本框 Text1。有如下事件过程代码：

```
Private Sub Command1_click()
    Text1.Text = "中国"
End Sub
Private Sub Command2_click()
    Text1.Text = "China"
End Sub
```

若首先单击 Command1，再单击 Command2，则在文本框中显示（　）。

A．China　　B．中国

C．China 中国　　D．中国 China

9．假定有如下 Sub 过程：

```
Sub f(k, s)
    s = 1
    For m = 1 To k
        s = s * m
    Next m
End Sub
```

在窗体上添加一个命令按钮，然后编写以下事件过程：

```
Private Sub command1_click()
    i = 0
    For k = 1 To 3
        Call f(k, s)
        i = i + s
    Next k
    Print i
End Sub
```

则该程序执行后的结果是（　）。

A．10　　B．9　　C．8　　D．7

10．假定有如下 Sub 过程：

```
Sub S (x As Single, y As Single)
    t = x
    x = t / y
    y = t Mod y
End Sub
```

在窗体上添加一个命令按钮，然后编写以下事件过程：

```
Private Sub Command1_Click()
    Dim a As Single
    Dim b As Single
    a = 5: b = 4
    S a, b
    Print a, b
End Sub
```


程序运行时，单击命令按钮得到的结果是（　）。

A．5　4　　B．1　1　　C．1.25　4　　D．1.25　1

11．假定有以下函数过程：

```
Function Fun(S As String) As String
    Dim s1 As String
    For i = 1 To Len(S)
        s1 = UCase(Mid(S, i, 1)) + s1
    Next i
    Fun = s1
End Function
```

在窗体上添加一个命令按钮，然后编写以下事件过程：

```
Private Sub Command1_Click()
    Dim str1 As String, str2 As String
    str1 = InputBox("请输入一个字符串")
    str2 = Fun(str1)
    Print str2
End Sub
```

程序运行后，单击命令按钮，如果在输入对话框中输入字符串“abcdefg”，则窗体上的输出结果是（　）。

A．abcdefg　　B．gfedcba　　C．ABCDEFG　　D．GFEDCBA

12．在窗体上添加一个命令按钮 Command1 和两个名称分别为 Label1 和 Label2 的标签，然后编写以下事件过程：

```
Private X As Integer
Private Sub Command1_Click()
    X = 5: y = 3
    Call proc(X, y)
    Label1.Caption = X
    Label2.Caption = y
End Sub
Sub proc(ByVal a As Integer, ByVal b As Integer)
    X = a * a
    y = b + b
End Sub
```

程序运行后，单击命令按钮，则两个标签中显示的内容分别是（　）。

A．5 和 3　　B．25 和 3　　C．25 和 6　　D．5 和 6

13．以下程序的运行结果是（　）。

```
Function f(m As Integer) As Integer
    b = 1
    Static c As Integer
    b = b + 1
    c = c + 1
    f = m * b * c
End Function
Private Sub Command1_Click()
    Dim a As Integer
    a = 2
    Sum = 0
    For i = 1 To 3
        Sum = Sum + f(a)
    Next i
    Print Sum
End Sub
```

A．24　　B．12　　C．28　　D．32

14．以下程序的运行结果是（　）。

```
Dim x As Integer, y As Integer, z As Integer
Sub s1(a As Integer, b As Integer)
    Dim c As Integer
    a = 2 * a
    b = b + 2
    c = a + b
End Sub
Sub s2(a As Integer, ByVal b As Integer)
    Dim c As Integer
    a = 2 * a
    b = b + 2
    c = a + b
End Sub
Private Sub Command1_Click()
    x = 4
```

```
    y = 4
    z = 6
    Call s1(x, y)
    Print x + y + z;
    Call s2(x, y)
    Print x + y + z
End Sub
```

A．24　28　　B．20　28　　C．20　18　　D．20　20

15．以下程序的运行结果是（　）。

```
Sub s1(b() As Integer)
    For i = 1 To 4
        b(i) = 2 * i
    Next i
End Sub
Private Sub Command1_Click()
    Dim a(1 To 4) As Integer
    For i = 1 To 4
        a(i) = i + 5
    Next i
    s1 a()
    For i = 1 To 4
        Print a(i);
    Next i
End Sub
```

A．6 7 8 9　　B．12 14 16 18

C．2 4 6 8　　D．1 2 3 4

二、填空题

1．过程调用时，参数的传递有两种方式：按地址传递和按值传递，其中默认方式是________方式，形参前加了 ByVal 关键字是________。

2．已知函数 $sum(k,n)=1^k+2^k+....+n^k$ 。下面是实现计算该函数的程序，请填空完成以下程序。

```
Private Sub Command1_Click()
    Dim k As Integer, i As Integer, s As Long
    n = 5 : k = 1
    For i = 1 To n
        s = s + ________
    Next i
    Print s
End Sub
Function pow(a As Integer, b As Integer) As Long
    Dim i As Integer, t As Long
    t = 1
    For i = 1 To a

        ________
    Next i
```

```
    pow = t
End Function
```

3．已知自然对数的底数 e 的级数表示如下：

$$e = 1 + \frac{1}{1!} + \frac{1}{2!} + \frac{1}{3!} + \cdots\cdots + \frac{1}{n!} + \cdots\cdots$$

本程序利用函数过程 fact()求 e，其中绝对值小于 1E-6 的项被忽略。程序代码如下：

```
Private Function fact(m As Long) As Double    '求 m!的函数
    Dim x As Double, i As Double
    x = 1
    For i = 1 To m
        x =________
    Next i
    fact = x
End Function
Private Sub Form_Click()
    Dim e As Double, item As Double, n As Long
    e = ________ : n = 0
    Do
        n = n + 1
        item = ________
        e = e + item
    Loop While item ________ 0.000001
    Form1.Print "e="; e
End Sub
```

4．一个工程中有一个窗体 Form1 和一个标准模块 Module1，设在 Form1 中定义了过程 aa，在 Module1 中定义了过程 bb。

```
Sub aa(x, y, z)
    z = x * x + y * y
End Sub
Sub bb(x, y, z)
    z = x ^ 3 + y ^ 3
End Sub
```

当在 Form1 中单击命令按钮时，调用以上过程计算两个数的平方和和立方和，并分别将计算结果显示在文本框 Text3 和 Text4 中，试填空完成调用语句。

```
Private Sub Command1_Click()
    a = Val(Text1.Text)
    b = Val(Text2.Text)
    Call aa ________
    Text3.Text = c1
    bb ________
    Text4.Text = c2
End Sub
```

5．已知 Fibonacci 数列具有如下递推关系：

$$\begin{cases} f_1 = f_2 = 1 \\ f_n = f_{n-1} + f_{n-2} \qquad n \geqslant 3 \end{cases}$$

下面是计算此数列的函数，请填空完成以下程序。

```
Private Sub Command1_Click()
    a% = Val(Text1.Text)
    x = fib(a)
    Print x
End Sub
Function fib(n%)
    Select Case n%
    Case 1
        fib = 1
    Case 2
        fib = 1
    Case Else
        fib = ________
    End Select
End Function
```

三、程序阅读题

1．在窗体上添加一个命令按钮 Command1 和一个文本框 Text1，然后编写以下事件过程：

```
Private Sub Command1_Click()
    Dim x As Integer, y As Integer, z As Integer
    x = 3: y = 5: z = 0
    Text1.Text = ""
    Call p1(x, y, z)
    Text1.Text = Str(z)
End Sub
Private Sub p1(ByVal a As Integer, ByVal b As Integer, c As Integer)
    c = a + b
End Sub
```

程序运行后，单击命令按钮得到的结果是________。

2．在窗体上添加一个名称为 Text1 的文本框，一个名称为 Command1 的命令按钮，然后编写以下事件过程和通用过程：

```
Private Sub Command1_Click()
    n = Val(Text1.Text)
    If n\2 = n/2 Then
        f = f1(n)
    Else
        f = f2(n)
    End If
    Print f; n
End Sub
Public Function f1(ByRef x)
    x=x*x
    f1=x+x
End Function
Public Function f2(ByVal x)
    x=x*x
    f2=x+x+x
End Function
```

程序运行后，在文本框中输入 6，然后单击命令按钮，窗体上显示的结果是________。

3．在窗体上添加一个名称为 Command1 的命令按钮，并编写如下程序：

```
Private Sub Command1_Click()
    Dim x As Integer
    Static y As Integer
    x=10
    y=5
    Call f1(x,y)
Print x,y
End Sub
Private Sub f1(ByRef x1 As Integer, y1 As Integer)
    x1=x1+2
    y1=y1+2
End Sub
```

程序运行后，单击命令按钮，窗体上显示的结果是________。

4．以下程序的运行结果是________。

```
Private Sub Command1_Click()
    For i = 1 To 10
        GetValue i
    Next i
    Print GetValue(i)
End Sub
Private Function GetValue(ByVal a As Integer)
    Static S As Integer
    S = S + a
    GetValue = S
End Function
```

5．在窗体上添加一个名称为 Command1 的命令按钮，然后编写以下通用过程和命令按钮的事件过程：

```
Private Function f(m As Integer)
    If m Mod 2 = 0 Then
        f = m
    Else
        f = 1
    End If
End Function
Private Sub Command1_Click()
    Dim i As Integer
    s = 0
    For i = 1 To 5
        s = s + f(i)
    Next
    Print s
End Sub
```

程序运行后，单击命令按钮，窗体上显示的结果是________。

6．运行下列程序，单击命令按钮 Commandl 后，窗体上的显示结果是________。

```
Private Function fl(n As Integer) As Integer
    Static i As Integer
```

```
        While i <= n
            fl = fl + i
            i = i + 1
        Wend
    End Function
    Private Function f2(ByVal nl As Integer, n2 As Integer) As Integer
        Dim i As Integer
        Do While n2 >= n1
            f2 = f2 + n2
            n2 = n2 - 1
        Loop
    End Function
    Private Sub Command1_Click()
        Dim a As Integer, b As Integer
        Print fl(5)
        a = 1: b = 2
        Print f2(a, b)
        Print f2(b, a)
    End Sub
```

7．运行下列程序，单击窗体后的显示结果是________。

```
Sub prnt(b() As String * 1, n As Integer)
    Dim i As Integer
    For i = 1 To n
        Print b(i);
    Next i
    Print
End Sub
Private Sub Form_Click()
    Dim a(5) As String * 1, i As Integer
    For i = 1 To 5
        a(i) = Chr(Asc("A") + i - 1)
    Next i
    For i = 4 To 2 Step -1
        Call prnt(a, i)
    Next i
End Sub
```


四、编程题

1．编写一个 Sub 过程，实现两个数的交换。

2．编写 Sub 过程，将所给的字符串逆序输出。

3．编写函数过程，根据所给的半径，求圆的面积。

4．编写函数过程，将一个十进制整数转换成二至十六进制的字符串。

5．编写函数过程计算 s=a+aa+aaa+…+a…a(n 个 a)，n 和 a 由参数传递（0<n 与 a<10）。

6．编写函数过程 fsum，计算 Integer 类型一维数组 a 中所有元素之和。

第 7 章　常用控件与系统对象

本章要点

- 掌握基本控件的常用属性、事件和方法。
- 掌握窗体的添加和设置启动窗体的方法。
- 了解 ActiveX 控件的添加方法。

在前面第 2 章中已经介绍了窗体以及命令按钮、标签和文本框三种控件，本章将系统地介绍 Visual Basic 的其他常用控件和一些重要的高级控件。限于篇幅，本章不可能对所有的对象以及对象的所有属性、事件和方法作详细介绍，仅重点介绍编写应用程序时必须掌握的一些常用内容。如果读者需要进一步了解其他信息，请查阅 Visual Basic 的帮助系统和有关参考文献。

7.1　图片框与图像框

图片框（PictureBox）和图像框（Image）是 Visual Basic 中用来显示图形的两种常用控件，也是较难区分的两种控件。在 Visual Basic 的控件工具栏中如图 7-1 所示。

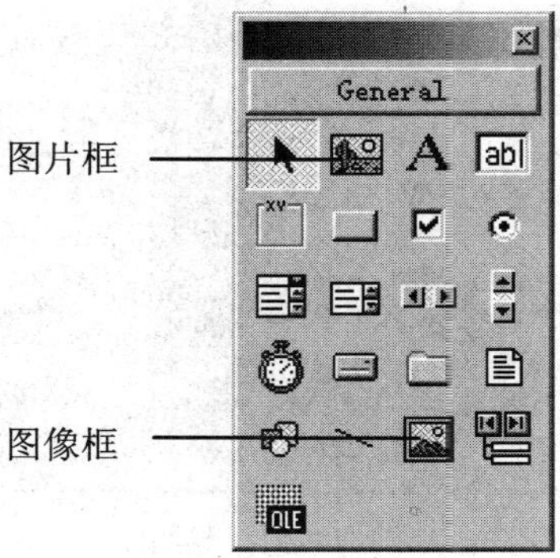

图 7-1　图片框和图像框控件

7.1.1　图片框（PictureBox）

图片框控件可以用来显示图片，也可作为其他控件的容器，还可显示用图形方法输出的图形以及用 Print 方法输出的文本。图片框控件有两个重要的属性：Picture 属性和 AutoSize 属性。

1. Picture 属性

图片框控件的主要作用是显示图片，实际显示的图片由其 Picture 属性决定，Picture 属性的设置有以下两种方法。

（1）在属性窗口中设置。在控件的“属性”窗口中选择 Picture 属性，单击右边的“…”按钮，就会出现“加载图片”对话框，从中选择所需的图形文件。

（2）运行期间用 LoadPicture ()函数设置 Picture 属性，使用格式如下：

<图片框名称>.Picture=LoadPicture(["图形文件名"])

其中，参数“图形文件名”包含全部路径名或有效路径名，若省略该参数，即 LoadPicture() 为清除图片框中的图片。

2. AutoSize 属性

图片框控件没有滚动条，也不能伸缩被装载的图片来适应图片框的大小，但可以设置其 AutoSize 属性值为 True，使得图片框自动调整大小与所显示的图片匹配，AutoSize 属性值默认为 False，表示图片框不能自动改变大小来适应其中的图片，加载的图片保持原始尺寸，若所加载的图片比控件大，则超出部分将被裁剪掉。如果要用 AutoSize 属性值设置为 True 的图片框，设计窗体时就需要特别小心，此时图片将不考虑窗体上的其他控件而调整大小，可能会覆盖其他控件。

图片框可以用作其他控件的容器，可以在图片框内放置其他控件，这些控件作为图片框的“子控件”将随图片框的移动而移动，它们的 Top 和 Left 属性是相对图片框而言的，与窗体无关。图片框内的控件不能移动到图片框外，当图片框大小改变时，这些控件在图片框中的相对位置将保持不变。

例 7-1 在窗体上添加一个图片框 Picture1 和三个命令按钮，程序运行后，单击“加载图片”按钮，将一张指定的图片装入图片框；单击“输出文字”按钮，在图片框中输出一行文字，运行界面如图 7-2 所示。

图 7-2 例 7-1 运行界面

程序代码如下：

（1）“加载图片”按钮 Command1 的 Click 事件代码：

```
Private Sub Command1_Click()
    Picture1.Picture = LoadPicture("C:\WINDOWS\Web\Wallpaper\Bliss.bmp")   '加载图片
End Sub
```

（2）“输出文字”按钮 Command2 的 Click 事件代码：

```
Private Sub Command2_Click()
    Picture1.FontSize = 20              '指定图片框的字号
    Picture1.FontName = "黑体"          '指定图片框的字体
    Picture1.ForeColor = vbRed          '指定图片框内的字体颜色
```

```
        Picture1.CurrentX = 400
        Picture1.CurrentY = 800              '指定文字输出位置
        Picture1.Print "Visual Basic 6.0"    '在图片框上输出文字
    End Sub
```

（3）“退出”按钮 Command3 的 Click 事件代码：

```
    Private Sub Command3_Click()
        End
    End Sub
```

7.1.2　图像框（Image）

图像框也可以用来显示图形文件，具体的使用方法与图片框类似。既可以在设计阶段给图像框控件的 Picture 属性赋值，也可以在运行阶段通过 LoadPicture()函数装入图形文件。

图像框与图片框的用法基本相同，但有以下区别：

（1）图像框比图片框占用的内存少，显示速度快，如果仅需显示图片，应尽量用图像框，除非图像框不能满足使用要求。

（2）图片框是容器控件，可以在其中放置其他控件，也可以在其中用 Print 方法输出文本以及用作图方法绘制图形等。而图像框不能作为容器控件，不能在其中放置其他控件，也不能用 Print 方法输出文本或用作图方法绘制图形。

（3）将图形文件装入图片框时，图片不能随图片框的尺寸调整大小。如果其 AutoSize 属性为 True 时，图片框可以调整大小以适应图片的大小(注意：不是图片改变大小)；当图片框的 AutoSize 属性为 False 时，图片框不能改变大小。

图像框可以通过设置其 Stretch 属性值为 True，使得所加载的图片能自动变化大小以适应图像框的大小（注意：是图片改变大小）；Stretch 属性值默认为 False，图像框会自动改变大小以适应图片的大小，使图片充满图像框，若图片太大，以至图像框即使扩充到窗口边界仍达不到图片大小时，则只能显示图片的一部分。

7.2　单选按钮与复选框

单选按钮（OptionButton）和复选框（CheckBox）都是提供选择项的控件，常用于选项不多的情况。在 Visual Basic 的控件工具栏中如图 7-3 所示。

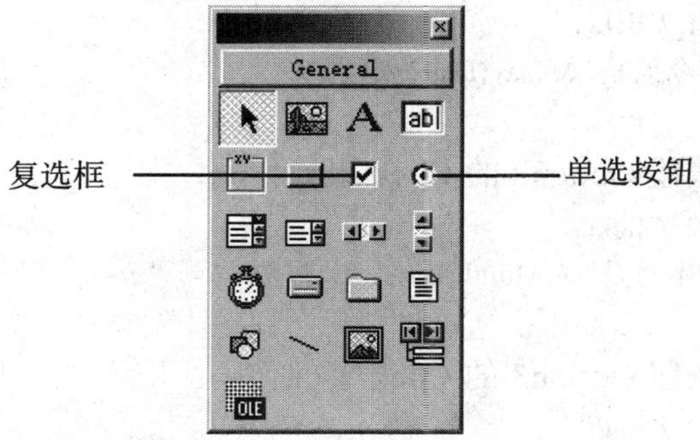

图 7-3　单选按钮和复选框

7.2.1 单选按钮（OptionButton）

单选按钮是由一个圆圈○和标题文字组成，圆圈⊙内有黑点表示该项被选中，若圆圈○内是空白表示该项未被选中。单选按钮使用时经常用多个控件构成一个组，同一时刻只能选择同一组中的一个单选按钮，因此，经常将单选按钮放在一个框架中构成一个选项组。

1．常用属性

（1）Caption 属性。设置单选按钮显示的标题文字，说明单选按钮的功能。默认状态下显示在单选按钮的右边，也可以用 Alignment 属性改变标题文字的位置。

（2）Alignment 属性。设置标题文字的位置，其属性取值有以下两种：

- 0—Left Justify：标题文字显示在单选按钮的右边，默认设置；
- 1—Right Justify：标题文字显示在单选按钮的左边。

（3）Value 属性。表示单选按钮的状态，其属性值为逻辑型，取值有以下两种：

- True：表示该选项被选中，运行时该单选按钮的圆圈⊙内有一个黑点；
- False：表示该选项未被选中，默认设置。

（4）Style 属性。设置单选按钮的显示方式，其属性取值有以下两种：

- 0—Standard：单选按钮以标准样式显示，默认设置；
- 1—Graphical：单选按钮以命令按钮样式显示，按下表示选中，弹起表示未被选中。

2．常用方法

单选按钮的常用方法是SetFocus方法，可以在程序代码中通过该方法将Value属性值设置为True。使用该方法之前，必须要保证单选按钮当前处于可见和可用状态（即Visible和Enabled属性值都为True）。

3．常用事件

单选按钮的常用事件为 Click 事件。单击单选按钮，或其 Value 值变为 True 时触发该事件。

例 7-2 在窗体上添加一个文本框 Text1 和三个单选按钮，程序运行后，单击某个单选按钮，就可以在文本框中显示其对应的内容（日期、月份或年份）。运行界面如图 7-4 所示。

图 7-4 例 7-2 的运行界面

程序代码如下：

（1）“日期”单选按钮 Option1 的 Click 事件代码：

```
Private Sub Option1_Click()
    Text1.Text = "今天是" & Day(Date) & "号"
End Sub
```

（2）“月份”单选按钮 Option2 的 Click 事件代码：

```
Private Sub Option2_Click()
    Text1.Text = "本月是" & Month(Date) & "月份"
End Sub
```

（3）“年份”单选按钮 Option3 的 Click 事件代码：

```
Private Sub Option3_Click()
    Text1.Text = "今年是" & Year(Date) & "年"
End Sub
```

7.2.2　复选框（CheckBox）

复选框是由一个小的方框□和标题文字组成，方框□中有“√”表示该项被选中，若方框□中是空白表示该项未被选中，除此之外，复选框还有一个不确定的中间状态，此时方框□是灰色的并有“√”。复选框与单选按钮的最大区别在于：在同一组单选按钮中，只能有一个且必须有一个被选中，主要用于多选一的情况；而同一组复选框中，可以同时选中多个，也可以不选中其中任何一个，主要用于选择两个不同状态的情况，如开、关两种状态。

1. 常用属性

复选框的常用属性如 Caption、Alignment、Style 等属性同单选按钮。复选框也有 Value 属性，但与单选按钮不同，该控件的 Value 属性值为数值型数据（单选按钮的 Value 属性为逻辑型），其属性取值有以下三种：

- 0—Unchecked：表示该项未被选中，默认设置；
- 1—Checked：表示该项被选中；
- 2—Grayed：表示状态不确定，此时复选框显示为灰色。

2. 常用方法

复选框的常用方法是 SetFocus 方法，但与单选按钮不同的是该方法只能使其获得焦点，并不能改变其 Value 值。在复选框获得焦点后可以按空格键修改其状态。

3. 常用事件

同单选按钮一样，复选框最常用的事件是 Click 事件。除了单击复选框可以触发该事件外，只要其 Value 值改变也可触发该事件。

例 7-3　在窗体上添加 1 个文本框 Text1 和 4 个复选框，文本框默认字体为宋体、黑色，程序运行后，通过单击某个复选框来对文本框中的文字进行相关的修饰。运行界面如图 7-5 所示。

图 7-5　例 7-3 的运行界面

程序代码如下：

（1）“楷体”复选框 Check1 的 Click 事件代码：

```
Private Sub Check1_Click()
    If Check1.Value = 1 Then
        Text1.FontName = "楷体_GB2312"
    Else
        Text1.FontName = "宋体"
    End If
End Sub
```

（2）“倾斜”复选框 Check2 的 Click 事件代码：

```
Private Sub Check2_Click()
    Text1.FontItalic = Check2.Value
End Sub
```

（3）“加粗”复选框 Check3 的 Click 事件代码：

```
Private Sub Check3_Click()
    Text1.FontBold = Check3.Value
End Sub
```

（4）“红色”复选框 Check4 的 Click 事件代码：

```
Private Sub Check4_Click()
    If Check4.Value = 1 Then
        Text1.ForeColor = vbRed
    Else
        Text1.ForeColor = vbBlack
    End If
End Sub
```

7.3　列表框和组合框

列表框（ListBox）和组合框（ComboBox）也是提供选择项的控件，常用于选项较多的情况，当列表框或组合框不能同时显示所有选项时，Visual Basic 会自动加上滚动条。在 Visual Basic 的控件工具栏中如图 7-6 所示。

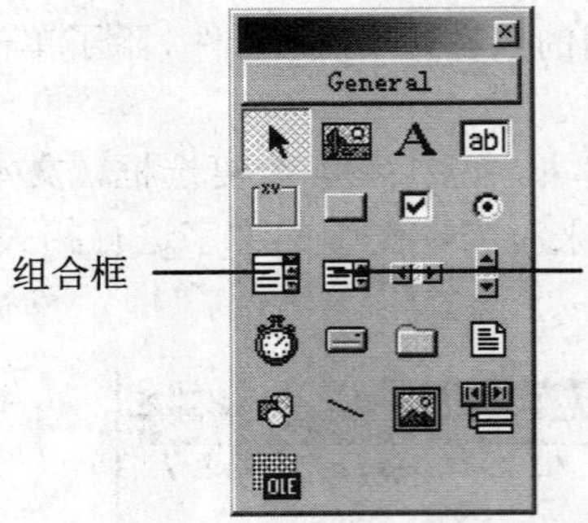

图 7-6　列表框和组合框

7.3.1　列表框（ListBox）

列表框控件用于显示选项列表，用户可以从中选择一个或多个列表项。

1．常用属性

（1）List 属性。它是一个一维字符串数组，数组中元素的值就是在执行时看到的列表项，数组下标的下界为 0，上界为 ListCount-1。设计时可以在属性窗口中通过 List 属性来建立初始选项列表（可以使用 Ctrl+Enter 组合键换行），运行时可以通过 List 数组获得或修改列表框中相应列表项的字符串值。List1.List(0)对应列表框 List1 的第一个列表项，List1.List(1)对应第二个列表项，……，依此类推，List1.List(List1.ListCount-1)对应最后一个列表项。

（2）ListCount 属性。它表示列表框中所有列表项的总数。该属性是只读属性，只能在程序代码中引用，而不能直接设置其值。

（3）ListIndex 属性。它表示程序执行时当前被选中列表项的下标。若第一个列表项被选中，该属性值为 0，若第二个列表项被选中，该属性值为 1，依此类推，若当前没有列表项被选中，该属性值为-1。可以用表达式 List1.List(List1.ListIndex)返回列表框 List1 当前选中项的字符串。该属性也是只读属性，只能在程序代码中引用，而不能直接设置其值。

（4）Text 属性。它表示列表框中当前被选中列表项的文本内容，若当前没有列表项被选中，Text 属性值为空字符串。例如，对于列表框 List1，若有列表项被选中，则 List1.Text 的值与 List1.List(List1.ListIndex)的值相同。该属性只能在程序代码中引用，设计时不可用。

（5）Selected 属性。它是一个与 List 数组中各个元素相对应的逻辑型数组，记录 List 数组中每个列表项是否被选中。例如，若 List1.List(1)被选中，即第二项被选中，则 List1.Selected(1)的值为 True；若 List1.List(1)未被选中，则 List1.Selected(1)的值为 False。可以利用这个属性在程序中检测或设置某个列表项是否被选中，该属性在设计时不可用。

（6）MultiSelect 属性。设置列表框是否支持多选。其属性取值有以下三种：

- 0—None：表示不允许多选，用户一次只能选择一个，默认设置；
- 1—Simple：表示简单多选，可以单击鼠标或按 Space 键来选择多项，但一次只能增减一个列表项；
- 2—Extended：表示扩展多选，可利用与 Shift 键或 Ctrl 键的配合来进行连续或不连续的多项选择。

（7）SelCount 属性。如果 MultiSelect 属性设置为 1 或 2，则这个属性反映出列表框中被选中列表项的数目。它通常与 Selected 数组一起使用，用于处理列表框中所选的列表项。

（8）Style 属性。设置列表框的外观样式，该属性只能在设计时设置。其属性取值有以下两种：

- 0—Standard：标准样式，默认设置；
- 1—CheckBox：复选框样式。若 Style 属性值为 1 时，则无论 MultiSelect 属性为何值，列表框均支持多项选择。

（9）Sorted 属性。设置列表框中的列表项是否按字母顺序排列显示，该属性只能在设计时设置。其属性取值有以下两种：

- True：列表框中的列表项按字母顺序排列显示；
- False：列表框中的列表项按添加的先后顺序显示。

（10）Columns 属性。设置列表框中显示列表项的列数。其属性取值如下：

- 0：单列显示，列表项多时自动添加垂直滚动条，默认设置；
- n≥1：多列显示，显示 n 列，列表项多时自动添加水平滚动条。

2. *常用方法*

列表框中的列表项可以在设计状态下通过 List 属性来设置，也可在程序代码中使用 AddItem 方法来添加新列表项，或使用 RemoveItem 或 Clear 方法来删除列表项。

（1）AddItem 方法。它用于往列表框中添加新列表项。使用格式为：

```
<列表框名称>.AddItem Item[,Index]
```

其中，参数 Item 是一个字符串表达式，用来指定添加到列表框中的列表项值；参数 Index 是一个整数，用来指定新列表项在列表框中的位置（第一项的 Index 为 0），如果省略 Index，当 Sorted 属性设置为 True 时，Item 将添加到恰当的排序位置，当 Sorted 属性设置为 False 时，

Item 将添加到选项列表的尾部。

例如，将字符串“Beijing”添加到列表框 List1 中作为第 2 项，可使用下面的语句：

```
List1.AddItem "Beijing", 1
```

（2）RemoveItem 方法。它用于从列表框中删除一项。使用格式为：

```
<列表框名称>.RemoveItem Index
```

其中，参数 Index 是指被删除列表项在列表框中的位置（第一项的 Index 为 0）。Index 指定位置的列表项被删除后，它后面的列表项均上移一行，相关属性自动调整。

例如，要删除列表框 List1 中当前被选中的列表项，可使用下面的语句：

```
List1.RemoveItem List1.ListIndex
```

（3）Clear 方法。它用于清除列表框中的所有列表项。使用格式为：

```
<列表框名称>.Clear
```

例如，要清除列表框 List1 中的所有列表项，可使用下面的语句：

```
List1.Clear
```

3. 常用事件

（1）Click 事件。当单击某一列表项时，将触发列表框的 Click 事件。该事件发生时系统会自动改变列表框的 ListIndex、Selected、Text 等属性，无需另行编写代码。

（2）DblClick 事件。当双击某一列表项时，将触发列表框的 DblClick 事件。

注意：如果在列表框中没有列表项的空白区域单击或双击不会触发这两个事件。

例 7-4 设计一个能对列表框中列表项进行添加、修改和删除操作的应用程序。运行结果如图 7-7 所示。

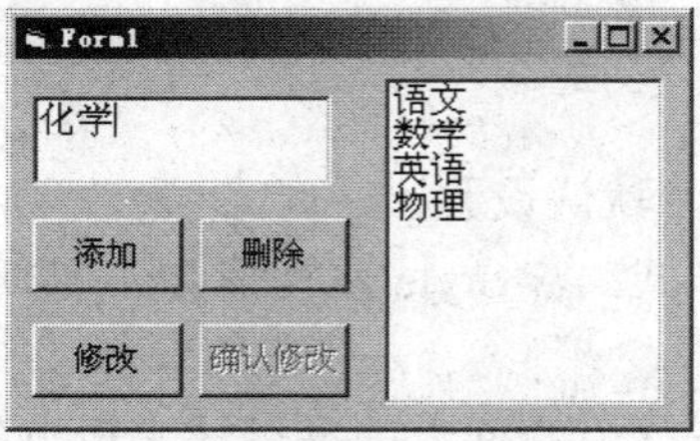

图 7-7 例 7-4 的运行界面

程序代码如下：

（1）窗体的 Load 事件代码：

```
Private Sub Form_Load()
    List1.AddItem "语文"                   '在列表框中添加初始内容
    List1.AddItem "数学"
    List1.AddItem "英语"
    List1.AddItem "物理"
    Command4.Enabled = False               '使“确认修改”按钮无效
End Sub
```

（2）“添加”按钮 Command1 的 Click 事件代码：

```
Private Sub Command1_Click()
    If Text1.Text <> "" Then               '若文本框不为空，
        List1.AddItem Text1.Text           '将文本框内容作为列表项添加到列表框中
        Text1.Text = ""                    '添加完成后，清空文本框
    End If
End Sub
```

（3）“删除”按钮 Command2 的 Click 事件代码：

```
Private Sub Command2_Click()
    List1.RemoveItem List1.ListIndex        '删除列表框中指定列表项
End Sub
```

（4）“修改”按钮 Command3 的 Click 事件代码：

```
Private Sub Command3_Click()
    Text1.Text = List1.Text                 '将列表框选中的列表项显示在文本框中
    Text1.SetFocus                          '将焦点置于文本框中
    Command1.Enabled = False                '使“添加”按钮无效
    Command2.Enabled = False                '使“删除”按钮无效
    Command3.Enabled = False                '使“修改”按钮无效
    Command4.Enabled = True                 '使“确认修改”按钮有效
End Sub
```

（5）“确认修改”按钮 Command4 的 Click 事件代码：

```
Private Sub Command4_Click()
    Command1.Enabled = True                 '使“添加”按钮有效
    Command2.Enabled = True                 '使“删除”按钮有效
    Command3.Enabled = True                 '使“修改”按钮有效
    Command4.Enabled = False                '使“确认修改”按钮无效
    '将文本框中修改后的内容送回列表框，替换原列表项，实现修改
    List1.List(List1.ListIndex) = Text1.Text
    Text1.Text = ""                         '修改完成后，清空文本框
End Sub
```

7.3.2　组合框（ComboBox）

组合框控件将文本框和列表框的功能结合在一起，用户可以在列表中选择某项或在文本框内直接输入文本内容来选定项目。通常，组合框适用于创建建议性的选项列表，即用户除了可以从列表中进行选择外，还可以通过文本框将不在列表中的选项输入到列表区域中（需编程实现）；列表框则适用于将用户的选择限制在列表之内的情况。

由于组合框可以看成是列表框和文本框构成的组合体，所以组合框拥有文本框与列表框大多数的常用属性、方法及事件。

1. 常用属性

组合框不支持多选，没有 MultiSelect、SelCount、Selected 属性。

（1）与文本框相同的属性。组合框与文本框相同的属性有：Text、SelText、SelStart、SelLength 等属性。

（2）与列表框相同的属性。组合框与列表框相同的属性有：List、ListCount、ListIndex、Sorted 等属性。

（3）Style 属性。设置组合框的外观样式。其属性取值有以下三种：

- 0—Dropdown Combo：下拉式组合框，包括一个文本框和一个可下拉的列表，可以从列表中选择或在文本框中输入，默认设置；
- 1—Simple Combo：简单组合框，包括一个文本框和一个直接显示的列表，可以从列表中选择或在文本框中输入。设计时，默认状态下的简单组合框不显示列表，可以增加 Height 属性值来显示列表的更多部分。

- 2—Dropdown List：下拉式列表框，这种样式与下拉式组合框类似，区别在于下拉式列表框仅允许从下拉列表中进行选择，不能从文本框中输入。

2. *常用方法*

组合框的 AddItem、RemoveItem、Clear 方法均与列表框相同。

虽然组合框可以看作由文本框和列表框组成，但组合框并不会自动地把用户在文本框中输入的内容作为一个新列表项添加到列表中，若要想把文本框输入的内容添加到列表中，可在适当的事件过程中使用下面的语句：

组合框名称.AddItem 组合框.Text

3. *常用事件*

（1）Click 事件。当单击某一列表项时，将触发组合框的 Click 事件。

（2）DblClick 事件。当双击某一列表项时，将触发简单组合框的 DblClick 事件。

（3）Change 事件。当用户通过键盘输入改变下拉式组合框或简单组合框控件的文本框内容，或者通过代码改变了它们的 Text 属性值时，将触发其 Change 事件。

注意：尽管单击事件也改变组合框的 Text 属性值，但不触发 Change 事件，只有通过键盘改变其 Text 属性值时，才触发 Change 事件，下拉式列表框不接受键盘输入。

例 7-5 编写程序来判断 2～100 之间任意选定的一个数是否是素数。程序运行时，在组合框中列出这些整数，用户在组合框中选择任意一个数，判断该数是否是素数，将判断结果显示在标签中。运行结果如图 7-8 所示。

图 7-8 例 7-5 的运行界面

程序代码如下：

（1）窗体的 Load 事件代码：

```
Private Sub Form_Load()
    Dim i As Integer
    For i = 2 To 100
        Combo1.AddItem i
    Next i
End Sub
```

（2）组合框 Combo1 的 Click 事件代码：

```
Private Sub Combo1_Click()
    Dim m As Integer, n As Integer
    m = Val(Combo1.Text)
    n = Int(Sqr(m))
    For i = 2 To n
        If m Mod i = 0 Then
            Exit For
        End If
    Next i
    If i <= n Then
        Label1.ForeColor = vbRed
        Label1.Caption = Combo1.Text & "不是一个素数！"
    Else
        Label1.ForeColor = vbBlue
        Label1.Caption = Combo1.Text & "是一个素数！"
    End If
End Sub
```

（3）“结束”按钮的 Click 事件代码：

```
Private Sub Command1_Click()
    End
End Sub
```

7.4　框架（Frame）

框架是一个左上方有标题文字的方框。它是一种容器控件，主要作用是对窗体上的控件进行视觉上的分组，使得窗体上的内容显得较有条理。例如将单选按钮分成若干组，这样每组同时只能选择一个单选按钮，而整个窗体在同一时刻则可以选择不同组的多个单选按钮。在 Visual Basic 的控件工具栏中如图 7-9 所示。

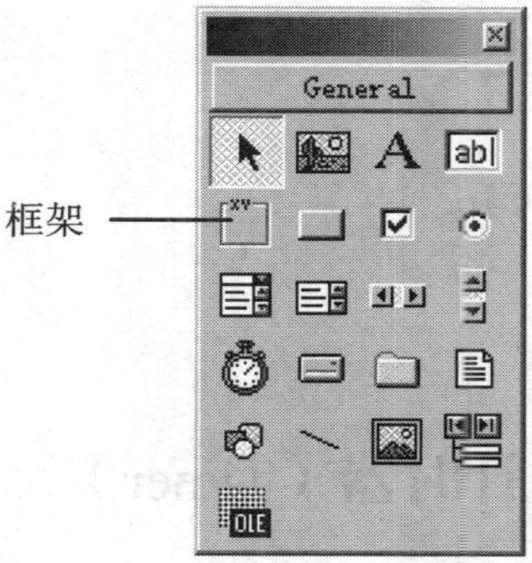

图 7-9　框架

使用框架控件将其他控件分组时，应该先在窗体上绘制框架，然后激活框架，再在框架中绘制其他控件，这样才能将其他控件添加到框架中。如果希望将已存在的若干控件放在某个框架中，可以先选择这些控件，将它们剪切，然后粘贴到框架中。

对框架的操作也是对其内部控件的操作，框架内部的控件受到框架的 Enabled、Visible 等属性的控制，会随框架一起移动、屏蔽和隐藏。如果将框架的 Enabled 属性值设为 False，则在程序执行期间，该框架的标题文字显示为灰色，框架内所有控件均被屏蔽，不允许操作；如果将框架的 Visible 属性值设为 False，则在程序执行期间，框架及框架内所有控件均被隐蔽起来。

框架的常用属性有 Caption 属性，用于设置框架左上方的标题文字，若其属性值为空字符，则框架为封闭的矩形框。除 Caption 属性外，一般情况下框架很少使用其他的属性、方法和事件。

例 7-6　设计如图 7-10 所示的界面，程序运行时，选择好相应的字体、字号和字形后，单击“显示”按钮在文本框内显示结果（字号框架内的组合框在窗体加载时初始化列表内容为 12～28 之间的偶数值）。

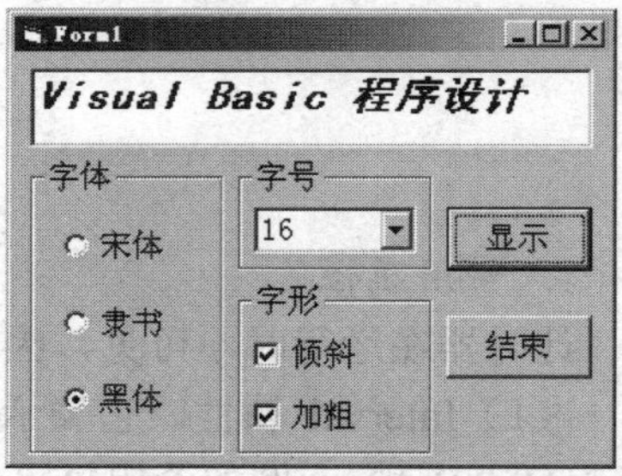

图 7-10　例 7-6 的运行界面

程序代码如下：

（1）窗体的 Load 事件代码：

```
Private Sub Form_Load()
```

```
        Dim i As Integer
        For i = 12 To 28 Step 2
            Combo1.AddItem i        '添加组合框初始内容
        Next i
    End Sub
```

（2）“显示”按钮的 Click 事件代码：

```
    Private Sub Command1_Click()
        '设置字体
        If Option1.Value Then Text1.FontName = "宋体"
        If Option2.Value Then Text1.FontName = "隶书"
        If Option3.Value Then Text1.FontName = "黑体"
        '设置字号
        Text1.FontSize = Val(Combo1.Text)
        '设置字形
        Text1.FontItalic=Check1.Value
        Text1.FontBold=Check2.Value
    End Sub
```

（3）“结束”按钮的 Click 事件代码：

```
    Private Sub Command2_Click()
        End
    End Sub
```


7.5 计时器（Timer）

计时器控件又称时钟控件、定时器控件，可以有规律地每隔一定的时间就触发一次 Timer 事件而执行相应的程序代码，适合编写不需要与用户进行交互即可直接执行的代码，如计时、动画等。一个窗体可以使用多个计时器控件，它们各自的时间间隔相互独立。在 Visual Basic 的控件工具栏中如图 7-11 所示。

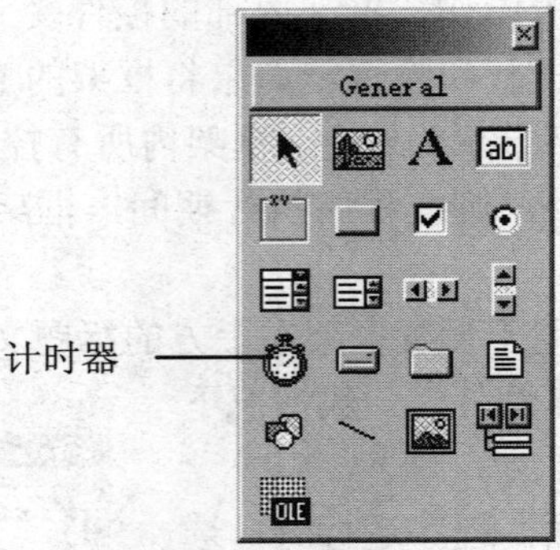

图 7-11　计时器

1. 常用属性

计时器在运行时不可见，因此没有 Visible、Width 和 Height 属性。

（1）Interval 属性。它表示计时器控件计时的时间间隔，取值范围为 0～65535，单位为毫秒（0.001 秒）。例如希望每隔半秒做一件事情，可将时钟控件的该属性值设置为 500，如果将该属性值设置为 0，则计时器停止工作。

（2）Enabled 属性。计时器的 Enabled 值为 True，且 Interval 属性值大于 0 时，计时器开始工作，若 Enabled 值为 False，则计时器无效。

2. 常用方法

系统没有为计时器控件提供有关方法。

3. 常用事件

计时器控件只能响应 Timer 事件，当 Enabled 属性值为 True 且 Interval 属性值大于 0 时，该事件以 Interval 属性指定的时间间隔触发，可以将定时执行的操作放在该事件过程中完成。

例 7-7　设计一个简单的动画程序，如图 7-12 所示。程序运行时，单击“移动”按钮，标签（AutoSize 属性值设为 True）自右向左每 0.1 秒移动一次，每次向左移动 100 twip，一旦整个标签移出了窗体左端，则标签再从窗体的右端开始移动；单击“暂停”按钮暂停移动（设计时将计时器 Timer1 的 Enabled 属性值设为 False）。

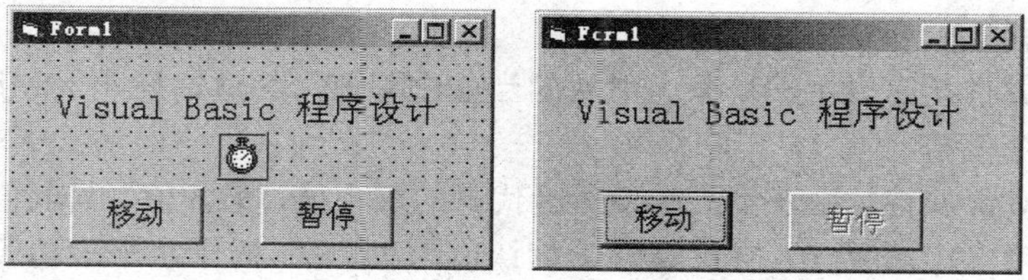

图 7-12　例 7-7 的设计和运行界面

程序代码如下：

（1）“移动”按钮的 Click 事件代码：

```
Private Sub Command1_Click()
    Timer1.Enabled = True
    Command1.Enabled = False
    Command2.Enabled = True
End Sub
```

（2）“暂停”按钮的 Click 事件代码：

```
Private Sub Command2_Click()
    Timer1.Enabled = False
    Command1.Enabled = True
    Command2.Enabled = False
End Sub
```

（3）计时器控件 Timer1 的 Timer 事件代码：

```
Private Sub Timer1_Timer()
    If Label1.Left + Label1.Width > 0 Then
        Label1.Left = Label1.Left - 100
    Else
        Label1.Left = Form1.Width
    End If
End Sub
```

7.6　滚动条（HScrollBar 和 VScrollBar）

滚动条是一种常用来取代用户输入的控件，特别适用于不需要精确输入数据的场合。滚动条分为两种：水平滚动条（HScrollBar）和垂直滚动条（VScrollBar）。除了方向之外，它们的功能和操作都是相同的。在 Visual Basic 的控件工具栏中如图 7-13 所示。

图 7-13　水平滚动条和垂直滚动条

1. 常用属性

（1）Value 属性。它表示滚动条内滑块的当前位置值，其值始终介于 Min 和 Max 属性值之间（包括这两个值）。

（2）Min、Max 属性。这表示滚动条所能代表的最小值、最大值，其取值范围为-32768～32767。Min 属性的默认值为 0，Max 属性的默认值为 32767。对于水平滚动条来说，最左边为 Min，最右边为 Max；对于垂直滚动条来说，最上面为 Min，最下面为 Max。

（3）SmallChange 属性。它表示当用户单击滚动条两侧的滚动箭头时，其 Value 属性值的改变量。该属性值默认为 1。

（4）LargeChange 属性。它表示当用户单击滚动条的空白区域时，其 Value 属性值的改变量。该属性值默认为 1。

2. 常用方法

滚动条也具有 Move、SetFocus 等方法，但这些方法在程序设计中很少使用，这里不作讨论。

3. 常用事件

（1）Change 事件。在程序运行过程中，每当滚动条的 Value 属性值发生变化时，就会触发 Change 事件。单击滚动箭头，或单击滑块与箭头之间的空白区域，以及沿着滚动条拖动滑块的动作结束时，滚动条的 Value 属性值就会发生变化，即会触发 Change 事件。

（2）Scroll 事件。当滚动条内的滑块被拖动时会连续触发 Scroll 事件。

在实际编程中，常用 Scroll 事件过程来跟踪滚动条在拖动滑块时数值的动态变化情况。由于在单击滚动条或滚动箭头时，将产生 Change 事件，因此常利用 Change 事件来获得滚动条变化后 Value 属性的最终值。

例 7-8　在窗体上放置一个文本框 Text1 和一个水平滚动条 HScroll1，将滚动条的 Max、Min 属性值分别设置为 60、8。程序运行时，拖动滚动条内的滑块，文本框内将显示滚动条内滑块的位置值；一旦滚动条的 Value 属性值发生变化时，文本框内的字体大小即改变为当前滚动条的 Value 属性值，运行界面如图 7-14 所示。

图 7-14　例 7-8 的运行界面

程序代码如下：

（1）滚动条的 Change 事件代码：

```
Private Sub HScroll1_Change()
    Text1.FontSize = HScroll1.Value
End Sub
```

（2）滚动条的 Scroll 事件代码：

```
Private Sub HScroll1_Scroll()
    Text1.Text = HScroll1.Value
End Sub
```

7.7　多窗体

在实际应用中，一个应用程序中往往不止一个窗体。为此，Visual Basic 6.0 为用户提供了多窗体程序设计。多窗体（Multi-Form）是指一个应用程序中有多个并列的窗体，每个窗体都可以有自己的界面和程序代码，完成不同的功能。用户可以利用多窗体来设计功能更加强大、结构更加复杂的应用程序。

7.7.1　多窗体程序的基本操作

1．添加窗体

可以通过“工程”菜单中的“添加窗体”命令或工具栏上的“添加窗体”按钮，也可以在工程资源管理器窗口内的工程名称或窗体名称上右击，在弹出的快捷菜单中选择“添加→添加窗体”命令来打开“添加窗体”对话框，如图 7-15 所示。

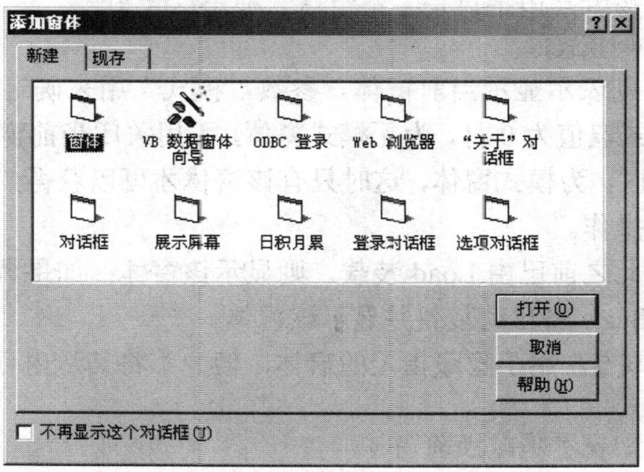

图 7-15　“添加窗体”对话框

对话框中的“新建”选项卡用于创建一个新窗体，列表框中列出了各种新窗体的类型，选择其中的“窗体”选项时，建立一个空白的新窗体；选择其他选项时，则建立一个预定义了某些功能的窗体。单击“打开”按钮，一个新的窗体被加入到当前工程中，同时会显示在屏幕上。如果添加已存在的窗体，则选择“现存”选项卡。

2．删除窗体

在工程资源管理器中右击要删除的窗体，在弹出的快捷菜单中选择“移除”命令，或在工程资源管理器中选中要删除的窗体，再选择“工程”菜单中的“移除”命令来删除不需要的窗体。这种删除只是将窗体从工程中删除，并没有将窗体文件从磁盘中删除，需要时还可以将该窗体重新添加进工程中。

3. 多窗体程序的保存

要保存一个多窗体程序时，可选择“文件”菜单中的“保存工程”或“工程另存为”命令，系统将弹出对话框，并依次提示用户保存该程序中的每个文件，如标准模块文件（*.bas）、窗体文件（*.frm）和工程文件（*.vbp）等。

7.7.2 有关的语句与方法

在单窗体程序设计中，所有的操作都在一个窗体中完成，不需要在多个窗体间切换。而在多窗体程序中，需要打开、关闭、隐藏或显示指定的窗体，这可以通过相应的语句和方法来实现。

（1）Load 语句。该语句用于把一个窗体装入内存，但并未显示到屏幕上。一个窗体只有被装入内存后才能进行显示和操作。使用格式为：

```
Load 窗体名称
```

（2）UnLoad 语句。该语句用于清除内存中的窗体，不管窗体是隐藏在内存中还是显示在屏幕上。使用格式为：

```
UnLoad 窗体名称
```

在多窗体程序中，经常会使用关键字 Me 来表示当前程序代码所在的窗体，如卸载当前窗体，可使用下面的语句：

```
UnLoad Me
```

（3）Show 方法。该方法用于显示一个窗体。使用格式为：

```
[窗体名称 ].Show [模式]
```

如果省略窗体名称则表示显示当前窗体。参数“模式”用来确定窗体的显示状态，可以取 0 和 1 两种值，当模式取值为 0 时，为无模式窗体，不用关闭当前窗体也可对其他窗口进行操作；当模式取值为 1 时，为模式窗体，这时只有该窗体才可以获得焦点，只能在关闭该窗体后才能对其他窗体进行操作。

如果指定的窗体在此之前已由 Load 装载，则显示该窗体；如果调用 Show 方法时指定的窗体没有装载，Visual Basic 将自动装载并显示该窗体。

（4）Hide 方法。该方法用于隐藏指定的窗体，但并不将其从内存中清除。使用格式为：

```
[窗体名称].Hide
```

如果省略窗体名称则表示隐藏当前窗体。

7.7.3 指定启动窗体

Visual Basic 6.0 规定，对于一个多窗体程序必须要指定一个窗体作为启动窗体，默认情况下，第一个创建的窗体被指定为启动窗体。只有启动窗体才能在程序运行时自动显示出来，其他窗体必须通过 Show 方法才能看到。

若要指定其他窗体或 Sub Main 子过程为启动对象，可以选择“工程”菜单的“工程属性”命令，系统将弹出“工程属性”对话框，可以从“通用”选项卡的“启动对象”组合框中选择启动对象，如图 7-16 所示。

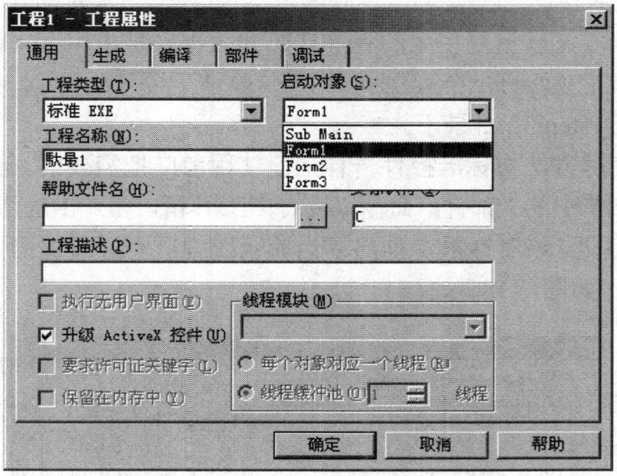

图 7-16　指定启动窗体

例 7-9　设计一个包括两个窗体的多窗体程序，运行时单击第一个窗体将显示第二个窗体，隐藏第一个窗体；单击第二个窗体将显示第一个窗体，隐藏第二个窗体，如图 7-17 所示。

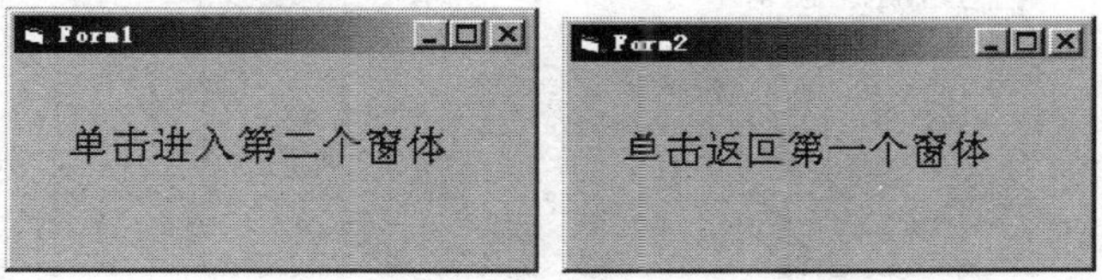

图 7-17　例 7-9 的运行界面

程序代码如下：

（1）第一个窗体 Form1 的 Click 事件代码：

```
Private Sub Form_Click()
    Me.Hide          '隐藏当前第一个窗体
    Form2.Show       '显示第二个窗体
End Sub
```

（2）第二个窗体 Form2 的 Click 事件代码：

```
Private Sub Form_Click()
    Me.Hide          '隐藏当前第二个窗体
    Form1.Show       '显示第一个窗体
End Sub
```

7.8　ActiveX 控件

Visual Basic 的工具箱为用户提供了 20 种标准控件，利用这些控件用户可以十分方便地创建出符合 Windows 界面风格的应用程序，但是利用这些标准控件无法直接设计出工具栏、选项卡、进度条、带图标的组合框等 Windows 应用程序的常见界面。为帮助用户解决此问题，微软公司以及一些第三方厂商开发了许多扩展的高级控件，这些控件被称为 ActiveX 控件。目前，在Internet上可以下载的ActiveX控件大约有一千多个，这些ActiveX控件大大增强了Visual Basic 的编程能力和灵活性。

ActiveX 控件是一段可以重复使用的程序代码和数据，是由用 ActiveX 技术创建的一个或多个对象组成的扩展名为.ocx 的独立文件，一般情况下 ActiveX 控件被安装和注册在 C:\windows\system 或 system32 目录下。

ActiveX 控件的使用方法与标准控件一样，但使用前应把需要的 ActiveX 控件添加到工具箱中。选择“工程”菜单中的“部件”命令，或右击工具箱，在弹出的快捷菜单中选择“部件”命令，打开“部件”对话框，该对话框中列出了当前系统中所有注册过的 ActiveX 部件、ActiveX 设计器和可插入对象，如图 7-18 所示。

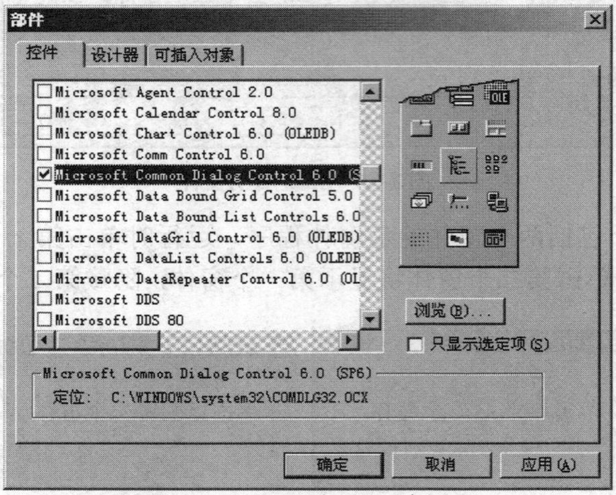

图 7-18 “部件”对话框

选中需要使用的 ActiveX 控件（选中后左边的复选框中有个“√”），然后单击“确定”按钮，就可将选中的 ActiveX 控件添加到工具箱中。例如要加载通用对话框，可选中 Microsoft Common Dialog Control 6.0 选项。

如果要将其他的 ActiveX 控件加入“部件”对话框，可以单击“部件”对话框的“浏览”按钮，打开“添加 ActiveX 控件”对话框，找到扩展名为.ocx 的文件，单击“打开”按钮即可。

事实上，用户除了可以使用已经设计好的 ActiveX 控件外，还可以通过 Visual Basic 提供的 ActiveX 设计器自己设计 ActiveX 控件。

7.9 常用系统对象

除了窗体和控件这两种使用较多的对象外，Visual Basic 还提供了一些系统对象，只要运行应用程序，这些对象就自动生成，并可随时在程序中使用。

7.9.1 App 对象

该对象表示当前正在运行的程序。常用属性有：

（1）ExeName：表示当前可执行文件的文件名（不包括扩展名），该属性值是一个字符串。

（2）Path：表示当前程序所在的路径，该属性值是一个字符串。

（3）PreInstance：用于检查系统是否已有一个实例在运行，该属性值是一个逻辑值。

（4）TaskVisible：用于测试当前正在运行的程序是否显示在 Windows 系统的任务栏中，该属性值是一个逻辑值。

（5）Major、Minor、Revision：分别返回应用程序的主版本号、小版本号、修订版本号。

在程序设计中，通常用 App 对象指定应用程序文件所在的路径。例如下面的语句：

```
Open App.Path & "1.txt" For Output As #1
```

为写操作打开（建立）一个顺序文件，该文件名为“1.txt”，其路径与应用程序的存盘路径相同。

Windows 是多任务系统，允许同一个程序同时多次运行，这样会造成资源浪费，如果在启动窗体的 Load 事件中加入如下代码，则可以避免出现这种情况。

```
If App.PreInstance Then
    MsgBox "该应用程序正在运行，退出"
    End
End If
```

7.9.2　Clipboard 对象

在 Windows 应用程序中，经常用到剪贴板功能，就是将所需的内容选中，复制到内存的临时存放区（剪贴板上），然后再从剪贴板上将其粘贴到需要的地方。

Visual Basic 提供了剪贴板（Clipboard）对象，可以在文本框中增加有关剪贴板的操作，并利用剪贴板实现文本的复制和粘贴。剪贴板的常用方法有：

（1）Clear 方法。该方法清除剪贴板上的内容，使用格式为：

```
Clipboard.Clear
```

（2）SetText 方法。该方法将数据拷贝到剪贴板，使用格式为：

```
Clipboard.SetText  数据
```

（3）GetText 方法。该方法将剪贴板的内容粘贴到目标对象，使用格式为：

```
目标对象=Clipboard.GetText
```

7.9.3　Screen 对象

Screen 对象具有以下常用属性：

（1）ActiveControl：用来确定窗体上哪个控件是活动的，即哪个控件拥有焦点，或者哪个控件能对用户的输入有所反应。

（2）ActiveForm：用来确定当前哪个窗体是活动窗体。在某一时刻，只有一个窗体是活动窗体。

（3）FontCount：返回屏幕显示或打印机可以使用的文本字体的种类数。

（4）Fonts：该属性是一个数组，包含在Windows的win.ini文件中列出的屏幕显示或打印机可以使用的所有字体。

（5）Height、Width：返回屏幕的高和宽（单位为twip）。

（6）MousePointer：设置或获取鼠标形状。

本章小结

本章介绍了 Visual Basic 中常用的控件对象，主要介绍 Visual Basic 基本控件、ActiveX 控件及多窗体。重点掌握常用控件的常用属性、方法和事件及 Visual Basic 应用程序的设计步骤，掌握 Visual Basic 事件驱动的编程思想。

习题 7

一、选择题

1．下面关于图片框和图像框的叙述，正确的是（　）。

A．图片框和图像框都可以作为容器控件

B．图片框可以作为容器控件，图像框不可以作为容器控件

C．图像框可以作为容器控件，图片框不可以作为容器控件

D．图片框和图像框都不可以作为容器控件

2．图像框的（　）属性可以自动调整图形的大小以适应图像框的尺寸。

A．AutoSize　　B．Stretch　　C．AutoRedraw　　D．Width

3．在 Visual Basic 中，不能作为容器使用的对象是（　）。

A．Frame　　B．Form　　C．Picture　　D．Image

4．复选框或单选按钮的当前状态通过（　）属性来设置或访问。

A．Value　　B．Checked　　C．Selected　　D．Caption

5．复选框的 Value 属性为 1 时，表示（　）。

A．复选框未被选中　　B．复选框被选中

C．复选框状态不确定　　D．操作错误

6．若要多列显示列表项，可通过设置列表框对象的（　）属性来实现。

A．Columns　　B．MultiSelect　　C．Style　　D．List

7．若要获知列表框中列表项的数目，可通过访问（　）属性来实现。

A．List　　B．ListIndex　　C．ListCount　　D．Text

8．列表框中的列表项内容可以通过（　）属性设置。

A．ListCount　　B．List　　C．ListIndex　　D．Text

9．若要向列表框新增列表项，可使用的方法是（　）。

A．Add　　B．Remove　　C．Clear　　D．AddItem

10．若要清除列表框的所有内容，可使用（　）方法来实现。

A．Add　　B．Remove　　C．Clear　　D．AddItem

11．在三种不同风格的组合框中，用户不能输入数据的组合框是（　）。

A．下拉式组合框　　B．简单组合框

C．下拉式列表框　　D．简单列表框

12．下列控件中，没有 Caption 属性的是（　）。

A．框架　　B．列表框　　C．复选框　　D．单选按钮

13．若要设置计时器控件的定时时间，可通过（　）属性来设置。

A．Interval　　B．Value　　C．Enabled　　D．Text

14．如果每 0.5 秒产生一个计时器事件，那么时钟控件的 Interval 属性应设为（　）。

A．0.5　　B．5　　C．50　　D．500

15．下面不支持双击事件的控件是（　）。

A．窗体　　B．复选框　　C．列表框　　D．单选按钮

16．下面关于列表框和组合框的叙述错误的是（　）。

A．列表框提供了选项列表，用户只能进行选择输入

B．组合框控件提供了选项列表，用户可以选择输入，也可以直接进行输入

C．用户可以从列表框和组合框选择一个或多个选项

D．组合框是文本框和列表框的组合

17．将数据项“China”添加到列表框 List1 中成为第一项，应使用（　）语句。

A．List1.AddItem "China", 0　　B．List1.AddItem "China", 1

C．List1.AddItem 0, "China"　　D．List1.AddItem 1, "China"

18．假定窗体上有一个组合框 Combo1，窗体加载时的代码如下：

```
Private Sub Form_Load()
    Combo1.AddItem "Item1"
    Combo1.AddItem "Item2"
    Combo1.AddItem "Item3"
    Combo1.AddItem "Item4"
End Sub
```

要使在文本框 Text1 中显示列表中第三个列表项的内容，正确的语句是（　）。

A．Text1.Text=Combo1.List(0)　　B．Text1.Text=Combo1.List(1)

C．Text1.Text=Combo1.List(2)　　D．Text1.Text=Combo1.List(3)

19．假定时钟控件的 Interval 属性为 1000，Enabled 属性为 True，并且有下面的事件过程，2 秒后输出的 s 值为（　）。

```
Private Sub Timer1_Timer()
    s = 0
    For i = 1 To 5
    s = s + i
    Next i
    Print s
End Sub
```

A．0　　B．15　　C．30　　D．45

20．下面各控件中不包含有滚动条的控件是（　）。

A．列表框　　B．组合框　　C．文本框　　D．框架

21．表示滚动条控件取值范围最大值的属性是（　）。

A．Max　　B．LargeChange　　C．Value　　D．Max-Min

22．不能触发滚动条的 Change 事件的操作是（　）。

A．拖动滚动块　　B．单击滚动条两端箭头

C．单击滚动块　　D．单击箭头与滚动块之间的空白区域

23．要确定控件是否能够通过 Tab 键获得焦点，可设置的控件属性是（　）。

A．TabStop　　B．TabIndex　　C．GetFocus　　D．SetFocus

24．下面说法正确的是（　）。

A．文本框可以设置滚动条。

B．InputBox 函数和 MsgBox 函数一样，返回值类型为字符串

C．窗体的标题、风格、背景颜色等属性只能在设计时通过属性窗口设置。

D．一个窗体一定对应一个窗体文件，所以一个应用程序只能包含一个窗体。

二、填空题

1．图像框和图片框都能用来显示图片，但在使用时有所不同，这两个控件中能作为容器容纳其他控件的是________。

2．为了在程序运行时把 d:\pic 文件夹中的图形文件 cloud.jpg 装入图片框 Picture1，所使用的语句为________。

3．在 Visual Basic 中，设置复选框在标题左边还是右边的属性是________。

4．列表框中的________和________属性是数组。

5．对列表框中列表项根据字母顺序排序所使用的属性是________。

6．Visual Basic 中有一种控件组合了文本框和列表框的特点，这种控件是________。

7．要删除组合框控件中的某个列表项，应使用的方法是________。

8．计时器控件能有规律地以一定的时间间隔触发________事件，并执行该事件过程中的程序代码。

9．要暂时关闭计时器控件，可以将计时器的________属性值设为 True。

10．单击滚动条上的箭头时，滚动条默认滚动值为 1，为了实现单击滚动条上的箭头时，滚动条的滚动值为 2，需要将其________属性设置为 2。

11．滚动条响应的重要事件有________和 Change，滚动条产生 Change 事件是因为滚动条的________属性值改变了。

12．在窗体上有一个文本框和一个图片框，有如下两个事件过程：

```
Private Sub Form_Click()
    Text1.Text = "VB 程序设计"
End Sub
Private Sub Text1_Change()
    Picture1.Print "VB programming"
End Sub
```

程序运行后，单击窗体，则在文本框中显示的内容是________，在图片框中显示的内容是________。

13．窗体上有一个命令按钮 Command1 和一个列表框 List1，先选择列表框的某一列表项，然后单击命令按钮，将该项从列表框中删除，请在空白处填入适当的内容，将程序补充完整。

```
Private Sub command1_click()
    Dim n As Integer
    n = List1. ________
    List1. ________ n
End Sub
```

14．以下程序通过选择组合框 Combo1 中的列表项，来改变文本框 Text1 中文本的字体。请在空白处填入适当的内容，将程序补充完整。

```
Private Sub Combo1_Click()
    Text1.FontName = Combo1.List(________)
End Sub
Private Sub Form_Load()
    With Combo1
        .AddItem "宋体"
        .AddItem "黑体"
        .AddItem "隶书"
        .AddItem "楷体_GB2312"
    End With
    Text1.________ = 30              '设置文本框的初始字号
    Text1.________ = Combo1.List(0)  '设置文本框的初始字体
End Sub
```

三、程序阅读题

1．窗体上有一个按钮和一个列表框（Sorted 属性值为 True），执行下列过程后的输出结果为________。

```
Private Sub Command1_Click()
    List1.AddItem "China"
    List1.AddItem "Great"
    List1.AddItem "Is", 1
    List1.AddItem "!", 3
    Print List1.List(2)
End Sub
```

2．窗体上有一个列表框和一个文本框，有如下两个事件：

```
Private Sub Form_Load()
    List1.AddItem "Beijing"
    List1.AddItem "Shanghai"
    List1.AddItem "Tianjin"
    Text1.Text = ""
End Sub
Private Sub List1_Click()
    s = List1.Text
    Print s + Text1.Text
End Sub
```

程序运行后，在文本框中输入“China”，然后单击列表框中的第二项，则输出结果为________。

四、编程题

1．在窗体上有两个图片框 Picture1 和 Picture2，单击中间转换按钮将 Picture1 中的图形文件转到 Picture2 中，或将 Picture2 中的图形文件转到 Picture1 中，运行初始效果如图 7-19 所示，转换后的效果如图 7-20 所示。

2．做一个简易计算器，在窗体上布置三个文本框，其中两个文本框存放操作数，四个单选按钮表示四个运算符+、-、*、/，一个“计算”按钮，运行时单击按钮，根据所选择的运算符进行相应运算，并将运算结果显示在第三个文本框中，运行结果如图 7-21 所示。

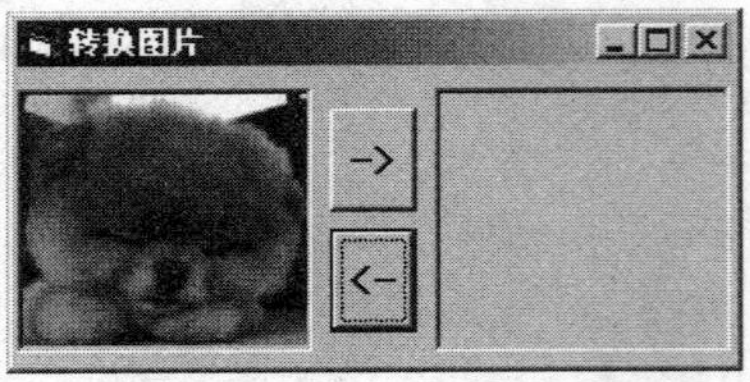

图 7-19　第 1 题运行初始效果

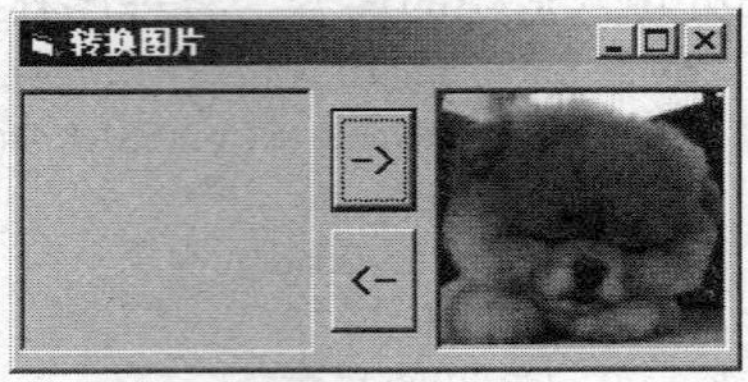

图 7-20　图片转换后的效果

3．设计如图 7-22 所示的界面，选择科目输入成绩，单击“确定”按钮用标签显示平均成绩。

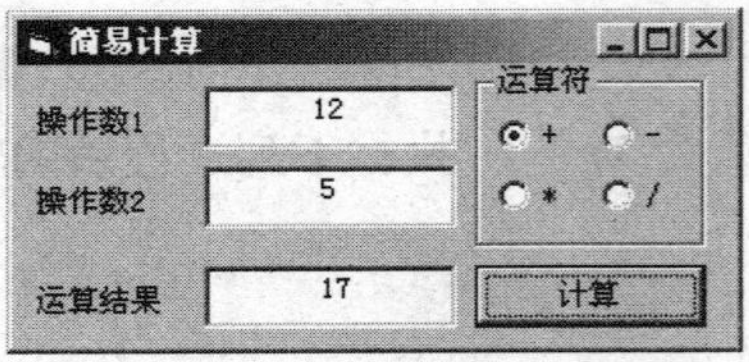

图 7-21　第 2 题运行结果

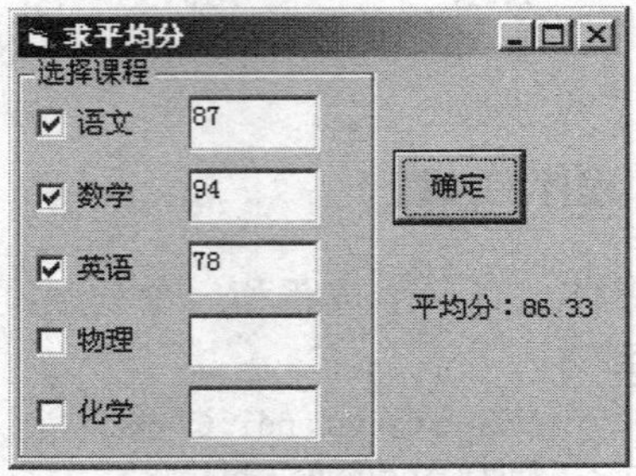

图 7-22　第 3 题的运行界面

4．设计如图 7-23 所示的界面，输入下限和上限后，单击“生成数据”按钮，随机生成 10 个整数，并将其中的偶数添加到 List1 中，奇数添加到 List2 中。单击“清除”按钮可将列表框中的数据清除。

5．设计如图 7-24 所示的界面，要求装载窗体时给组合框添加三个项目“小写转大写”、“大写转小写”、“测长度”；程序运行时，在 Text1 中输入字母后，在组合框中选择“小写转大写”，则 Text2 的值为 Text1 的值转换成大写字母的结果；选择“大写转小写”，则 Text2 的值为 Text1 的值转换成小写字母的结果；选择“测长度”可将测得的 Text1 中字符长度的结果放在 Text2 中。

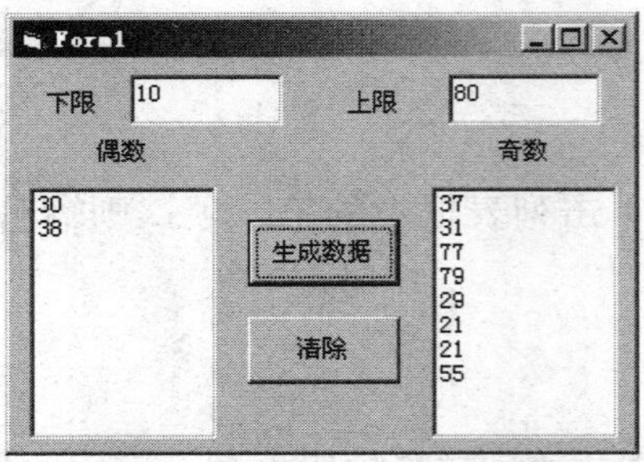

图 7-23　第 4 题的运行界面

图 7-24　第 5 题的运行界面

6．设计一个如图 7-25 所示的界面，要求单击“开始”按钮可将文本框中的内容作为标签中的字幕，并使字幕从左向右移动，移动到屏幕右端，再回到左端，然后再向右移动，如此循环；单击“停止”按钮，字幕移动暂停，单击“开始”按钮又可继续移动。

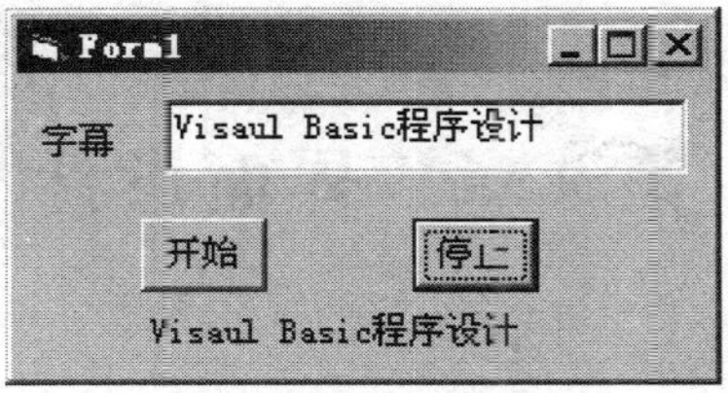

图 7-25　第 6 题的运行界面

7．设计一个如图 7-26 所示的程序界面，程序运行时，拖动滚动条便可以改变颜色区的背景色。

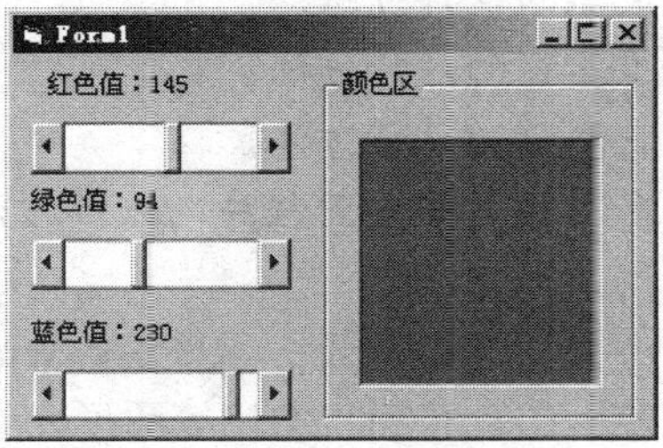

图 7-26　第 7 题的运行界面

8．设计一个如图 7-27 所示的程序界面，程序运行时，图标上下跳动。拖动水平滚动条便可以改变跳动的频率，拖动垂直滚动条可以改变跳动的幅度。

图 7-27　第 8 题的设计界面

第 8 章　界面设计

本章要点

- 掌握 Visual Basic 通用对话框控件的使用方法。
- 掌握 Visual Basic 菜单的设计方法。
- 了解 Visual Basic 工具栏的设计方法。
- 了解 Visual Basic 状态栏的设计方法。
- 了解 Visual Basic 多文档界面应用程序的设计方法。

在开发一个应用程序时，用户界面设计是十分重要的。Windows 应用程序采用的是图形用户界面，即界面是由菜单、对话框、工具栏和状态栏等图形元素组成的，使用 Visual Basic 开发 Windows 应用程序，离不开这些常用界面要素的设计。前面章节已涉及一些基本的界面要素，通过将各种控件添加到窗体上，可以设计出基本的用户界面。本章介绍 Windows 应用程序中一些典型的界面要素的设计，包括通用对话框、菜单、工具栏、状态栏及多文档界面等。

8.1　通用对话框

Visual Basic 的通用对话框（CommonDialog）控件，提供了一组基于 Windows 的标准对话框界面，可以进行打开和保存文件、选择字体和颜色以及设置打印选项等操作。另外，还可以通过调用 Windows 帮助引擎来显示应用程序的帮助文档。

CommonDialog 控件是 ActiveX 控件，在使用通用对话框之前，应先将其添加到工具箱中，具体方法如下：在“工程”菜单中选择“部件”命令，或在工具箱上单击鼠标右键，选择“部件”命令，弹出如图 8-1 左图所示的“部件”对话框，在其“控件”选项卡中，选中 Microsoft Common Dialog Control 6.0，再单击“确定”按钮，即可将 CommonDialog 控件添加到控件工具箱中，如图 8-1 右图所示。程序运行时，CommonDialog 控件不出现在界面上。

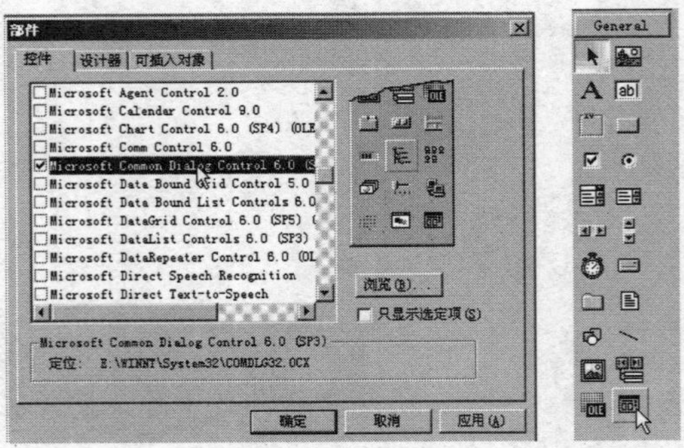

图 8-1　添加“通用对话框”示例

通用对话框控件可以提供 6 种形式的对话框，通过设置通用对话框控件的 Action 属性或调用控件的 Show 方法来选择指定类型的对话框。Action 属性与 Show 方法的具体取值说明如表 8-1 所示。

表 8-1　Action 属性、Show 方法与对话框的对应关系表

Action 属性值	Show 方法	对话框类型
1	ShowOpen	打开文件
2	ShowSave	保存文件
3	ShowColor	选择颜色
4	ShowFont	选择字体
5	ShowPrinter	打印
6	ShowHelp	帮助文件

对话框的类型不是在设计阶段设置，而是在程序运行中进行设置，例如：

CommonDialog1.Action = 1 或 CommonDialog1.ShowOpen

都可以显示“打开”对话框。要使产生的对话框起作用，还必须对其相关的属性进行一些必要的设置。

8.1.1　“打开”/“另存为”对话框

“打开”/“另存为”对话框即打开文件和保存文件对话框。在这两种对话框中，可遍历磁盘的整个目录结构，找到所需要的文件。图 8-2 为文件的“打开”对话框，“另存为”对话框与其类似。通用对话框用于文件操作时需要对下列属性进行设置。

图 8-2　“打开”文件对话框示例

（1）Filter 属性。该属性用于过滤文件类型，使对话框中只显示指定类型的文件。可以在设计时设置该属性，也可以在代码中设置该属性。其通用格式为：

文件说明 1 | 文件类型 1 | 文件说明 2 | 文件类型 2 | ……

例如，若要在打开对话框的“文件类型”列表框中显示如图 8-2 所示的三种文件类型，则 Filter 属性应设置为：

所有文件(*.*)|*.*|jpg 文件(*.jpg)|*.jpg|bmp 文件(*.bmp)|*.bmp

（2）FileName 属性。该属性值为字符串，用于设置显示在对话框中的默认文件名，或者返回用户在对话框中输入或选择的文件名（包括路径名）。

例 8-1 在命令按钮的 Click 事件中显示打开文件对话框，当选定一个图像文件后，单击“打开”按钮，将在图像框中显示所选择的图像。

设计步骤如下：建立一项新工程，在窗体上添加公用对话框 CommonDialog1、命令按钮 Command1、图像框 Image1，将 Image1 的 Stretch 属性设置为 True。

编写程序代码：

```
Private Sub Command1_Click()
    CommonDialog1.Filter = "所有文件(*.*)|*.*|jpg 文件(*.jpg)|*.jpg|bmp 文件(*.bmp)|*.bmp"
    CommonDialog1.ShowOpen
    If CommonDialog1.FileName <> "" Then
        Image1.Picture = LoadPicture(CommonDialog1.FileName)
    End If
End Sub
```

8.1.2 “颜色”对话框

颜色对话框是当 Action 为 3 时的通用对话框，如图 8-3 所示。用户可以在调色板中选择基本颜色或者自定义颜色。

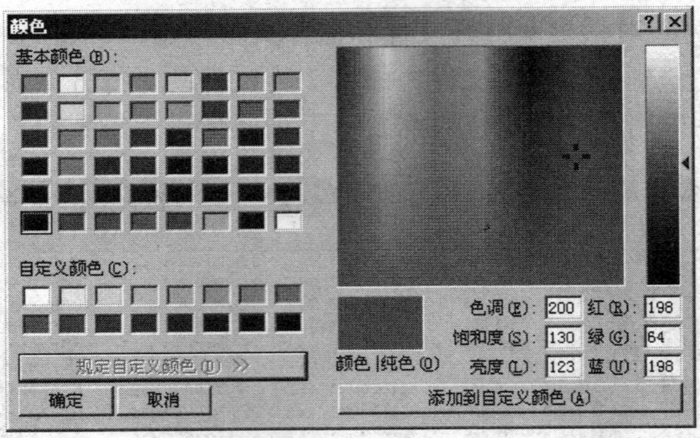

图 8-3 “颜色”对话框

Color 属性是“颜色”对话框最重要的属性，它返回被选定颜色的 RGB 值。

例 8-2 用颜色对话框改变窗体的背景色。

代码如下：

```
Private Sub Command1_Click()
    CommonDialog1.Action = 3
    Form1.BackColor = CommonDialog1.Color          '返回选定的颜色
End Sub
```

8.1.3 “字体”对话框

“字体”对话框是当 Action 为 4 时的通用对话框，如图 8-4 所示，供用户选择字体。通用对话框用于字体操作时的常用属性有：

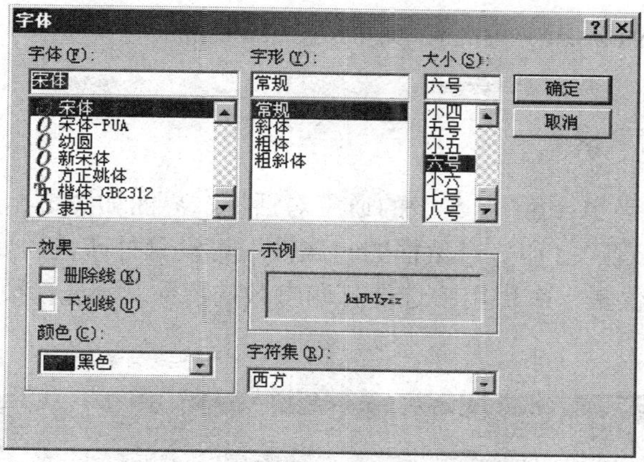

图 8-4　“字体”对话框

（1）Flags 属性。在使用 CommonDialog 控件选择字体之前，必须设置 Flags 属性值。该属性通知 CommonDialog 控件是显示屏幕字体、打印机字体还是两者皆有之。如果没有设置 Flags 属性值而直接使用 CommonDialog 控件，Visual Basic 将显示出错提示。Flags 属性的取值及说明如表 8-2 所示。

表 8-2　字体对话框的 Flags 属性说明

常量	值	说明
cdlCFScreenFonts	1	显示屏幕字体
cdlCFPrinterFonts	2	显示打印机字体
cdlCFBoth	3	显示屏幕字体和打印机字体
cdlCFEffects	256	出现删除线、下划线、颜色元素

（2）Font 属性集。包括 FontName（字体名称）、FontSize（字体大小）、FontBold（粗体）、FontItalic（斜体）、FontStrikethru（删除线）和 FontUnderline（下划线）。

（3）Color 属性。该属性值表示字体的颜色，要使用这个属性，必须使 Flags 属性含有 cdlCFEffects 值。

例 8-3　使用“字体”对话框设置标签文字的字体。

在窗体上添加通用对话框、标签和命令按钮，在命令按钮的 Click 事件中编写代码：

```
Private Sub Command1_Click()
    CommonDialog1.Flags = 1 + 256
    CommonDialog1.FontName = Label1.FontName
    '设置对话框的默认字体是标签的字体
    CommonDialog1.ShowFont
    Label1.FontName = CommonDialog1.FontName
    Label1.ForeColor = CommonDialog1.Color
    Label1.FontSize = CommonDialog1.FontSize
    Label1.FontBold = CommonDialog1.FontBold
    Label1.FontItalic = CommonDialog1.FontItalic
    Label1.FontUnderline = CommonDialog1.FontUnderline
```

```
        Label1.FontStrikethru = CommonDialog1.FontStrikethru
    End Sub
```

8.1.4 “打印”对话框

“打印”对话框是当 Action 为 5 时的通用对话框，界面如图 8-5 所示。在“打印”对话框内可选择打印机。通过“打印”对话框的“属性”可设置打印机的属性。“打印”对话框并不能处理打印工作，仅仅是一个供用户选择打印参数的界面，所选参数存于各属性中，再由编程来处理打印操作。

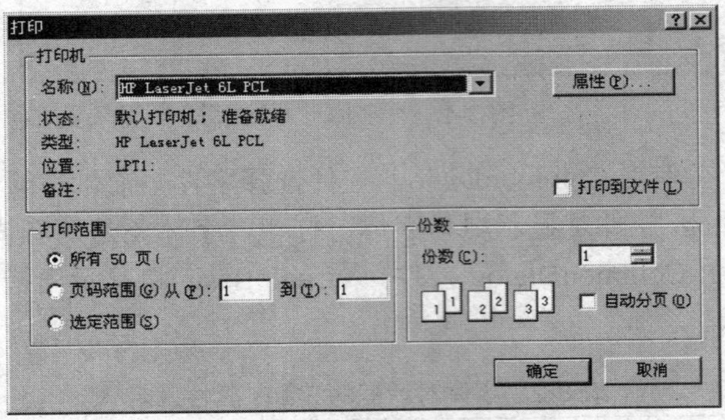

图 8-5 “打印”对话框

通用对话框用于打印操作时的常用属性有：

（1）Copies：该属性为整型值，指定打印份数。

（2）FromPage：打印时的起始页号。

（3）ToPage：打印时的终止页号。

例 8-4 使用命令按钮调用“打印”对话框，打印文本框中的信息。

Printer 对象表示所安装的默认打印机，将 Print 方法的输出发送到 Printer 对象就可实现打印，EndDoc 方法可结束 Printer 对象的操作。代码如下：

```
Private Sub Command1_Click()
    CommonDialog1.ShowPrinter
    For i = 1 To CommonDialog1.Copies
        Printer.Print Text1.Text                '打印文本框中的内容
    Next
    Printer.EndDoc                              '结束文档打印
End Sub
```

8.1.5 “帮助”对话框

“帮助”对话框是当 Action 为 6 时的通用对话框，可以用于制作应用程序的联机帮助。“帮助”对话框本身不能建立应用程序的帮助文件，只能将已创建好的帮助文件从磁盘中提取出来，并与界面连接起来，达到显示并检索帮助信息的目的。可以使用 Help 编辑器创建帮助文件。

通用对话框用于帮助操作时的常用属性有：

（1）HelpCommand：该属性用于设置或返回所需要的联机帮助类型。有关类型请参阅

Visual Basic 帮助系统。

（2）HelpFile：该属性用于指定 Help 文件的路径及其文件名称。即找到帮助文件，再从文件中找到相应内容，显示在 Help 窗口中。

（3）HelpKey：该属性用于在帮助窗口中显示由该关键字指定的帮助信息。

例 8-5　使用命令按钮调用“帮助”对话框，显示指定的帮助文件，如图 8-6 所示。程序代码如下：

```
Private Sub Command1_Click()
    '设置 HelpCommand 属性
    CommonDialog1.HelpCommand = cdlHelpForceFile
    '指定帮助文件
    CommonDialog1.HelpFile = "c:\Windows\help\VBCMN96.HLP"
    CommonDialog1.ShowHelp        '显示帮助窗口
End Sub
```

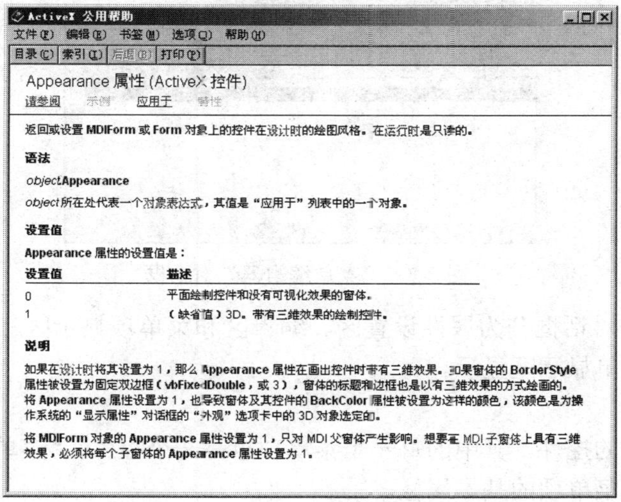

图 8-6　“帮助”对话框应用实例

8.2　菜单设计

在基于 Windows 的应用程序中，菜单是一种重要的用户界面元素。菜单的基本作用是提供人机对话界面，便于用户选择应用程序的各种功能，控制各功能模块的运行。使用菜单可以将应用程序的功能模块有机地融为一体，构成一个操作方便、完整的应用系统。

8.2.1　菜单概述

菜单有两种基本类型：下拉式菜单和弹出式菜单。

下拉式菜单包括一个主菜单，即菜单栏。菜单栏一般位于窗体的标题栏下面，其中包含若干个菜单项，称为菜单标题。当单击这些菜单标题时，就会下拉出一个子菜单。子菜单中的菜单项有的可以直接执行，称为菜单命令；有的可以再下拉出一级菜单，称为子菜单标题。例如，启动 Visual Basic 后，菜单栏中有“文件”、“编辑”、“视图”等菜单项，单击某个菜单项会下拉出子菜单，从中选择有关菜单项可实现相应操作。

弹出式菜单是当用户在一个对象上单击鼠标右键时打开的菜单。例如，在窗体上单击鼠标右键打开的菜单即为弹出式菜单。

8.2.2 菜单编辑器

Visual Basic 提供的“菜单编辑器”可以非常方便地在应用程序的窗体上建立和管理菜单。在窗体设计状态，选择“工具”菜单中的“菜单编辑器”命令或单击工具栏中的“菜单编辑器”按钮即可打开菜单编辑器，如图 8-7 所示。

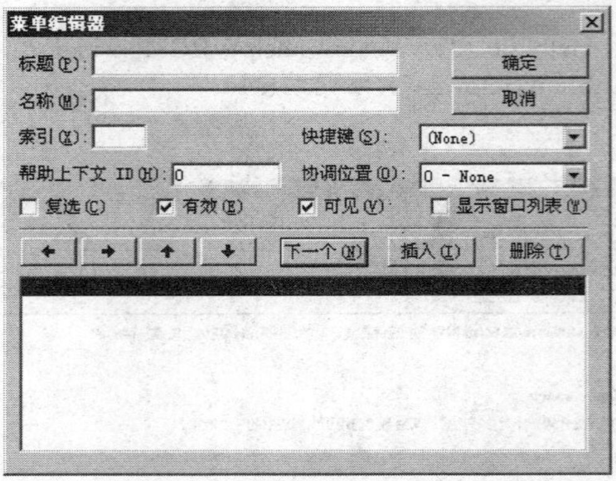

图 8-7 “菜单编辑器”对话框

“菜单编辑器”对话框分为属性设置区、编辑区和菜单项显示区三部分。菜单要在属性设置区输入，而在菜单显示区显示。

1. 属性设置区

菜单是一个特殊的控件，其中的每一个菜单项也是一个控件。“菜单编辑器”对话框的上方部分用于设置每个菜单项的基本属性。

（1）“标题”文本框：设置菜单项的标题，即菜单项的 Caption 属性。在标题的字母前插入&符号可以使该字母成为热键（又称访问键）。如果在“标题”文本框中输入一个“-”，表示该菜单项为一个分隔条。

（2）“名称”文本框：设置菜单项的名称，即菜单项的 Name 属性。

（3）“索引”文本框：设置菜单控件的数组下标，即菜单项的 Index 属性。

（4）“快捷键”组合框：为菜单项选择一个快捷键。

（5）“帮助上下文 ID”文本框：通过输入数字来选择帮助文件中特定的页数或与该菜单上下文相关的帮助文件。

（6）“协调位置”组合框：通过这个选项来确定菜单是否出现或怎样出现。只有三种选择：不设置、靠左边和居中。

（7）“复选”复选框：允许用户设置某一菜单项是否可选。

（8）“有效”复选框：用于设置菜单项是否可执行。

（9）“可见”复选框：如果设计菜单项时，“可见”复选框未被选中，则该菜单项是不可见的。

（10）“显示窗口列表”复选框：设置在使用多文档应用程序时，是否使菜单控件中有一个包含打开的多文档界面子窗口的列表。

2. 编辑区

“菜单编辑器”窗口的中部有 7 个按钮用于对输入的菜单项进行编辑。

（1）“下一个”按钮：创建一个新的菜单项。

（2）“插入”按钮：在当前菜单项之前插入一个新的菜单项。

（3）“删除”按钮：删除当前菜单项。

（4）“↑”和“↓”按钮：用于调整菜单项的位置。单击“↑”按钮时，菜单项上移一行；单击“↓”按钮时，菜单项下移一行。

（5）“→”和“←”按钮：用于调整菜单项的级别。在菜单项显示区，菜单项的前面显示有不同的内缩符号“....”（四个黑点）。主菜单项没有内缩符号，一级下拉菜单中的菜单项前有一个内缩符号，二级下拉菜单中的菜单项前有两个内缩符号。对显示区中选中的菜单项，要降低一个层次时，单击一次“→”按钮，可在菜单项前加上一个内缩符号；要提高一个层次时，单击一次“←”按钮，删除一个内缩符号。

3. 菜单项显示区

“菜单编辑器”对话框的下方有一个区域，用于显示用户输入的菜单项，即 Caption 属性，并通过内缩符号标明菜单项的层次。

在完成菜单的编辑工作之后，需要单击“确定”按钮，此时系统将检查菜单的有效性，若检查通过，即保存该菜单并返回到窗体上显示其主菜单项；否则，系统将显示对话框提示相应错误信息。

当需要放弃或取消本次编辑菜单的操作时，可以单击“取消”按钮。

8.2.3 菜单编辑器的使用

例 8-6 设计一个如图 8-8 所示的窗体。其中，颜色菜单可以改变窗体的背景颜色；而程序菜单下的计算器、扫雷和纸牌菜单项，则分别调用 Windows 系统自带的计算器，及扫雷、纸牌等游戏程序。

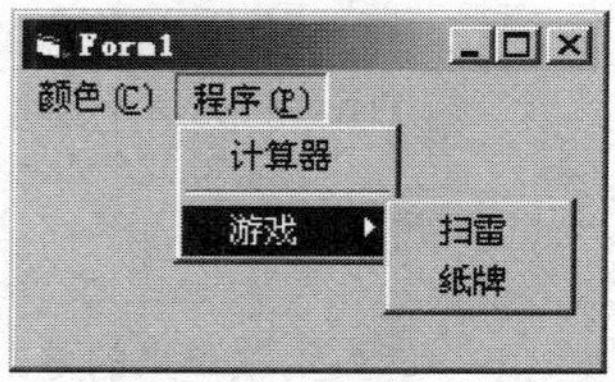

图 8-8 例 8-6 的运行界面

设计步骤如下：

（1）建立一个新工程，打开“菜单编辑器”对话框，按照表 8-3 所示的各菜单项属性建立菜单，如图 8-9 所示。

表 8-3 各菜单项属性

菜单项	名称	快捷键	选中的复选框
颜色(&C)	mnuColor		有效、可见
....红色	mnuRed	Ctrl+R	有效、可见
....绿色	mnuGreen	Ctrl+G	有效、可见
....蓝色	mnuBlue	Ctrl+B	有效、可见
程序(&P)	mnuProgram		有效、可见

续表

菜单项	名称	快捷键	选中的复选框
....计算器	mnuCal		有效、可见
....-	mnuFGT		有效、可见
....游戏	mnuGame		有效、可见
........扫雷	mnuMine		有效、可见
........纸牌	mnuSol		有效、可见

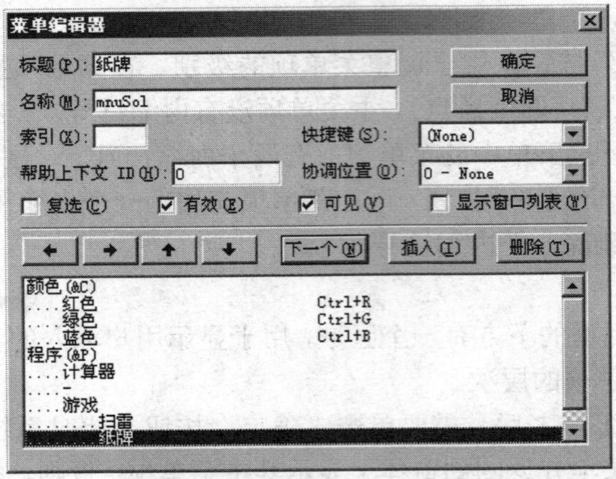

图 8-9　例 8-6 的“菜单编辑器”对话框

（2）编写程序代码。

Visual Basic 的菜单项有且只有一个 Click 事件。下面为各菜单项添加代码。

```
'红色 菜单项的单击事件
Private Sub mnuRed_Click()
    Me.BackColor = RGB(255, 0, 0)
End Sub

'绿色 菜单项的单击事件
Private Sub mnuGreen_Click()
    Me.BackColor = RGB(0, 255, 0)
End Sub

'蓝色 菜单项的单击事件
Private Sub mnuBlue_Click()
    Me.BackColor = RGB(0, 0, 255)
End Sub

'计算器 菜单项的单击事件
Private Sub mnuCal_Click()
    Shell ("C:\WINDOWS\system32\calc.exe"), vbNormalFocus
End Sub

'扫雷 菜单项的单击事件
```

```
Private Sub mnuMine_Click()
    Shell ("C:\WINDOWS\system32\winmine.exe"), vbNormalFocus
End Sub

'纸牌 菜单项的单击事件
Private Sub mnuSol_Click()
    Shell ("C:\WINDOWS\system32\Sol.exe"), vbNormalFocus
End Sub
```

（3）运行程序，验证各菜单项的功能。需要说明的是，本实例是在 Windows XP 系统下运行的，对于其他操作系统，需要注意在用 Shell 函数调用可执行程序时，各程序所在的路径要做相应的变化。

8.2.4　动态菜单

在一些应用程序中，下拉菜单的显示随着程序的运行状态或环境的不同而变化，菜单项或菜单命令有增有减，动态显示。这样的菜单称为动态菜单。菜单项的动态增减是通过菜单控件数组来实现的。

菜单控件数组就是在同一菜单上共享相同名称和事件过程的菜单项的集合。创建菜单控件数组是通过对名称、标题和索引属性的设置来完成的，具体方法如下：

（1）打开“菜单编辑器”，输入一个菜单项。

（2）将该菜单项的“索引”项属性设置为 0，然后加入名称相同、索引项相邻的菜单项。

可以使用 Load 方法在菜单控件数组中增加一个新的菜单项，也可以使用 UnLoad 方法从菜单控件数组中删除一个菜单项。具体格式如下：

```
Load 菜单控件数组名(Index)
UnLoad 菜单控件数组名(Index)
```

例 8-7　设计一个能动态调整“字体”菜单，并能使用菜单设置文本框字体属性的程序。程序运行后，单击“添加菜单”按钮，将增加“删除线”和“下划线”两个子菜单项；单击“删除菜单”按钮，将新增的两个子菜单项删除。程序的初始运行界面如图 8-10 所示。

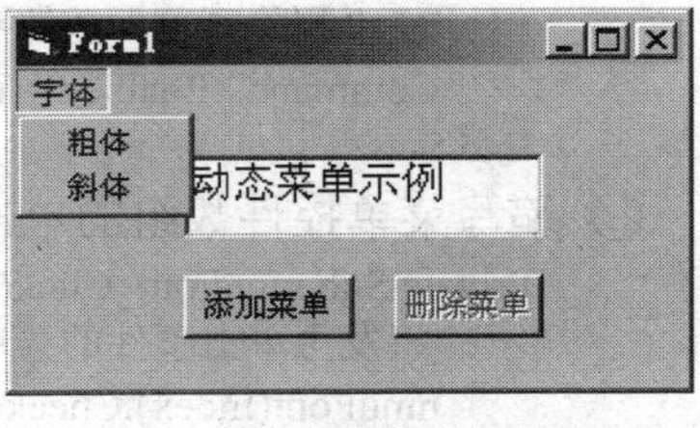

图 8-10　动态菜单的运行界面

设计步骤如下：

（1）新建一个工程，在窗体上添加一个文本框、两个命令按钮，并按照表 8-4 设置控件的相关属性。

表 8-4　各控件对象的属性

对象	属性	属性值
Text1	Text	动态菜单示例
Command1	Caption	添加菜单
Command2	Caption	删除菜单
	Enabled	False

（2）在窗体上新建一个“字体”菜单，各菜单项的属性如表 8-5 所示。

表 8-5 各菜单项属性

菜单项	名称	索引
字体	mnuDynamic	
....粗体	mnuFont	0
....斜体	mnuFont	1

（3）编写程序代码。

① 编写“添加菜单”的事件代码。

```
Private Sub Command1_Click()
    '为菜单控件数组 mnuFont 分别添加索引为 2 和 3 的两个菜单项
    Load mnuFont(2)
    mnuFont(2).Caption = "删除线"
    mnuFont(2).Visible = True
    Load mnuFont(3)
    mnuFont(3).Caption = "下划线"
    mnuFont(3).Visible = True
    '使“删除菜单”按钮能响应用户事件
    Command2.Enabled = True
End Sub
```

② 编写“删除菜单”的事件代码。

```
Private Sub Command2_Click()
    '删除两个菜单项
    Unload mnuFont(2)
    Unload mnuFont(3)
    '使“删除菜单”按钮不能响应用户事件
    Command2.Enabled = False
End Sub
```

③ 编写菜单控件数组的单击事件代码，完成各菜单项的相应功能。

```
Private Sub mnuFont_Click(Index As Integer)
    '将发生单击事件的菜单项的复选属性取反，作为对应字体属性的值
    mnuFont(Index).Checked = Not mnuFont(Index).Checked
    Select Case Index
        Case 0
            Text1.FontBold = mnuFont(0).Checked
        Case 1
            Text1.FontItalic = mnuFont(1).Checked
        Case 2
            Text1.FontStrikethru = mnuFont(2).Checked
        Case 3
            Text1.FontUnderline = mnuFont(3).Checked
    End Select
End Sub
```

（4）运行程序，分别单击两个命令按钮，查看并单击各菜单项，注意文本框字体的变化。

8.2.5 快捷菜单

快捷菜单是独立于菜单栏而显示在窗体上的浮动菜单，快捷菜单也被称为上下文菜单或

弹出式菜单。跟下拉式菜单相比，快捷菜单可以在窗口的任意位置打开，使用方便，具有较大的灵活性。

快捷菜单也要通过菜单编辑器建立，然后用 PopupMenu 方法弹出显示。在设计快捷菜单时，通常将主菜单的“可见”复选框设为不选中，子菜单项的“可见”复选框设为选中。

为了显示快捷菜单，可以使用 PopupMenu 方法，其语法格式如下：

[对象名].PopupMenu 菜单名称,Flags,X,Y,BoldCommand

其中“菜单名称”是在菜单编辑器中定义的主菜单名；X,Y 为快捷菜单在窗体上的显示位置（与 Flags 参数配合使用）；BoldCommand 用来在快捷菜单中显示一个菜单控制；Flags 参数是一个数值或符号常量，用来指定快捷菜单的位置及行为。这些参数除了“菜单名称”是必需的外，其他都是可选的。省略“对象名”时，快捷菜单在窗体上显示。

为了显示快捷菜单，通常把 PopupMenu 方法放在 MouseDown 事件中，该事件响应所有的鼠标单击操作。一般情况下，单击鼠标右键显示快捷菜单，可以通过判定 Button 参数来实现，普通的两键或三键鼠标，左键的参数值为 1，右键的参数值为 2。

例 8-8　为窗体上的标签设计一个快捷菜单，用于设置标签的字号。运行界面如图 8-11 所示。

图 8-11　快捷菜单的运行界面

设计步骤如下：

（1）新建一个工程，在窗体上添加一个标签 Label1，将其 Caption 属性设置为“快捷菜单的应用”。

（2）在窗体上新建一个“字号”菜单，各菜单项的属性如表 8-6 所示。

表 8-6　各菜单项属性

菜单项	名称	索引	选中的复选框
字号	mnuFontSize		有效
....10	mnuSize	0	有效、可见
....16	mnuSize	1	有效、可见
....20	mnuSize	2	有效、可见

（3）编写程序代码。

```
Private Sub Label1_MouseDown(Button As Integer, Shift As Integer, X As Single, Y As Single)
    If Button = 2 Then
        PopupMenu mnuFontSize
    End If
End Sub
```

当在标签上按下鼠标时，会判断按下的是否是右键，如果是，则弹出菜单名称为 mnuFontSize 的菜单，显示它的下级菜单项，如图 8-11 所示。

为子菜单项编写单击事件，针对不同的菜单项，将标签设置成不同的字号。

```
Private Sub mnuSize_Click(Index As Integer)
    Select Case Index
        Case 0
            Label1.FontSize = 10
        Case 1
```

```
                Label1.FontSize = 16
            Case 2
                Label1.FontSize = 20
        End Select
    End Sub
```

8.3 工具栏设计

可以用工具栏进一步增强应用程序的菜单界面，工具栏已经成为许多基于 Windows 的应用程序的标准功能，工具栏提供了对于应用程序中最常用的菜单命令的快速访问。例如：Visual Basic 的工具栏含有执行常用命令的工具按钮，如“打开工程”、“保存工程”、“剪切”、“复制”等。

使用 ToolBar 控件来创建工具栏非常容易且很方便，它是常用的 ActiveX 控件之一，因此，使用此控件前必须将其添加到控件工具箱中。方法如下：在“工具箱”中单击右键，选择“部件”命令，打开“部件”对话框，从“控件”选项卡的列表中选中 Microsoft Windows Common Controls 6.0，单击“确定”按钮后，工具箱中会多出 Toolbar、StatusBar、ImageList、ProgressBar 等 9 个控件。下面通过例 8-9 说明工具栏的创建和使用方法。

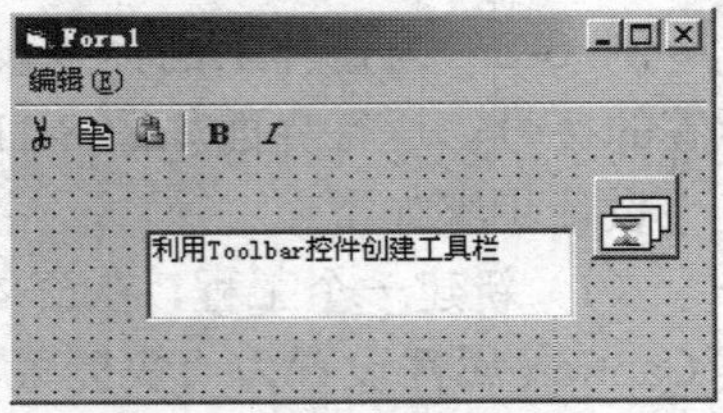

图 8-12 例 8-9 的设计界面

例 8-9 编程为窗体添加如图 8-12 所示的工具栏。

设计步骤如下：

（1）新建一个工程，在窗体上添加一个文本框 Text1，将其 Text 属性设置为“利用 Toolbar 控件创建工具栏”；再添加一个 Toolbar 控件 Toolbar1 和一个 ImageList 控件 ImageList1。

（2）在窗体上新建一个“编辑”菜单，各菜单项的属性如表 8-7 所示。

表 8-7 各菜单项属性

菜单项	名称	选中的复选框
编辑(&E)	mnuEdit	有效、可见
....剪切	mnuCut	有效、可见
....复制	mnuCopy	有效、可见
....粘贴	mnuPaste	有效、可见
....-	mnuFgt	有效、可见
....粗体	mnuBold	有效、可见
....斜体	mnuItalic	有效、可见

（3）在利用 Toolbar 控件创建工具栏时，工具按钮上的图像需要通过 ImageList 控件获得，所以需要先设置 ImageList1 的属性。方法如下：

① 右击 ImageList1，从快捷菜单中选择“属性”命令，打开“属性页”对话框，如图 8-13 所示。在“通用”选项卡中设置好要放到工具栏快捷按钮上的图像的大小，本例选择 16×16。

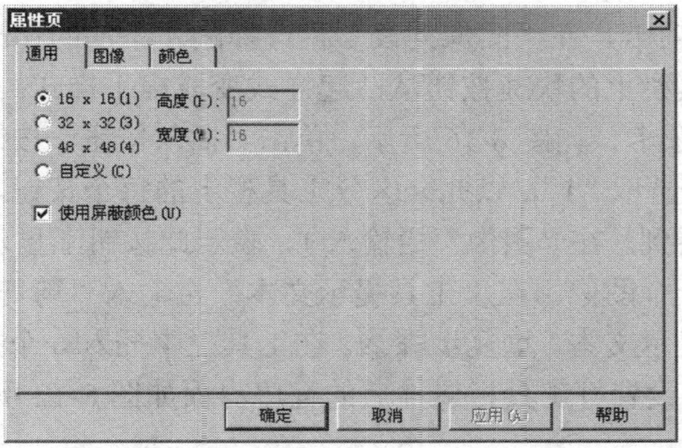

图 8-13　ImageList 控件的“属性页”对话框

② 选择“图像”选项卡，单击“插入图片”按钮，在“选定图片”对话框里选择想使用的图形文件，然后单击“打开”按钮。重复步骤②共 5 次，在 ImageList1 中插入 5 个图像文件。如图 8-14 所示。注意每个插入的图像都有一个索引，本例中是 1～5。

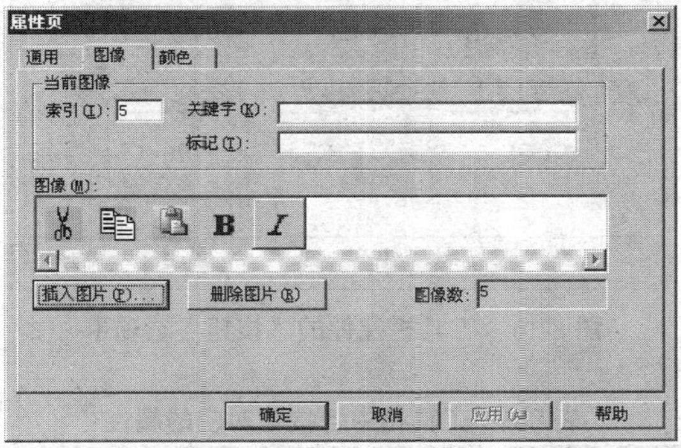

图 8-14　ImageList 控件的“图像”选项卡

（4）在窗体的任何位置添加 Toolbar 控件，Visual Basic 都会自动将其移到窗体顶部。在 Toolbar1 上单击右键，从快捷菜单中选择“属性”命令，打开“属性页”对话框，如图 8-15 所示，进行属性设置。

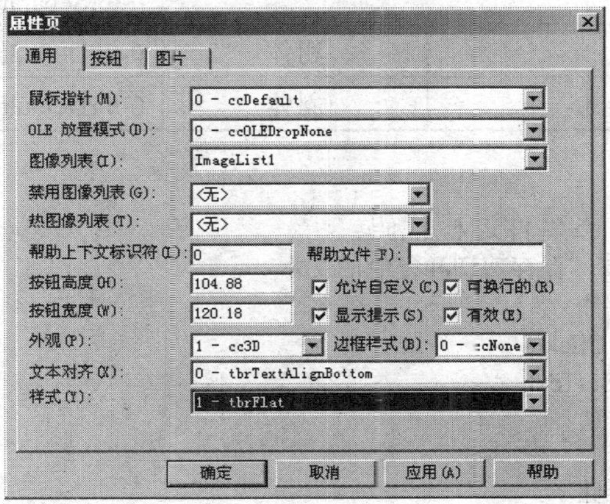

图 8-15　Toolbar 控件的“属性页”对话框

① 选择“通用”选项卡，在“图像列表”栏选择刚才添加的 ImageList1，在“样式”栏选择 1- tbrFlat，使得工具栏上的快捷按钮从凸起样式变成扁平样式。

② 选择“按钮”选项卡，如图 8-16 所示。单击“插入按钮”按钮，工具栏上会显示一个按钮，这时“索引”栏内显示“1”，以此来区分工具栏上的每个按钮，在后面编写的工具栏控件的事件处理程序中会用到。在“图像”栏输入 1，表示此按钮上显示的图像是 ImageList1 中索引为 1 的图像，即第一个图像。在“工具提示文本”栏输入“剪切”，这个属性是当鼠标移到快捷按钮上时弹出的提示文本。重复步骤②，在工具栏中插入 6 个按钮，其中每个按钮对应的属性值如表 8-8 所示。设置好工具栏属性后的程序界面如图 8-12 所示。

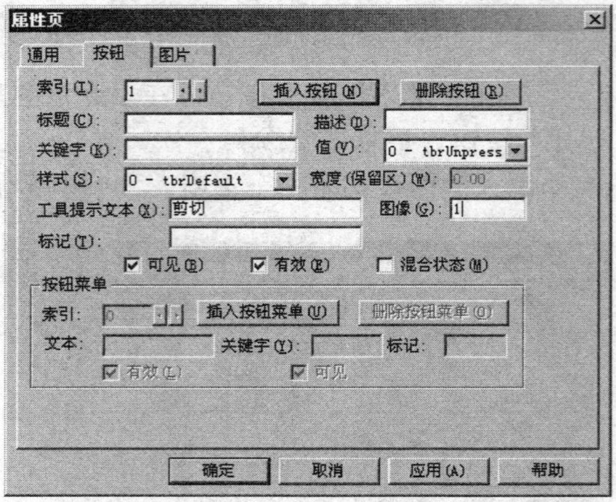

图 8-16　工具栏控件的“按钮”选项卡

表 8-8　工具栏中各按钮对应的属性

按钮	索引	图像	工具提示文本	样式	说明
第 1 个按钮	1	1	剪切	0-tbrDefault	
第 2 个按钮	2	2	复制	0-tbrDefault	
第 3 个按钮	3	3	粘贴	0-tbrDefault	
第 4 个按钮	4			0-tbrSeparator	将按钮设置成分隔线
第 5 个按钮	5	4	粗体	0-tbrDefault	
第 6 个按钮	6	5	斜体	0-tbrDefault	

（5）编写程序代码。

① 为各菜单项添加单击事件过程代码。

```
Dim strText As String   '保存剪切和复制的文本
'剪切 菜单的单击事件
Private Sub mnuCut_Click()
    strText = Text1.SelText
    Text1.SelText = ""
End Sub
'复制 菜单的单击事件
Private Sub mnuCopy_Click()
```

```
        strText = Text1.SelText
    End Sub
    '粘贴 菜单的单击事件
    Private Sub mnuPaste_Click()
        Text1.SelText = strText
    End Sub
    '粗体 菜单的单击事件
    Private Sub mnuBold_Click()
        '将菜单项的 Checked 属性取反，作为粗体属性值
        mnuBold.Checked = Not mnuBold.Checked
        Text1.FontBold = mnuBold.Checked
    End Sub
    '斜体 菜单的单击事件
    Private Sub mnuItalic_Click()
        '将菜单项的 Checked 属性取反，作为斜体属性值
        mnuItalic.Checked = Not mnuItalic.Checked
        Text1.FontItalic = mnuItalic.Checked
    End Sub
```

② 各菜单项都有了相应的功能，下面为工具栏按钮添加事件处理程序，完善工具栏的功能，让快捷按钮起到应有的作用。

```
Private Sub Toolbar1_ButtonClick(ByVal Button As MSComctlLib.Button)
    Select Case Button.Index    '判断按钮的索引号
        Case 1
            Call mnuCut_Click   '调用相应菜单项的单击事件
        Case 2
            Call mnuCopy_Click
        Case 3
            Call mnuPaste_Click
        Case 5
            Call mnuBold_Click
            '设置粗体按钮的两种不同显示状态
            Button.MixedState = Not Button.MixedState
        Case 6
            Call mnuItalic_Click
            '设置斜体按钮的两种不同显示状态
            Button.MixedState = Not Button.MixedState
    End Select
End Sub
```

（6）运行程序，工具栏上的快捷按钮都拥有了与对应菜单项相同的功能。

8.4　状态栏设计

状态栏与菜单栏、工具栏一样，也是标准 Windows 窗口常用的界面元素之一，状态栏主要用来显示应用程序的各种状态信息。在 8.3 节添加到工具箱的 9 个控件中，StatusBar 控件就是用来设计状态栏的控件。状态栏由许多窗格（Panel）组成，最多能被分成 16 个窗格，每个窗格内可以显示不同的内容，例如文本或图片。下面通过例 8-10 说明状态栏的创建和使用方法。

例 8-10　编程为窗体添加一个如图 8-17 所示的状态栏。

设计步骤如下：

（1）新建一个工程，首先将 StatusBar 等 9 个控件添加到工具箱。在窗体上添加一个状态栏控件 StatusBar1，Visual Basic 会自动将其放到窗体的最下方。

（2）右击 StatusBar1，在快捷菜单上选择“属性”命令，打开“属性页”对话框。选择“窗格”选项卡，对状态栏的设计大部分都在此选项卡中进行，如图 8-18 所示。

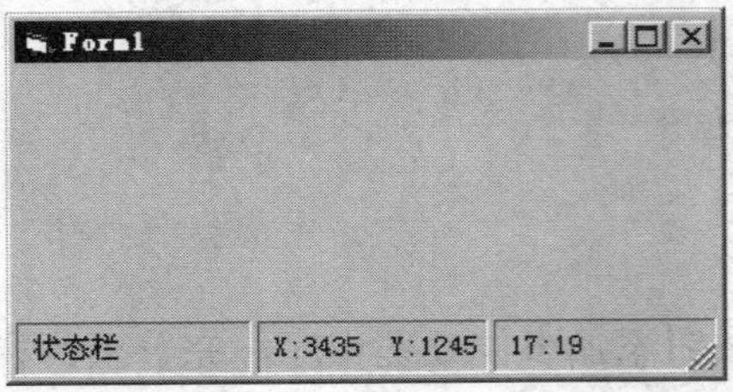

图 8-17　程序运行界面

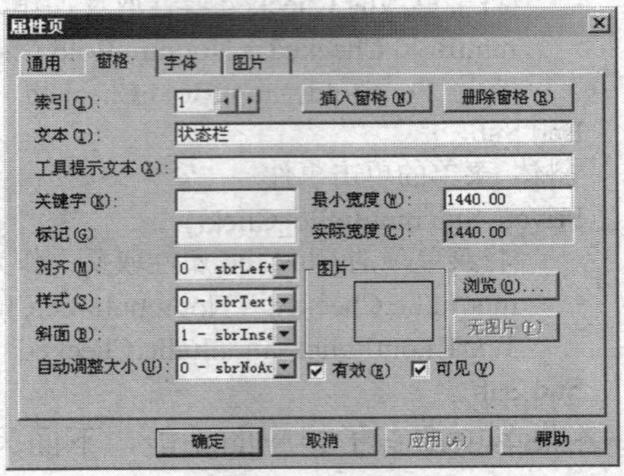

图 8-18　状态栏属性页的“窗格”选项卡

“索引”栏内显示的“1”是窗格的索引号，代表当前正在设置的窗格是第一个窗格。在“文本”栏输入文字“状态栏”，单击“确定”按钮后将在第一个窗格内显示“状态栏”。

单击“插入窗格”按钮，然后单击“索引”栏后的按钮，索引值变为 2，表示当前设置的是第 2 个窗格。第 2 个窗格将在运行时显示鼠标经过的位置信息。

再次单击“插入窗格”按钮，然后单击“索引”栏后的按钮两次，索引值显示为 3，表示当前设置的是第 3 个窗格。在“样式”栏内选择 5-sbrTime，确定后将在第 3 个窗格内显示当前系统时间。

（3）编写程序代码。

```
Private Sub Form_MouseMove(Button As Integer, Shift As Integer, X As Single, Y As Single)
    StatusBar1.Panels(2) = "X:" & X & "    Y:" & Y
End Sub
```

运行程序，当鼠标在窗体上移动时，在状态栏的第 2 个窗格显示鼠标的位置信息。运行界面如图 8-17 所示。

8.5　多文档界面

Visual Basic 允许在单个容器窗体中创建包含多个窗体的多文档界面（MDI）。最常用的多文档界面软件，如微软 Office 的几个组件程序 Word、Excel 等，它们允许用户同时打开多个文件，每个文件占用一个窗口（在 VB 中称为子窗体），用户可以在已经打开的窗口之间切换。

子窗体就是其 MDIChild 属性设置为 True 的普通窗体，一个应用程序可以包含许多相似或者不同样式的 MDI 子窗体。

（1）与普通窗体相比，MDI 窗体具有以下特性。

① MDI 窗体有且只能有一个。

② 至少包含一个子窗体。

③ 所有的子窗体无论如何操作都不能移出 MDI 窗体。

④ 子窗体最小化后的图标位于 MDI 窗体的底部（不是在任务栏）。

⑤ MDI 窗体最小化时，该父窗体及其所有的子窗体都最小化，变成任务栏上的一个图标。

⑥ 还原 MDI 窗体时该父窗体及其所有子窗体将按最小化之前的状态显示出来。

⑦ 将 MDI 窗体的 AutoShowChildren 属性设置为 True，可以在程序加载时显示其所有的子窗体。

（2）MDI 窗体的常用属性和方法。

① ActiveForm 属性。只读属性，返回 MDI 窗体中当前子窗体的名称。

② Arrange 方法。在 MDI 窗体对象内排列窗口或图标。

8.5.1　创建多文档界面应用程序

首先创建一个新的工程文件，然后选择“工程”菜单中的“添加 MDI 窗体”命令，在随后出现的对话框中单击“打开”按钮，即可创建一个 MDI 窗体。

MDI 窗体的名称默认为 MDIForm1，此窗体上只能放置图片框和菜单控件，而图片框中可以放置其他控件，如命令按钮等。

向 MDI 窗体添加子窗体的方法为：

（1）选择“工程”菜单中的“添加窗体”命令，可以向工程中添加一个普通窗体。

（2）将普通窗体的 MDIChild 属性设置为 True，即可将其变为 MDI 子窗体。

注意：MDIChild 属性只在程序运行时才起作用。

8.5.2　显示 MDI 窗体及其子窗体

1. 显示 MDI 窗体及子窗体

选择“工程”菜单的“工程属性”命令，在“通用”选项卡中将“启动对象”栏设为“MDIForm1”，将 MDI 窗体设为启动窗体。

程序运行后，系统会自动加载并显示 MDI 窗体，但其子窗体不会自动加载。因此，需要在 MDI 窗体的 Load 事件代码中添加加载或显示子窗体的代码。例如，以下代码加载并显示两个 MDI 子窗体 Form1 和 Form2：

```
Private Sub MDIForm1_Load
    Form1.Show
    Load Form2
End Sub
```

2. 关闭 MDI 窗体

和普通窗体一样，关闭 MDI 窗体的代码如下：

```
Unload MDI 父窗体名
```

或

```
Unload Me
```

8.5.3　MDI 应用程序中的菜单

在 MDI 应用程序中，每一个子窗体的菜单都显示在 MDI 窗体上，而不是显示在子窗体自身。当子窗体有焦点时，该子窗体的菜单就代替 MDI 窗体的菜单。如果没有可见的子窗体，或者如果拥有焦点的子窗体没有菜单，则显示 MDI 窗体的菜单。

MDI 应用程序经常使用几套菜单。通常把希望在任何时候都显示的菜单放在 MDI 窗体上。而把应用于子窗体的菜单放置到子窗体中。在运行时，只要有一个子窗体可见，这些菜单标题就会显示在 MDI 窗体的菜单栏中。

创建 MDI 窗体的菜单与创建普通窗体的菜单的方法一样，都使用 VB 提供的菜单编辑器。

8.5.4 维护子窗体的状态信息

1. 显示窗口清单

大多数 MDI 应用程序都有显示当前打开的子窗体的列表功能。在 MDI 窗体或者 MDI 子窗体上的任何菜单控件，只要将其 WindowList（显示窗口列表）属性设置为 True，都可以用于显示打开子窗体的清单。在运行时，VB 自动管理与显示打开子窗体的标题清单，并在当前拥有焦点的标题旁边显示一个复选标记✔，同时在窗口清单的上方自动放置一个分隔条。

设置“显示窗口列表”属性的步骤如下：

（1）选取希望菜单显示窗口列表的窗体，选择“工具”菜单的“菜单编辑器”命令。

（2）在菜单编辑器中，选择希望打开的子窗体的清单显示在其上的菜单。

（3）选取“显示窗口列表”复选框。

注意：“显示窗口列表”属性只应用于 MDI 窗体和 MDI 子窗体。它对标准窗体（非 MDI 窗体）不起作用，另外只能有一个菜单项选中“显示窗口列表”属性。

2. 子窗体的排列

为了便于管理 MDI 应用程序中的子窗体，不至于造成屏幕的混乱，可以使用 MDI 窗体的 Arrange 方法来重新对齐子窗体。语法格式为：

MDI 窗体名.Arrange 排列方式

其中，排列方式是一个整数值或 VB 的符号常量，如表 8-9 所示。

表 8-9 排列方式参数的值与功能对照表

VB 常量	值	说明
vbCascade	0	层叠窗体
vbTileHorizontal	1	水平平铺窗体
vbTileVertical	2	垂直排列窗体
vbArrangeIcons	3	当子窗体被最小化为图标后，图标在父窗体的底部重新排列

例 8-11 编写一个 MDI 应用程序，窗口界面如图 8-19 所示。

设计步骤如下：

（1）新建一个工程，将窗体 Form1 的 MDIChild 属性设置为 True，使之可以作为 MDI 窗体的子窗体。

（2）添加一个 MDI 窗体，并设置为启动窗体。

选择“工程”菜单的“添加 MDI 窗体”命令，在工程中添加一个 MDI 窗体。

选择“工程”菜单的“工程属性”命令，在“通用”选项卡中，将“启动对象”栏设置为 MDIForm1，设置 MDI 窗体为启动窗体。

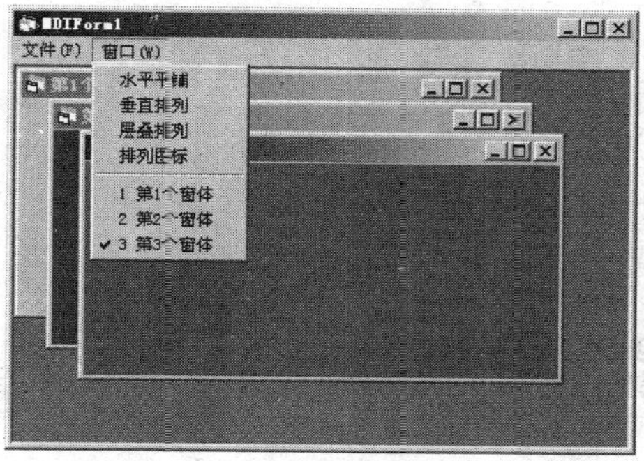

图 8-19　MDI 应用程序的运行界面

（3）为 MDI 窗体添加菜单。选定 MDI 窗体对象，选择“工具”菜单的“菜单编辑器”命令，为 MDI 窗体添加菜单，各菜单项的属性如表 8-10 所示。

表 8-10　各菜单项属性

菜单项	名称	索引	选中的复选框
文件(&F)	mnuFile		有效、可见
....新建窗体	mnuNew		有效、可见
....退出	mnuExit		有效、可见
窗口(&W)	mnuWin		有效、可见、显示窗口列表
....水平平铺	mnuArrange	0	有效、可见
....垂直排列	mnuArrange	1	有效、可见
....层叠排列	mnuArrange	2	有效、可见
....排列图标	mnuArrange	3	有效、可见

（4）编写代码。在 MDI 窗体的 Load 事件中，初始化随机数生成器。

```
Private Sub MDIForm_Load()
    Randomize
End Sub
```

编写各菜单项的单击事件过程代码如下：

```
'“新建”菜单项的单击事件代码
Private Sub mnuNew_Click()
    Static n As Integer
    Dim newfrm As New Form1   '以 Form1 为模板创建子窗体
    Load newfrm   '加载子窗体
    n = n + 1
    '设置子窗体的背景色
    newfrm.BackColor = RGB(Rnd * 256, Rnd * 256, Rnd * 256)
    '设置子窗体的标题
    newfrm.Caption = "第" & n & "个窗体"
End Sub

'“退出”菜单项的单击事件代码
Private Sub mnuExit_Click()
    Unload Me
End Sub
```

```
'排列子窗体的代码
Private Sub mnuArrange_Click(Index As Integer)
    'Index 返回菜单控件数组中各菜单项的索引
    Select Case Index
        Case 0    '水平平铺
            Me.Arrange vbTileHorizontal
        Case 1    '垂直排列
            Me.Arrange vbTileVertical
        Case 2    '层叠排列
          Me.Arrange vbCascade
        Case 3    '排列图标
            Me.Arrange vbArrangeIcons
    End Select
End Sub
```

（5）运行程序，通过“窗口”菜单的 4 个菜单项，了解子窗体的 4 种不同的排列方式，以及子窗体的窗口显示列表。

本章小结

本章介绍了 Windows 应用程序中典型的界面元素的设计方法，如通用对话框控件的应用、菜单的设计、工具栏与状态栏的设计，以及 MDI 应用程序的设计等。通过本章的学习，用户能够设计出美观、实用的应用程序界面。

习题 8

一、选择题

1．菜单编辑器中，下列（　）选项用于设置菜单栏上显示的文本。

A．标题　　B．名称

C．索引　　D．访问键

2．以下（　）属性可以控制菜单项可见或不可见。

A．Hide　　B．Checked

C．Visible　　D．Enabled

3．下列说法不正确的是（　）。

A．下拉菜单和弹出式菜单都是由菜单编辑器创建的

B．每一个创建的主菜单最多可以有 5 级子菜单

C．下拉菜单中的菜单项不可以作为弹出式菜单显示

D．控制下拉菜单项是否可用，由菜单编辑器中的有效属性设置

4．菜单控件只有一个事件（　）。

A．MouseUp　　B．Click

C．DBClick　　D．KeyPress

5．下列说法不正确的是（　）。

A．顶层菜单不允许设置快捷键

B．要使菜单项中的文字具有下划线，可在标题文字前加&符号。

C. 有一菜单项名为 MenuTerm，则语句 MenuTerm.Enabled = False 将使该菜单项失效。

D．若希望在菜单中显示“&”符号，则在标题栏中输入“&”符号。

6．假定有如下事件过程：

```
Private Sub Form_MouseDown(Button As Integer, Shift As Integer, X As Single, Y As Single)
    If Button = 2 Then
    PopupMenu popForm
    End If
End Sub
```

则以下描述中错误的是（　）。

A．该过程的功能是弹出一个菜单

B．popForm 是在菜单编辑器中定义的弹出式菜单的名称

C．参数 X、Y 指明鼠标的当前位置

D．Button = 2 表示按下的是鼠标左键

7．以下叙述中错误的是（　）。

A．在同一窗体的菜单项中，不允许出现标题相同的菜单项

B．在菜单的标题栏中，“&”所引导的字母指明了访问该菜单项的访问键

C．程序运行过程中，可以重新设置菜单的 Visible 属性

D．弹出式菜单也在菜单编辑器中定义

8．选中一个窗体，下列方法中不能启动菜单编辑器的是（　）。

A．单击工具栏中的“菜单编辑器”命令

B．执行“工具”菜单中的“菜单编辑器”命令

C．按 Ctrl+E

D．按 Shift+Alt+M

9．设菜单项的 Caption 内容是“NEW”，名字（Name）是“Create”，则单击该菜单项所产生的事件过程应是（　）。

A．Private Sub MnuNEW_Click()　　B．Private Sub Create_Click()

C．Private Sub NEW_Click()　　D．Sub Mnu_Create_Click()

10．设菜单项名称为 MenuItem，为了在运行时使该菜单项失效（变灰），应使用的语句为（　）。

A．MenuItem.Enabled = False　　B．MenuItem.Enabled = True

C．MenuItem.Visible = True　　D．MenuItem.Visible = False

11．在菜单设计器中，使某菜单项的左边设置打勾标记，下面操作正确的是（　）。

A．在标题项中输入&然后打勾　　B．在索引项中打勾

C．在有效项中打勾　　D．在复选项中打勾

12．以下叙述中错误的是（　）。

A．下拉式菜单和弹出式菜单都用菜单编辑器建立

B．在多窗体程序中，每个窗体都可以建立自己的菜单系统

C．除分隔线外，所有菜单项都能接收 Click 事件

D．如果把一个菜单项的 Enabled 属性设置为 False，则该菜单项不可见

13．在使用菜单编辑器设计菜单时，必须输入的项有（　）。

A．快捷键　　B．标题

C．索引　　D．名称

14．在下列关于菜单的说法中，错误的是（　）。

A．每个菜单项都是一个控件，与其他控件一样也有自己的属性和事件

B．除了 Click 事件之外，菜单项还能响应其他如 DblClick 等事件

C．每个菜单项都可以设置热键

D．如果菜单项的 Enabled 属性为 False，则该菜单项变成灰色，不能被用户选择

15．下列叙述正确的是（　）。

A．菜单是一个控件，也具有属性和事件

B．“菜单编辑器”中设计的菜单不是控件

C．菜单的属性可以在属性窗口中设置

D．菜单是一个控件，它可以保存在工具箱中

16．显示弹出式菜单要用（　）方法实现。

A．Popup　　B．PopupMenu

C．ShowMenu　　D．DrawMenu

17．下列叙述错误的是（　）。

A．菜单项的 Caption 属性为“&File”，则它的热键为 Alt+F

B．程序运行过程中，可以重新设置菜单的 Visible 属性

C．在同一窗体的菜单项中，不允许出现标题相同的菜单项

D．菜单项与其他控件一样有自己的属性和事件

18．下列叙述错误的是（　）。

A．运行时，通用对话框控件是不可见的

B．调用通用对话框控件的 ShowColor 方法，可以打开颜色对话框

C．在同一个程序中，用不同的方法打开的通用对话框具有不同的作用

D．调用通用对话框控件的 ShowOpen 方法，可以直接打开在该通用对话框中指定的文件

19．窗体上有一个通用对话框 CommonDialog1，语句 CommonDialog1.Action = 4 表示（　）。

A．显示“打开”对话框　　B．显示“字体”对话框

C．显示“颜色”对话框　　D．显示“另存为”对话框

20．设置（　）属性可以指定通用对话框中显示的文件类型。

A．DialogTitle　　B．FileTile

C．Filter　　D．FilterIndex

二、填空题

1．Visual Basic 中的菜单可分为________菜单和________菜单。

2．如要在菜单中设计分隔线，则应将菜单项的标题设置为________。

3．想要显示一弹出式菜单，可使用________方法。

4．有些菜单项被单击后将显示一个对话框，在这些菜单项后通常有________。

5．菜单中的“热键”可通过在热键字母前插入________符号实现。

6．可通过快捷键________打开菜单编辑器。

7．欲使某项菜单在运行时不可见，可设置该菜单对象的________属性为 False。

8．一菜单数组 MenuA 已有三个菜单项（索引分别为 0、1、2），在程序运行时要求为其动态添加第四个菜单项，应使用语句________。

9．一个应用程序只能定义________个 MDI 父窗体，而父窗体可以有________个 MDI 子窗体。

10．若要将一个窗体定义为 MDI 父窗体的子窗体，则需要将该窗体的________属性设置为 True。

三、编程题

1．在 D 盘根目录下建立一个名称为“Vbcd”的工程文件 Menu1.Vbp，并在工程中建立一个名称为“Menu1”的菜单窗体文件 Menu1.frm，要求：

① 菜单格式与内容如下：

视图(V)	插入(I)
工具栏	√表格
显示比例	图片-> 剪贴画
————	艺术字
退出 (Ctrl+X)	

其中，括号内的字符为热键；分隔条的名称为 FGT，其他菜单与子菜单的名称与标题相同，但不含热键；Ctrl+X，设置为快捷键；-> ：下一级菜单；√：复选标记；“工具栏”菜单项的颜色为灰色（暂时不可用）。

② 只有“显示比例”菜单项的 Click()事件执行语句：Msgbox "选择显示的比例"，其他菜单和子菜单不执行任何操作。

③ 调试运行并生成可执行文件 Menu1.exe。

2．编写一个能进行加减乘除运算的简单程序，设计界面如图 8-20 所示。当用户在左边的两个文本框中输入需要计算的两个数据后，单击“数学运算”菜单，从其下拉子菜单的四种运算（加法、减法、乘法、除法）中选择一种，则运算符号和运算结果将显示在窗口的合适位置；“格式设置”菜单是用来设置各文本框的字体和背景色；“其他”菜单作为弹出式菜单，用于清除各文本框和退出程序。各菜单项的属性设置见表 8-11，程序运行界面如图 8-21 所示。

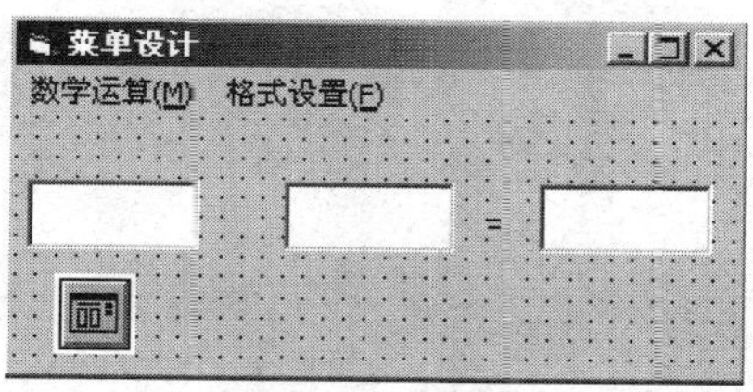

图 8-20　程序设计界面

表 8-11　各菜单项属性

菜单项	快捷键	名称	选中的复选框
数学运算(&M)		MNU1	有效、可见
.... 加法	Ctrl+A	MNU11	有效、可见、复选
.... 减法	Ctrl+B	MNU12	有效、可见
.... 乘法	Ctrl+C	MNU13	有效、可见
.... 除法	Ctrl+D	MNU14	有效、可见
格式设置(&F)		MNU2	有效、可见
.... 字体		MNU21	有效、可见
.... 背景色		MNU22	有效、可见
其他(&O)		MNU3	有效
.... 清除		MNU31	有效、可见
.... 退出		MNU32	有效、可见

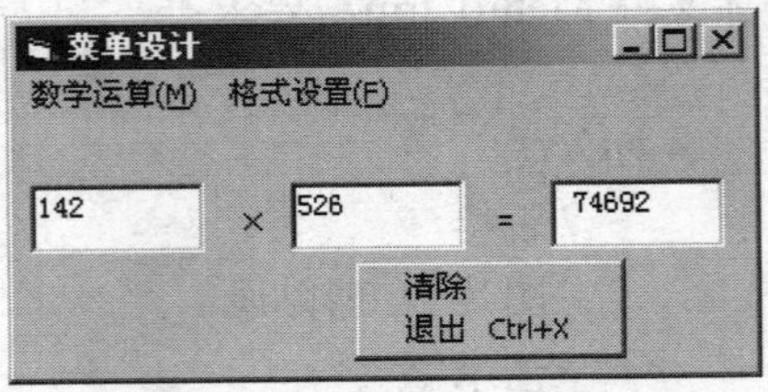

图 8-21　程序运行界面

第 9 章　文件

本章要点

- 掌握文件系统控件的使用方法
- 了解文件的分类
- 掌握顺序文件、随机文件的基本操作
- 了解二进制文件的基本操作

9.1　文件概述

使用 Visual Basic 编写应用程序时，经常需要对数据文件进行读、写操作。将有用的数据以文件形式存储后，就可以通过文件对数据进行创建、访问以及检索等操作。本章主要讨论如何利用文件系统控件使用户能够在应用程序中检查可用的磁盘文件并从中选择，以及使用传统的 I/O 语句对数据文件进行读写操作。

数据文件一般由记录集合构成，这些记录包括定长记录和不定长记录。按照文件的组成结构和存取方式的不同，可以将文件分为三类：顺序文件、随机文件和二进制文件。

9.2　文件系统控件

文件系统控件的作用是显示关于驱动器、目录和文件的信息，从中选择信息后可进行进一步的操作。Visual Basic 提供了三种文件系统控件：DriveListBox（驱动器列表框）、DirListBox（目录列表框）和 FileListBox（文件列表框）。通常将它们组合起来使用以查看驱动器、目录和文件。

9.2.1　DriveListBox

DriveListBox（驱动器列表框）用来显示当前系统中所有有效磁盘驱动器的列表。驱动器列表框的常用属性是 Drive 属性，该属性用于设置或返回要操作的驱动器，Drive 属性只能用程序代码设置，不能通过属性窗口设置。其使用格式如下：

```
驱动器列表框名称.Drive[=驱动器名]
```

这里的驱动器名是指定的驱动器，若省略，则 Drive 属性为当前驱动器，使用 ChDrive 语句可以将用户选定的驱动器设为当前驱动器，比如：

```
ChDrive Drive1.Drive
```

驱动器列表框的常用事件是 Change 事件，该事件在 Drive 属性值发生变化时触发。驱动器列表框的常用方法有 Refresh 方法（用于刷新驱动器列表）、SetFocus 方法和 Move 方法。

9.2.2　DirListBox

DirListBox（目录列表框）的作用是显示当前驱动器上的目录和路径，它可以显示分层的目录列表。目录列表框的常用属性是 Path 属性，该属性用于设置或返回当前路径，Path 属性只在运行时可用，在设计时不可用。目录列表框的Path属性值变化时，将触发它的Change事件。

使用 ChDir 语句可以改变当前目录或路径。例如，下面语句的作用是把用户在目录列表框中选取的目录设为当前目录：

```
ChDir Dir1.Path
```

9.2.3　FileListBox

FileListBox（文件列表框）的作用是显示当前目录中指定文件类型的文件列表。文件列表框的常用属性有：

（1）Pattern 属性。Pattern 属性用于限定文件列表框中显示的文件类型，默认情况下，Pattern的属性值为“*.*”，即所有文件。此属性在程序中的设置格式如下：

文件列表框名.Pattern [=属性值]

例如，语句 File1.Pattern = "*.Gif ; *.Bmp"，限定文件列表框 File1 中将只显示扩展名为 Gif 和 Bmp 的文件，注意多个扩展名字符之间用“;”分开。改变 Pattern 属性将产生 PatternChange 事件。

（2）Path 属性。Path 属性用于设置或返回文件列表框中显示的文件所在的目录路径。

（3）FileName 属性。FileName 属性用于设置或返回用户在文件列表框中选定的文件名。

（4）MultiSelect 属性。该属性用于设置文件列表框中是否允许选择多个文件以及文件的选择方式。

（5）ListCount 属性。该属性用于返回文件列表框中所显示的文件总数。

9.2.4　文件系统控件的联动

下面通过一个例子讲解将这三个文件系统控件联合起来使用的方法。

例 9-1　设计一图像浏览器，运行界面如图 9-1 所示。要求编写代码实现驱动器列表框 Drive1、目录列表框 Dir1 和文件列表框 File1 的联动操作；文件列表框中只显示扩展名为 Bmp 和 Jpg 的图形文件；用鼠标单击文件列表框中的某个图形文件时，在图像框 Image1 中显示该图形文件的图像。

图 9-1　图像浏览器

设计步骤如下：

（1）建立一个新工程，在窗体上添加驱动器列表框 Drive1、目录列表框 Dir1、文件列表框 File1 和图像框 Image1，按表 9-1 设置有关属性值。

表 9-1　属性设置

对象	属性	属性值	说明
File1	Pattern	*.Bmp;*.Jpg	只显示扩展名为 Bmp 和 Jpg 的文件
Image1	Stretch	True	图像框能够显示完整的图形
	BorderStyle	1	图像框具有边框

（2）编写程序代码。

① 编写驱动器列表框的 Change 事件，使驱动器列表框和目录列表框产生同步效果。代码如下：

```
Private Sub Drive1_Change()
    Dir1.Path = Drive1.Drive
End Sub
```

这样，每当改变驱动器列表框 Drive1 的 Drive 属性时，将产生 Change 事件，同时目录列表框中的目录改变成该驱动器目录。

② 编写目录列表框 Dir1 的 Change 事件，使目录列表框和文件列表框产生同步效果。代码如下：

```
Private Sub Dir1_Change()
    File1.Path = Dir1.Path
End Sub
```

当目录列表框 Dir1 中的内容发生变化时，会触发 Dir1 的 Change 事件。通过把 Dir1 的 Path 属性赋值给 File1 的 Path 属性，可实现目录列表框与文件列表框的联动。

③ 编写文件列表框 File1 的 Click 事件，在图像框中显示指定的图形。

```
Private Sub File1_Click()
    Image1.Picture = LoadPicture(File1.Path + "\" + File1.FileName)
End Sub
```

（3）程序运行后，用户可以通过 Drive1、Dir1 和 File1 选择盘符、路径和文件名，并将选定的图形文件显示在图像框中。

9.3　顺序文件

顺序文件通常是文本文件，文件中的各条记录（数据）按先后顺序存入磁盘，读取时也按这个顺序读取，这些记录的长度可以是任意的。追加记录只能在文件的末尾进行。无法灵活地对顺序文件进行记录的插入和跳转等操作。

9.3.1　顺序文件的打开与关闭

1．顺序文件的打开

在对文件进行操作之前，必须先打开文件。Visual Basic 中使用 Open 语句打开或建立一个文件，并指定一个文件号和文件的打开模式等。打开顺序文件的 Open 语句格式如下：

Open <文件名> For 模式[Access 存取类型][锁定] As [#] <文件号> [Len =记录长度]

格式中的 Open、For、As 以及 Len 为关键字，带方括号的字段为可选项。其他参数的含义如下：

（1）<文件名>用于指定要打开或建立的文件名，可包含完整路径名。

（2）模式用来指定文件的打开方式，对顺序文件而言，有以下三种模式：

- Output：指定数据从内存输出到文件（写文件），将创建一个新文件。
- Input：指定数据从文件读入到内存（读文件），文件必须存在，否则会出错。
- Append：指定数据从内存输出到文件尾部（追加写文件）。如果文件存在，则打开该文件，在尾部追加数据；如果文件不存在，则创建一个新文件。

（3）Access 是可选的关键字，说明打开的文件允许进行的操作，有 Read（只读）、Write（只写）或 Read Write（读/写）操作。

（4）[锁定]是可选的关键字，说明其他进程或用户能够对打开的文件进行的操作，类型包括 Shared、Lock Read、Lock Write 和 Lock Read Write。

如果不使用 Lock 子句，默认为 Lock Read Write。

（5）<文件号>是必需的一个有效的文件号，范围在 1 到 511 之间。执行 Open 语句时，打开文件的文件号与一个具体的文件相关联，其他输入/输出语句或函数通过文件号与文件发生关系。

（6）记录长度是可选的小于或等于 32767 字节的一个数。对于顺序文件，该值指定缓冲区分配的字符数。

例如：

```
Open "D:\Example1.dat" For Output As #1          ' 以写文件方式打开文件
Open "D:\Example2.dat" For Input As #2           ' 以读文件方式打开文件
Open "D:\Example3.txt" For Append As #3          ' 以追加文件方式打开文件
```

2. 顺序文件的关闭

文件的读/写操作结束后，一定要关闭文件。关闭文件的格式为：

```
Close [[#]文件号][,[#]文件号]…
```

其中，Close 语句中的“文件号”是 Open 语句中使用的文件号，并且是可选的，如果指定“文件号”则将指定的文件关闭，否则关闭所有打开的文件。

例如：

```
Close #1, #2      ' 关闭 1 号和 2 号文件
Close             ' 关闭所有打开的文件
```

9.3.2 顺序文件的读写操作

1. 顺序文件的写操作

顺序文件的写操作分为三步，即打开文件、写入文件和关闭文件，其中打开文件和关闭文件分别用 Open 语句和 Close 语句来完成；而写入文件，则需要用 Print#或 Write#语句来完成。

（1）Print # 语句。Print#语句用来将格式化显示的数据写入顺序文件中，Print#语句与 Print 方法的功能类似，区别在于：Print #语句写的对象是文件，而 Print 方法写的对象是窗体、控件或打印机。例如：Print #1 a1, a2, a3 把变量 a1、a2、a3 的值写到文件号为 1 的文件中，而

Print a1, a2, a3 把变量的值写到窗体上。语句的一般格式如下：

Print　#文件号, [Spc(n)|Tab(n)] [输出列表][charpos]

以上格式中各参数说明如下：

① 文件号是有效文件号。

② Spc(n)用来在输出数据中插入空格字符，而 n 指要插入的空格字符个数。

③ Tab(n)用来将插入点定位在某一绝对列号上，在此 n 是列号。使用无参数的 Tab 将会把插入点定位在下一个打印区的起始位置。

④ charpos 用来指定下一个字符的插入点，可为分号或逗号，分别表示用紧凑格式或标准格式输出数据。Print #语句中每个数据项之间用逗号隔开，表示以 14 个字符位置为单位把一个输出行分成若干个区段，逗号后面的数据表达式在下一个区段输出。

例 9-2　编程使用 Print #语句将一组数据写入到文件 D:\test1.txt 中。

```
Private Sub Command1_Click()
    Open "D:\test1.txt" For Output As #1
    Print #1, "这是使用 Output 模式和 Print 语句的测试文件"
    Print #1, "字符串型", "整型", "日期型"
    Print #1, "顺序文件的写入", 2011, Date
    Print #1,                                    '输出一空行
    Close #1
End Sub
```

运行程序后，D:\test1.txt 文件的内容如图 9-2 所示。

图 9-2　使用 Output 模式和 Print 语句的文件内容

（2）Write # 语句。同 Print #语句一样，用 Write #语句也可以把数据写入顺序文件中。其语法格式如下：

Write　#文件号, [输出列表]

其中，文件号的意义同前。

用 Write 语句向文件中写入数据时，系统会自动遵循以下约定，以便在用 Input 语句读数据时，能正确识别各自的数据类型：

① 对于逻辑型数据，在写入文件时，均保存为#True#或#False#的形式。

② 对于日期型数据，均采用#yyyy-mm-dd hh:mm:ss#的形式保存。日期和时间部分亦可分开保存，此时各自的表达形式为#yyyy-mm-dd#和#hh:mm:ss#。

③ 字符型数据将用双引号括起来。

说明：

① 当用 Write #语句时，文件必须以 Output 或 Append 方式打开，表达式表中的各项以逗号分开。

② 当用 Write #语句将数据写入文件时，数据以紧凑格式存放，Write #语句会自动地在数据项之间插入逗号，并给字符串加上双引号。

例 9-3 编程使用 Write #语句将一组数据追加写入到文件 D:\test1.txt 中。

```
Private Sub Command1_Click()
    Open "D:\test1.txt" For Append As #2
    Write #2, "这是使用 Append 模式和 Write 语句的测试文件"
    Write #2, "顺序文件的追加", 2011, Date
    Close #2
End Sub
```

运行程序后，D:\test1.txt 文件的内容如图 9-3 所示，添加了两行数据。

图 9-3 使用 Append 模式和 Write 语句的文件内容

2. 顺序文件的读操作

顺序文件的读操作由 Input #语句和 Line Input #语句实现。

（1）Input #语句。Input #语句用来从已打开的顺序文件中读出数据项，并把这些数据项赋给程序变量。例如，语句 Input #1, a1, a2, a3 实现从文件号为 1 的文件中读出三个数据项，并把它们分别赋给 a1、a2 和 a3 这三个变量。其格式如下：

```
Input #文件号, 变量列表
```


其中，文件号是有效的文件号，变量列表是用逗号分隔的变量列表，由一个或多个变量组成，这些变量的类型必须跟文件中数据项的类型相匹配，从数据文件中读出的数据赋给相应的程序变量。

说明：

① Input #语句与 InputBox 函数类似，但后者要求从键盘上输入数据，而 Input #语句要求从文件中输入数据，而且执行 Input #语句时不显示对话框。

② Input #语句也可以用于随机文件的读取。

③ 在将数据写入文件时，最好使用 Write #语句而不使用 Print #语句。因为使用 Write# 语句可以确保将各个单独的数据域正确分开。

例 9-4 编程使用 Input #语句读取数据到变量中。

```
Private Sub Command1_Click()
    Dim st As String, i As Integer, b As Boolean
    Open "D:\test2.dat" For Output As #1
    Write #1, "使用 Input#语句读取数据", 100, True
    Close #1
    Open "D:\test2.dat" For Input As #1
    Input #1, st, i, b    '变量的类型必须与文件中的数据类型匹配
    Print st, i, b
End Sub
```

（2）Line Input 语句。使用 Line Input 语句可以从顺序文件中读取一个完整的行，并赋给一个字符串变量。具体格式如下：

```
Line Input #文件号, 字符串变量
```

该语句每次只能从文件中读出一行数据（以回车换行为行尾，但读取的数据不包括回车符和换行符）。

在功能上，Line Input #与 Input#语句没有太多差别，只是 Input #语句读取的是文件中的数据项，而 Line Input #读取的是文件中的一行。

例 9-5　编程使用 Line Input #语句读取文件 D:\test1.txt 中的数据，并显示在文本框中。

将文本框 Text1 的 MultiLine 属性设置为 True，使之可以显示多行文本。

```
Private Sub Command1_Click()
    Open "D:\test1.txt" For Input As #1
    Dim str1 As String
    Text1.Text = ""
    Do While Not EOF(1)
        Line Input #1, str1
        Text1.Text = Text1.Text + str1 + vbCrLf
    Loop
    Close #1
End Sub
```

程序使用循环的方法遍历文件中的所有数据，一次读取文件中的一行数据并显示到文本框中；同时用 EOF()函数来判断什么时候到达文件末尾，该函数在达到文件末尾时返回真值。

9.4　随机文件

随机文件跟数据库相似，被组织成固定长度的记录，并以记录为单位进行存取，记录又由一个或多个字段（又称为数据项）组成，字段可以有不同的数据类型和宽度。每一条记录都有一个记录号，所以在对文件进行读、写操作时，只要给出记录号，就可以直接定位到某条记录进行读取、修改、增删等操作，非常灵活。随机文件适用于数据访问量较大、经常需要更新数据的文件。

在打开一个随机文件进行访问之前，首先要定义一个记录类型，该类型对应于随机文件包含的记录。例如，一个保存学生信息的记录文件，可以定义一个名为 Student 的自定义数据类型如下：

```
Private Type Student
    stuNo As String * 10
    name As String * 8
    phone As String * 11
    score As Integer
End Type
```

由于随机访问文件中的所有记录长度必须相同，所以上面用户自定义类型中的各字符串通常为固定长度。

如果实际字符串包含的字符数比它写入的字符串固定长度短，则 Visual Basic 会用空白来填充记录后面的空间；如果字符串比字段固定长度长，则它就会被截断。如果使用长度可变的字符串，则任何用 Put 存储或用 Get 检索的记录总长度，都不会超过在 Open 语句的 Len 参数中所指定的记录长度。

9.4.1 随机文件的打开与关闭

1．随机文件的打开

用 Open 语句打开随机文件的格式如下：

```
Open 文件名 For Random As #文件号 [Len = 记录长度]
```

表达式[Len = 记录长度]指定每个记录的长度，默认为 128 个字节。可以通过 Len()函数来获得记录的长度，一般格式为：

```
Len(记录类型的变量)
```

文件以随机访问（Random）模式打开后，可以同时进行读写操作。

2．随机文件的关闭

关闭随机文件与顺序文件相同，仍然使用 Close 语句。

9.4.2 随机文件的读写操作

1．随机文件的写操作

随机文件的写操作通过 Put 语句来实现，一般格式如下：

```
Put [#]文件号, [记录号], 记录变量
```

Put 语句是将一个记录变量的内容写入到文件中指定的记录位置。这里的#、记录号是可选的。记录号是大于或等于 1 的整数，如果省略记录号，则写到下一个记录位置，即最近执行 Get 语句或 Put 语句后指定的位置。省略记录号后，逗号不能省略，例如：

```
Put #1, , stu
```


注意：使用 Put 语句向随机文件写入第 N 条记录时，将覆盖文件中原有的第 N 条记录。

2．随机文件的读操作

随机文件的读操作用 Get 语句来完成，一般格式如下：

```
Get [#]文件号, [记录号], 记录变量
```

Get 语句将由文件号所指定的磁盘文件中的数据读到记录变量中，记录号为要读的记录的编号，取值范围为 1~2147483647。如果省略记录号，则读取下一条记录，即最近执行 Get 语句或 Put 语句后的记录。省略记录号后，逗号不能省略，例如：

```
Get #1, , stu
```

例 9-6 编写一个随机文件的读写程序，界面如图 9-4 所示，功能如下：

① 在窗体的 Load 事件中打开随机文件 D:\studInf.dat，如果文件非空，则将第一条记录显示在文本框中。

② 单击“写文件”按钮，则将 4 个文本框中的内容作为记录值写入到文件中当前记录的后面。

③ 单击“清空”按钮，则将 4 个文本框清空，以便输入新的记录值。

④ 单击“上一条”按钮，则读取当前记录的上一条记录并显示在 4 个文本框中。

图 9-4 例 9-6 的运行界面

⑤ 单击“下一条”按钮，则读取当前记录的下一条记录并显示在 4 个文本框中。

⑥ 在窗体的 Unload 事件中关闭文件。

设计步骤如下：

（1）建立一个新工程，在窗体上添加 4 个标签、4 个文本框、4 个命令按钮，按表 9-2 设置有关属性。

表 9-2　属性设置

对象	属性	属性值
Form1	Caption	随机文件的读写
Label1	Caption	学号
Label2	Caption	姓名
Label3	Caption	电话
Label4	Caption	总分
Command1	Caption	写文件
Command2	Caption	清空
Command3	Caption	上一条
Command4	Caption	下一条

（2）编写程序代码。

```
' 声明记录类型和变量：
Private Type Student
    stuNo As String * 10
    name As String * 8
    phone As String * 11
    score As Integer
End Type
Private stu As Student, recNo As Integer
' 各功能模块的代码
Private Sub Form_Load()
    Open "D:\studInf.dat" For Random As #1 Len = Len(stu)
    recNo = LOF(1) / Len(stu)              '计算文件中的记录数
    If recNo >= 1 Then
        '从第一条记录开始显示
        Get #1, 1, stu
        Text1.Text = stu.stuNo
        Text2.Text = stu.name
        Text3.Text = stu.phone
        Text4.Text = stu.score
        recNo = 1
    Else
        '数据文件中的记录为空，则使"上一条"和"下一条"按钮不可用
        Command3.Enabled = False
        Command4.Enabled = False
    End If
End Sub

Private Sub Command1_Click()
    stu.stuNo = Text1.Text
    stu.name = Text2.Text
    stu.phone = Text3.Text
    stu.score = Val(Text4.Text)
    '将数据记录写入到当前记录的后面
```

```
    recNo = recNo + 1
    Put #1, recNo, stu
    '数据文件中的记录不为空，则使"上一条"和"下一条"按钮可用
    Command3.Enabled = True
    Command4.Enabled = True
    Text1.Text = ""
    Text2.Text = ""
    Text3.Text = ""
    Text4.Text = ""
End Sub

Private Sub Command2_Click()
        Text1.Text = ""
        Text2.Text = ""
        Text3.Text = ""
        Text4.Text = ""
        Text1.SetFocus
End Sub

Private Sub Command3_Click()
    If recNo > 1 Then
        recNo = recNo - 1
    Else
        MsgBox "已到文件头！"
    End If
    Get #1, recNo, stu
    Text1.Text = stu.stuNo
    Text2.Text = stu.name
    Text3.Text = stu.phone
    Text4.Text = stu.score
End Sub

Private Sub Command4_Click()
    If recNo < LOF(1) / Len(stu) Then
        recNo = recNo + 1
        Get #1, recNo, stu
        Text1.Text = stu.stuNo
        Text2.Text = stu.name
        Text3.Text = stu.phone
        Text4.Text = stu.score
    Else
        MsgBox "已到文件尾！"
    End If
End Sub

Private Sub Form_Unload(Cancel As Integer)
    Close #1
End Sub
```

运行程序，可同时对随机文件进行读写操作。

9.5　二进制文件

二进制文件中的数据均以二进制方式存储，存储单位是字节。在二进制文件中，可以把文件指针移到文件的任何位置。文件刚被打开时，文件指针指向第一个字节，以后将随着文件处理命令的执行而移动指针。这种文件的灵活性最大，但编程的工作量也最大。

二进制文件与随机文件一样，文件打开后，可以同时进行读写操作。

9.5.1　二进制文件的打开与关闭

1. 二进制文件的打开

用 Open 语句打开二进制文件的格式如下：

```
Open  文件名  For Binary As #文件号
```

在打开二进制文件时不指定记录长度，没有 Len 子句部分。

例如：

```
Open "C:\Temp.dat" For Binary As #1
```

2. 二进制文件的关闭

关闭二进制文件同样使用 Close 语句。

9.5.2　二进制文件的读写操作

1. 二进制文件的写操作

向二进制文件写入数据的语法格式如下：

```
Put #文件号, [位置], 表达式
```

其中“位置”是按字节计数的读写位置，若省略，则文件指针从头到尾顺序移动。Put 语句写入文件的字节数等于表达式的长度。

2. 二进制文件的读操作

从二进制文件读取数据的语法格式如下：

```
Get #文件号, [位置], 变量
```

该语句从文件读出的字节数等于变量长度。

9.6　常用的文件操作语句和函数

9.6.1　文件操作语句

Visual Basic 提供了一些文件操作语句，用户可以利用这些语句进行文件的复制、删除、重命名以及文件夹的建立和删除等操作。

（1）FileCopy 语句。

格式：FileCopy　源文件, 目标文件

功能：复制一个文件。

例如：将 C:\Windows 文件夹下的 NOTEPAD.EXE 文件复制到 D 盘下，并命名为

MYNOTE.EXE。

```
FileCopy  "C:\Windows\NOTEPAD.EXE", "D:\MYNOTE.EXE"
```

说明：该语句不能复制已经打开的文件。

（2）Kill 语句。

格式：Kill 文件名

功能：删除文件。

例如：删除 D 盘下所有扩展名为.tmp 的文件。

```
Kill  "D:\*.tmp"
```

说明：文件名中可以使用通配符“*”和“?”。

（3）Name 语句。

格式：Name 旧文件名 As 新文件名

功能：重新命名一个文件或目录。

例如：将 D 盘下的文件 abc.txt 重新命名为 Readme.txt，并将其移动到 C:\TEMP 文件夹下。

```
Name  "D:\ abc.txt"  As  "C:\TEMP\ Readme.txt"
```

说明：文件名中不可以使用通配符“*”和“?”；Name 具有移动文件的功能，但不能移动文件夹；不能对一个已打开的文件使用 Name 语句。

（4）MkDir 语句。

格式：MkDir 目录

功能：创建一个新的文件夹。

例如：在 C 盘下新建文件夹 TEMP。


```
MkDir  "C:\TEMP"
```

（5）RmDir 语句。

格式：RmDir 路径

功能：删除一个空文件夹。

例如：删除 C 盘下新建的空文件夹 TEMP。

```
RmDir  "C:\TEMP"
```

说明：RmDir 不能删除一个含有文件的目录，必须先使用 Kill 语句删除目录下的所有文件，再删除文件夹。

9.6.2 文件操作函数

在 Visual Basic 中，下列函数适用于所有三种类型的文件访问。

（1）FileLen() 函数。FileLen()函数返回指定文件名的文件长度，单位为字节，语法格式如下：

```
FileLen(文件名)
```

其中，文件名是用来指定路径与文件名的字符串表达式。使用该函数，目标文件不要求打开，如果文件已经打开，则返回打开前的文件长度。

（2）Loc() 函数。Loc()函数返回由文件号指定的文件中读/写的位置。语法格式如下：

```
Loc(文件号)
```

其中，文件号是指在 Open 语句中使用的文件号。对于随机文件，函数将返回上一次对文件进行读出或写入的记录号；对于顺序文件，返回文件中当前字节位置除以 128 所得的值；对于二进制文件，返回上一次对文件进行读出或写入的字节位置。

（3）LOF()函数。LOF 函数将返回指定文件的字节数。语法格式如下：

```
LOF(文件号)
```

其中，文件号的含义同前，返回一个用 Open 语句打开的文件的大小，该大小以字节为单位。如果 LOF 函数的返回值为 0，代表文件为空文件。

（4）EOF() 函数。EOF()函数返回一个表示文件指针是否到达文件末尾的标志。语法格式如下：

```
EOF(文件号)
```

其中，文件指针是打开文件后自动生成的，文件的读或写都从这个指针所指的位置开始。用 Append 方式打开的文件，文件指针指向文件的末尾，其他几种方式，文件指针都指向文件的开头。完成一次读/写操作后，文件指针自动移到下一个读/写操作的起始位置，移动量大小由 Open 语句和读/写语句中的参数共同决定。

文件指针如果到了文件末尾，EOF 函数将返回 True（-1），否则返回 False（0）。对于顺序文件，用 EOF 函数测试是否到了文件尾；对于随机文件和二进制文件，如果最后执行的 Get 语句未能读到一个完整记录，则返回 True，否则返回 False。

（5）Dir() 函数。Dir()函数用来测试一个指定的路径下是否有指定的文件或文件夹（目录），被测试的文件或文件夹可以包含通配符“*”和“?”。除了文件和文件夹外，还可以指定其属性。语法格式如下：

```
Dir(文件名[，属性])
```

其中，文件名是用来指定路径与文件名的字符串表达式，属性用来指定文件和文件夹的属性。

例如：判断 D 盘下是否存在文件 MYNOTE.EXE，如果存在就删除它。方法如下：

```
If Dir("D:\MYNOTE.EXE") = "" Then
    MsgBox "文件不存在！"
Else
    Kill "D:\MYNOTE.EXE"
    MsgBox "文件已删除。"
End If
```

例如：判断 D 盘是否存在文件夹 SPKSSYS，如果不存在就创建该文件夹。方法如下：

```
If Dir("D:\SPKSSYS", vbDirectory) = "" Then
    MkDir "D:\SPKSSYS"
Else
    MsgBox "文件夹已存在！"
End If
```

9.7　应用举例

例 9-7　编写一个简易记事本程序，可以用来查看或编辑文本文件。设计界面如图 9-5 所示。

设计步骤如下：

（1）建立一个新工程，在工具箱中单击右键，选择“部件”命令，打开“部件”对话框，在其“控件”选项卡中选中 Microsoft Common Dialog Control 6.0 和 Microsoft Rich Textbox Control 6.0 两项，单击“确定”按钮后工具箱中添加了 CommonDialog 和 RichTextBox 两个控件，将这两个控件添加到窗体上，按表 9-3 设置有关属性。

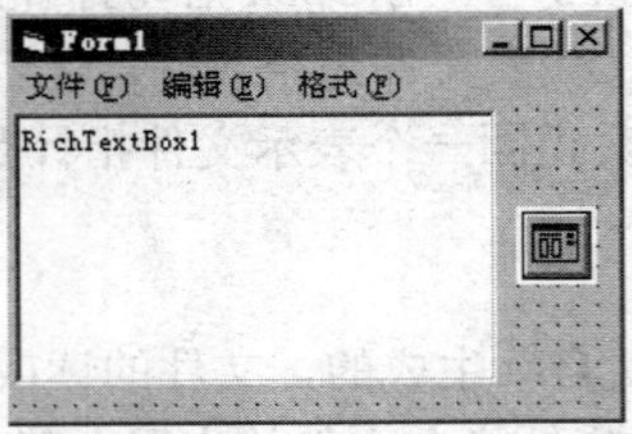

图 9-5　例 9-7 的设计界面

表 9-3　对象属性设置

对象	属性	属性值
窗体	（名称）	Form1
RichTextBox	（名称）	rtBox
	ScrollBars	3
CommonDialog	（名称）	cmDialog

使用菜单编辑器按表 9-4 设计菜单。

表 9-4　各菜单项的属性

菜单项	名称	快捷键
文件(&F)	mnuFile	
.... 新建	mnuNew	
.... 打开...	mnuOpen	
.... 保存...	mnuSave	
.... 另存为...	mnuSaveAs	
....-	FGT	
.... 退出	mnuExit	
编辑(&E)	mnuEdit	
.... 剪切	mnuCut	Ctrl + X
.... 复制	mnuCopy	Ctrl + C
.... 粘贴	mnuPaste	Ctrl + V
格式(&O)	mnuFormat	
.... 字体...	mnuFont	

（2）编写程序代码。

① 定义三个模块级变量。

```
Private ifChange As Boolean    '判断在文件未保存时文本是否已修改
```

```
Private saveName As String     '保存文件时使用的文件名
Private pasteText As String     '保存剪切或复制的内容
```

在窗体加载时初始化窗体的标题、文本框的大小及各变量的值。

```
Private Sub Form_Load()
    Me.Caption = "无标题 - 记事本"
    rtBox.Text = ""
    '设置富文本框的高和宽为窗体内部的高和宽
    rtBox.Height = Me.ScaleHeight
    rtBox.Width = Me.ScaleWidth
    ifChange = False      '表示文件内容未改变
    saveName = ""         '表示文件未被保存
    cmDialog.Filter = "*.txt"
End Sub
```

② 改变窗体大小时修改文本框的大小。

```
Private Sub Form_Resize()
    rtBox.Height = Me.ScaleHeight
    rtBox.Width = Me.ScaleWidth
End Sub
```

文本框的内容发生变化时，设置变量 ifChange 的值为 True。

```
Private Sub rtbox_Change()
    ifChange = True
End Sub
```

③ 编写保存文件的通用过程，在“保存”和“另存为”菜单中调用。

```
Private Sub SaveFile(ByVal myfilename As String)
    Open myfilename For Output As #1
    Print #1, rtBox.Text
    Close #1
    ifChange = False '保存文件后将其设为未改变内容状态
    Me.Caption = myfilename & " - 记事本"
End Sub
```

编写“保存”菜单的事件代码。如果文件名不为空，表示已被保存过，直接保存到当前文件；否则打开“另存为”对话框输入文件名再保存。

```
Private Sub mnuSave_Click()
    If saveName = "" Then
        cmDialog.ShowSave
        If cmDialog.FileName <> "" Then
            saveName = cmDialog.FileName
            Call SaveFile(saveName)
        End If
    Else
        Call SaveFile(saveName)
    End If
End Sub
```

编写“另存为”菜单的事件代码。

```
Private Sub mnuSaveAs_Click()
    cmDialog.ShowSave
    If cmDialog.FileName <> "" Then
        saveName = cmDialog.FileName
        Call SaveFile(saveName)
```

```
    End If
End Sub
```

④ 编写“新建”菜单的事件代码。在新建文件之前，需要先判断文本框的内容是否未保存。

```
Private Sub mnuNew_Click()
    Dim f As Integer
    If ifChange = True Then   '如果文件未保存，则提示保存
        f = MsgBox("文件已改变，是否保存？", vbYesNoCancel, "提示")
        Select Case f
            Case 6   '选择了“是”
                Call mnuSave_Click   '调用“保存”菜单的事件代码
            Case 7   '选择了“否”
            Case Else
                Exit Sub
        End Select
    End If
    '下面是新建文件的代码
    rtBox.Text = ""
    saveName = ""
    Me.Caption = "无标题 - 记事本"
    ifChange = False
End Sub
```

⑤ 编写“打开”菜单的事件代码。在打开新的文件之前，同样需要先判断文本框的内容是否未保存。


```
Private Sub mnuOpen_Click()
    Dim f As Boolean, st As String
    If ifChange = True Then '如果文件未保存，则提示保存
        f = MsgBox("文件已改变，是否保存？", vbYesNoCancel, "提示")
        Select Case f
            Case 6   '选择了“是”
                Call mnuSave_Click   '调用“保存”菜单的事件代码
            Case 7   '选择了“否”
                rtBox.Text = ""
            Case Else
                Exit Sub
        End Select
    End If
    '下面是打开文件的代码
    cmDialog.ShowOpen
    If cmDialog.FileName <> "" Then
        saveName = cmDialog.FileName
        rtBox.Text = ""
        Open saveName For Input As #1
        Do While Not EOF(1)
            Line Input #1, st
            rtBox.Text = rtBox.Text & st & Chr(13) & Chr(10)
        Loop
        Close #1
        ifChange = False
```

```
            Me.Caption = saveName & " - 记事本"
        End If
    End Sub
```

⑥ 编写“剪切”菜单的事件代码。

```
    Private Sub mnuCut_Click()
        pasteText = rtBox.SelText
        rtBox.SelText = ""
    End Sub
```

⑦ 编写“复制”菜单的事件代码。

```
    Private Sub mnuCopy_Click()
        pasteText = rtBox.SelText
    End Sub
```

⑧ 编写“粘贴”菜单的事件代码。

```
    Private Sub mnuPaste_Click()
        rtBox.SelText = pasteText
    End Sub
```

⑨ 编写“退出”菜单的事件代码。

```
    Private Sub mnuExit_Click()
        End
    End Sub
```

⑩ 关闭窗口时，如果文件未保存则提示保存。

```
    Private Sub Form_Unload(Cancel As Integer)
    Dim f As Integer
        If ifChange = True Then
            f = MsgBox("文件已改变，是否保存？", vbYesNoCancel, "提示")
            Select Case f
                Case 6   '选择了“是”
                    Call mnuSave_Click   '调用“保存”菜单的事件代码
                Case 7   '选择了“否”
                Case Else
                    Cancel = True
            End Select
        End If
    End Sub
```

（3）运行程序，验证程序中各菜单项的功能。

本章小结

本章首先介绍了文件系统控件 DriveListBox（驱动器列表框）、DirListBox（目录列表框）和 FileListBox（文件列表框）的用法，利用它们的组合可以设计出各种处理文件的应用程序。通过对顺序文件、随机文件和二进制文件基本操作的介绍，掌握这三种类型文件的打开与关闭的方法，以及读写操作的方法。同时介绍了常用的文件操作语句和函数的用法。最后通过编写一个简易记事本程序的实例，培养综合应用所学知识的能力。

习题 9

一、选择题

1．下面对语句 Open "Bootlog.dat" For Output As #1 的功能说明错误的是（　）。

A．以顺序输出模式打开 Bootlog.dat 文件

B．如果 Bootlog.dat 文件不存在，则建立一个新文件

C．如果 Bootlog.dat 文件已存在，则打开该文件，新写入的数据将添加到文件末尾

D．如果 Bootlog.dat 文件已存在，则打开该文件，新写入的数据将覆盖原来的数据

2．执行语句 Open "Sample.dat" For Random As #1 Len = 50 后，对文件 Sample.dat 中的数据能够进行的操作是（　）。

A．只能写不能读　　B．只能读不能写

C．既可以读，也可以写　　D．不能读，也不能写

3．以下不是 VB 中的数据文件类型的是（　）。

A．顺序文件　　B．数据库文件　　C．随机文件　　D．二进制文件

4．下列说法错误的是（　）。

A．当用 Write # 语句写顺序文件时，文件必须以 Output 或 Append 方式打开

B．用 Open 语句打开一个文件时，对同一个文件可以用几个不同的文件号打开

C．用 Output 和 Append 方式打开文件时，不用将文件关闭，就能重新打开文件

D．用 Append 方式打开文件时，进行写操作，写入文件的数据附加到原来文件的后面

5．下面几个关键字均表示文件的打开方式，只能进行读不能写的是（　）。

A．Input　　B．Output　　C．Random　　D．Append

6．下列不是写文件语句的是（　）。

A．Put　　B．Print #　　C．Write #　　D．Output

7．改变驱动器列表框的 Drive 属性将激活（　）事件。

A．Change　　B．Scroll　　C．KeyDown　　D．KeyUp

8．为了使驱动器列表框 Drive1、目录列表框 Dir1 和文件列表框 File1 同步协调工作，需要在（　）。

A．Drive1 的 Change 事件过程中加入 Dir1.Path = Drive1.Drive，在 Dir1 的 Change 事件中加入 File1.Path = Dir1.Path 代码

B．Drive1 的 Change 事件过程中加入 Dir1.Path =Dir1.Path，在 Dir1 的 Change 事件中加入 File1.Path = Drive1.Drive 代码

C．Dir1 的 Change 事件过程中加入 Dir1.Path = Drive1.Drive，在 Drive1 的 Change 事件中加入 File1.Path = File1.FileName 代码

D．Dir1 的 Change 事件过程中加入 Dir1.Path = Drive1.Drive，在 Drive1 的 Change 事件中加入 File1.Path = Dir1.Path 代码

9．以下叙述中正确的是（　）。

A．一个记录中所包含的各个元素的数据类型必须相同

B．随机文件中每个记录的长度是固定的

C．Open 命令的作用是打开一个已经存在的文件

D．使用 Input #语句可以从随机文件中读取数据

10．把变量 S 中的内容写入一个顺序文件 dat1.dat 中，正确的代码是（　）。

A．Open "dat1.dat" For Input As #1
```
Write #1, s
Close #1
```
B．Open "dat1.dat" For Output As #1
```
Write #1, s
Close #1
```
C．Open "dat1.dat" For Random As #1
```
Write #1, s
Close #1
```
D．Open "dat1.dat" For Binary As #1
```
Write #1, s
Close #1
```
11．FileFiles.Pattern="*.dat" 语句执行后，FileFiles 文件列表框中显示（　）。

A．只包含扩展名为.dat 的文件　　B．第一个 dat 文件

C．包含所有的文件　　D．显示磁盘的路径

12．目录列表框的 Path 属性的作用是（　）。

A．设置或返回当前驱动器或指定驱动器上的路径

B．显示当前驱动器或指定驱动器上某目录下的文件名

C．显示根目录下的文件

D．只显示当前路径下的文件

13．以下程序运行后，a1.dat 文件的内容是（　）。

```
Private  Sub  Form_Click()
    Dim   f1 As Integer, f2 As Integer, f3 As Integer
    Open   "d:\a1.dat"   For   Output   As   #1
    f1 = 2
    f2 = 3
    f3 = f2 + f1
    Write   #1, f1 * f2 , f2, f3
    Close   #1
End  Sub
```

A．2, 3, 3　　B．6, 3, 5　　C．2, 5, 6　　D．无内容

14．以下能判断是否到达文件尾的函数是（　）。

A．BOF　　B．LOC　　C．LOF　　D．EOF

15．语句 Open "f1.dat" For Random As #1 Len =15，表示文件 f1.dat 中每个记录的长度等于（　）。

A．15 个字符　　B．15 个字节

C．或小于 15 个字符　　D．或小于 15 个字节

16．读随机文件中的记录信息，应使用下面的语句（ ）。

A．Read　　B．Get

C．Input #　　D．Line Input #

17．下列关于文件的叙述正确的是（ ）。

A．二进制文件与随机文件类似，必须限制固定长度

B．按照文件的存取方式及组成结构可以分为两种类型：文本文件和随机文件

C．文件是指存放在内部存储介质上的数据和程序等

D．文件的基本操作指的是文件的删除、复制、移动、改名等

18．下列有关文件的叙述正确的是（ ）。

A．往顺序文件中写数据，必须先打开文件

B．对文件进行操作，必须要保证文件已经存在

C．二进制文件不是 VB 中的文件类型

D．EOF 函数返回给文件分配的字节数

19．下面（ ）不是 VB 的文件类控件。

A．DriveListBox 控件　　B．DirListBox 控件

C．FileListBox 控件　　D．MsgBox

20．以下控件具有 FileName 属性的是（ ）。

A．驱动器列表框　　B．文件列表框

C．目录列表框　　D．列表框

21．设置文件列表框的（ ）属性为“C:\”，可使其显示“C:\”下的所有文件。

A．File　　B．Path

C．FileName　　D．FilePath

22．对顺序文件进行写操作的语句是（ ）。

A．Print　　B．Put　　C．Read　　D．Get

23．如果要向顺序文件 Stu.dat 追加数据，正确打开该文件的语句是（ ）。

A．Open "Stu.dat" For Output As #1　　B．Open "Stu.dat" For Append As #1

C．Open Stu.dat For Output As #1　　D．Open Stu.dat For Append As #1

24．可以在属性窗口中设置的文件列表框属性是（ ）。

A．Pattern　　B．Path　　C．FileName　　D．FilePath

25．用（ ）语句打开顺序文件 File1.txt 后，可以进行写操作。

A．Open "File1.txt" For Input As #1

B．Open "File1.txt" For Output As #1

C．Open "File1.txt" For Random As #1

D．Open "File1.txt" For Binary As #1

二、填空题

1．要使文件列表框 File1 中只显示文件后缀名为 bmp 和 jpg 的图片文件，使用的语句为 file1．________ ="*.bmp;*.jpg"。

2．Visual Basic 提供的对数据文件的三种访问方式为随机访问方式、________和二进制访

问方式。

3．在 VB 中，随机文件以________为单位进行读/写，二进制文件以________为单位进行读/写。

4．进行文件操作时，常需要使用________函数返回一个当前可以使用的文件号。

5．要测试当前打开的文件是否到达文件末尾，可以使用函数________。

三、程序阅读题

1．下列程序的运行结果是________。

```
Private Sub Command1_Click()
    Dim a(20) As Integer
    Open "d:\ Data.txt" For Output As #1
    For I = 2 To 5
    For j = 1 To I
        Print #1, j
    Next j
    Next I
    Close #1
    Open "d:\ Data.txt" For Input As #2
    k = 0
    While Not EOF(2)
        k = k + 1
        Input #2, a(k)
    Wend
    Close #2
    For I = 2 To k / 4
        Print a(I)
    Next I
End Sub
```

2．执行下面程序后，Prime.dat 文件中的内容为________。

```
Private Sub Form_Click()
    Dim n As Integer, i As Integer
    Open "D:\Prime.dat" For Output As #1
    For n = 2 To 10
        For i = 2 To Sqr(n)
            If (n Mod i) = 0 Then
                Exit For
            End If
        Next i
        If i > Sqr(n) Then
            Write #1, n
        End If
    Next n
    Close #1
End Sub
```

3．在窗体上添加一个名称为 Command1 的命令按钮和一个名称为 Text1 的文本框，然后编写以下事件过程：

```
Private Sub Command1_Click()
    Open "d:\outfile.txt" For Output As #1
    For i = 1 To Len(Text1.Text)
        c = Mid(Text1.Text, i, 1)
        If c >= "A" And c <= "Z" Then
            Print #1, LCase(c)
        End If
     Next i
     Close #1
End Sub
```

程序运行后，在文本框中输入以下字符串：Microsoft Visual Basic Programming，然后单击命令按钮，则文件 outfile.txt 中的内容是________。

4．执行以下程序后，文件 d:\a1.dat 中的数据是________。

```
Private Sub Form_Click()
    Dim f1 As Integer, f2 As Integer, f3 As Integer
    Open "d:\a1.dat" For Output As #1
    f1 = 2: f2 = 3
    f3 = f2 + f3
    Print #1, f1;
    Print #1, f2;
    For i = 5 To 6
        f3 = f1 + f2
        Print #1, f3;
        f1 = f2
        f2 = f3
    Next i
    Close #1
End Sub
```


四、编程题

1．编写一个应用程序，单击“写入”按钮，产生 50 个 0～100 之间的随机整数，将这些整数写入顺序文件 D:\Grade.dat；单击“读取”按钮，将数据从 Grade.dat 读出到数组 a 中，并显示在列表框 List1 中；单击“排序”按钮，将这 50 个数按从大到小的顺序显示在列表框 List2 中。程序的运行界面如图 9-6 所示。

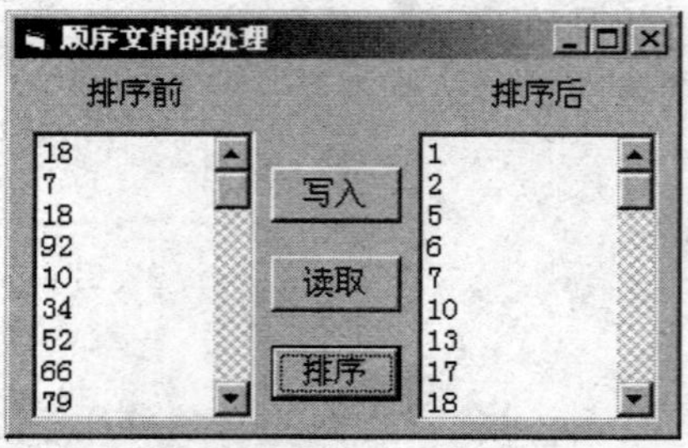

图 9-6　第 1 题程序的运行界面

2．编写一个学生成绩录入和浏览程序。要求建立一个随机文件来存放学生成绩，每条学生记录包含如下内容：学号（String * 6）、姓名（String *8）、语文（Integer）、数学（Integer）、英语（Integer），文件名为 XSCJ.dat。

程序运行后显示 Form1 窗体，用于录入学生数据，界面如图 9-7 所示。单击“录入”按钮，则将 5 个文本框中的数据作为一条记录写入文件中；单击“浏览”按钮时将显示 Form2 窗体，其中包含标签和一个列表框，在列表框中显示所有学生的数据，界面如图 9-8 所示。

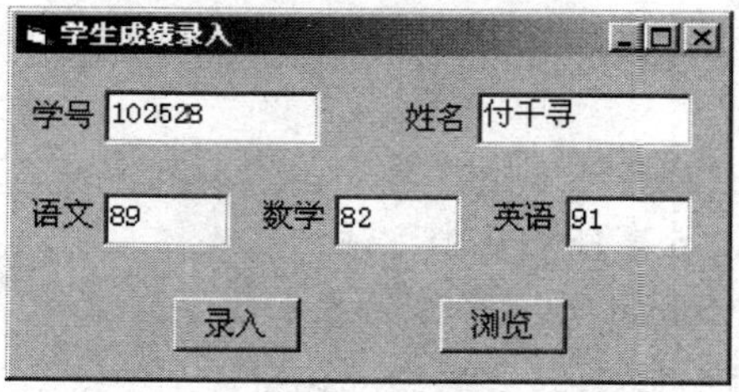

图 9-7　第 2 题 Form1 窗体的运行界面

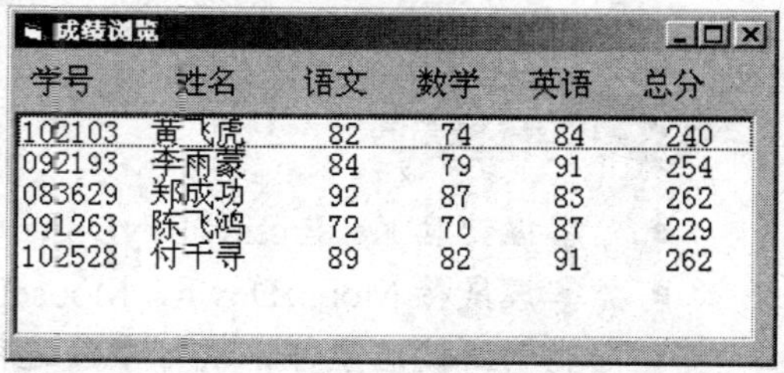

图 9-8　第 2 题 Form2 窗体的运行界面

第 10 章　键盘与鼠标事件

本章要点

- 掌握键盘 KeyPress、KeyDown 和 KeyUp 事件的基本方法；
- 掌握鼠标 MouseDown、MouseUp 和 MouseMove 事件的基本方法；
- 能利用键盘事件、鼠标事件进行程序设计。

前面已经接触过一些通用过程和一些常用的事件过程，本章将介绍与键盘和鼠标有关的事件过程。使用键盘事件过程可以处理当按下或释放键盘上某个键时所执行的操作，而鼠标事件过程可用来处理与鼠标光标的移动和位置有关的操作。

10.1　键盘事件

键盘事件由键盘的键入产生，Visual Basic 可以识别并响应三种键盘事件，包括 KeyPress、KeyUp 和 KeyDown 事件。当用户按下并且释放一个 ANSI 标准键时就会触发 KeyPress 事件；用户按下一个键时触发 KeyDown 事件，释放引发 KeyUp 事件。在引发键盘事件的同时，用户所按的键盘码作为实参传递给相应的事件过程，供程序判断识别用户的操作。

10.1.1　KeyPress 事件

当用户按下并松开一个 ANSI 标准键时将触发 KeyPress 事件，KeyPress 事件的语法格式如下：

```
Private Sub 对象名_KeyPress( [ index As Integer, ] KeyAscii As Integer)
```

其中 index 用于控件数组，用来唯一标识在控件数组中的一个控件（如果没有控件数组则不出现该参数）；KeyAscii 返回按键对应的 ASCII 码的整型数值。例如，按下“A”键，KeyAscii 值为 65；按下“a”键，KeyAscii 值为 97 等。利用 KeyPress 事件可以对输入的值进行限制。

例 10-1　在窗体上放一文本框，编写一事件过程，保证在该文本框内只能输入字母，且无论大小写，都要转换成大写字母显示，如果输入的是其他字符就响铃报警。

程序如下：

```
Private Sub Text1_KeyPress(KeyAscii As Integer)
    Dim str As String
    If KeyAscii < 65 Or KeyAscii > 122 Or (KeyAscii > 90 And KeyAscii < 97) Then
        Beep
        KeyAscii = 0      '用来避免输入的字符在文本框中显示
    ElseIf KeyAscii >= 65 And KeyAscii <= 90 Then
        Text1 = Text1 + Chr(KeyAscii)
    Else
```

```
            str = UCase(Chr(KeyAscii))
            KeyAscii = 0
            Text1 = Text1 + str
        End If
    End Sub
```

例 10-2　假定口令为“admin”，利用 KeyPress 事件实现口令的验证（如图 10-1）。

```
Dim PWord As String          '口令
Dim PCount As Integer        '输入次数
Private Sub Form_Load()
  PWord = ""
  PCount = 0
  TxtPWD.Text = ""
End Sub
Private Sub TxtPWD_KeyPress(KeyAscii As Integer)
  If KeyAscii <> 13 Then             '如果按键不是回车键
     If Len(TxtPWD.Text) + 1 > 5 Then
        Beep
        KeyAscii = 0
     Else
        PWord = PWord & Chr(KeyAscii)
        KeyAscii = 42                '42 是“*”的 ASCII 码
     End If
  Else                                '如果按键是回车键
    If PWord = "admin" Then
       MsgBox "口令正确，欢迎使用!", vbOKOnly, "提示"
       Unload Me
    Else
       PCount = PCount + 1
       If PCount < 3 Then
          MsgBox "口令错误，请重新输入!", vbOKOnly + vbExclamation, "警告"
          TxtPWD.Text = ""
          PWord = ""
       Else
          MsgBox "错误口令超过三次，" & vbCrLf & "按 OK 退出程序!", vbOKOnly + vbExclamation,
"警告"
          Unload Me
       End If
    End If
  End If
End Sub
```

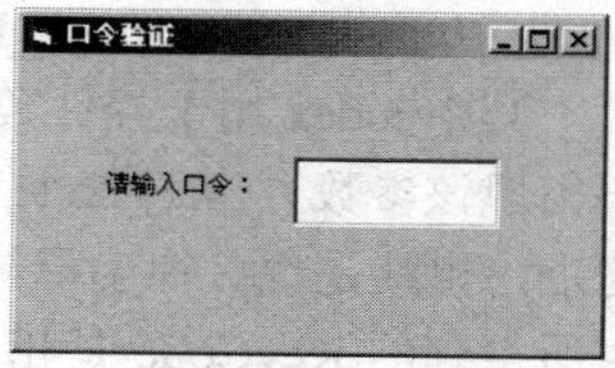

图 10-1　口令的验证

KeyAscii 的值通过引用传递，对它进行改变可给接收按键对象发送一个不同的字符。例如，本例中如果按键不是回车键且输入字符长度小于 5 时，则用星号（ASCII 码为 42）代替。

在默认情况下，控件的键盘事件优先于窗体的键盘事件，因此在发生键盘事件时，总是先激活控件的键盘事件。如果希望窗体先接收键盘事件，则必须把窗体的 KeyPreview 属性设置为 True，否则不能激活窗体的键盘事件（包括 KeyDown 和 KeyUp）。例如，如果把窗体的 KeyPreview 属性设置为 True，则运行下列程序后，当在键盘上按下某个键时，相应的字符将在窗体上显示。

```
Private Sub Form_KeyPress(KeyAscii As Integer)
    Print Chr(KeyAscii)
End Sub
```

10.1.2 KeyDown 及 KeyUp 事件

KeyPress 事件只识别 Enter、Tab 和 Backspace 及标准键盘上的字母、数字、标点等标准 ASCII 字符。如要检测其他功能键、编辑键和定位键，则需要利用 KeyDown 和 KeyUp 事件。其基本语法格式为：

```
Private Sub 对象名_KeyDown([index As Integer,] KeyCode As Integer,Shift As Integer)
Private Sub 对象名_KeyUp([index As Integer,] KeyCode As Integer,Shift As Integer)
```

其中 index 用于控件数组，用来唯一标识一个在控件数组中的控件（如果没有控件数组则不出现该参数）；KeyCode 返回按键实际的 ASCII 码，该码以"键"为准，而不是以"字符"为准，也就是说大写字母与小写字母使用同一个键，例如当按字母键"A"时与按字母键"a"时所得到的 KeyCode 是相同的（都为 65）。Shift 用来表示按键时 Shift、Ctrl 和 Alt 键的状态的一个整数。这三个键分别以二进制方式表示，每个键用三位，即 Shift 键为 001、Ctrl 键为 010、Alt 键为 100。如果同时按下上面两个或三个键时，Shift 参数的值即为上述两者或三者之和，因此 Shift 参数共可取 8 种值，见表 10-1 所示。

表 10-1 Shift 参数的返回值

Shift、Ctrl、Alt 键状态	二进制数	十进制数	Visual Basic 常量
均未按下	000	0	
Shift 按下	001	1	vbShiftMask
Ctrl 按下	010	2	vbCtrlMask
Alt 按下	100	4	vbAltMask
Shift+Ctrl 按下	011	3	
Shift+Alt 按下	101	5	
Ctrl+Alt 按下	110	6	
Shift、Ctrl、Alt 都按下	111	7	

利用逻辑运算符 And 可以判断是否按下了某个转换键。

如果　Shift And vbCtrlMask　则按下了 Ctrl 键；

如果　Shift And vbAltMask　则按下了 Alt 键；

如果　Shift And vbShiftMask　则按下了 Shift 键。

其中的 Shift 是 KeyDown 事件的第二个参数。利用这一原理，我们可以在事件过程中通过判断是否按下了某个或某几个键来执行指定的操作。

例 10-3 在 Label1 上显示 Text1 中当前所按键的状态，并判断是否是 F10 键。

程序如下：

```
Private Sub Text1_KeyDown(KeyCode As Integer, Shift As Integer)
    Dim Msg As String
    If Shift And vbCtrlMask Then Msg = Msg & "Ctrl"
    If Shift And vbAltMask Then Msg = Msg & "Alt"
    If Shift And vbShiftMask Then Msg = Msg & "Shift"
    If KeyCode = vbKeyF10 Then Msg = Msg & "F10"
    Label1.Caption = IIf(Msg = "", KeyCode, Msg & "—" & KeyCode)
End Sub
```

注意：在 Visual Basic 中已把键盘上的功能键定义为常量，即 vbKeyFx（其中 x 可以是 1~12），如上例中 vbKeyF10 表示功能键 F10。

10.2　鼠标事件

鼠标对于 Windows 应用程序设计来说几乎是必需的，尤其是在图形图像处理的程序设计中，显得更为重要。

10.2.1　鼠标事件

鼠标应用的基础是鼠标事件。鼠标事件除了前面多次使用的单击（Click）和双击（DblClick）外，基本的鼠标事件还有三个：MouseDown、MouseUp 和 MouseMove，工具箱中的大多数控件都能响应这三个事件。其语句格式如下：

```
Private Sub 对象名_Click()
Private Sub 对象名_DblClick()
Private Sub 对象名_MouseDown([index As Integer,] Button As Integer, Shift As Integer, X As Single, Y As Single)
Private Sub 对象名_MouseUp([index As Integer,] Button As Integer, Shift As Integer, X As Single, Y As Single)
Private Sub 对象名_MouseMove([index As Integer,] Button As Integer, Shift As Integer, X As Single, Y As Single)
```

其中 index 用于控件数组，用来唯一标识一个在控件数组中的控件（如果没有控件数组则不出现该参数）。Button 返回一个整数，用来标识鼠标哪个键被按下或释放，用一个 3 位二进制数表示鼠标按钮的哪一个按钮起作用，其中最低位表示左键，右数第二位表示右键，第三位表示中间键。当按下某个键时，相应的位置被置 1，否则为 0。有关 Button 取值与鼠标按键的对应关系见表 10-2。Shift 为 Shift、Ctrl、Alt 键的状态，其含义同键盘事件中的 Shift；X、Y 表示鼠标在当前获得焦点的控件的相对坐标，即鼠标指针的位置。

表 10-2　Button 取值与鼠标按键对应关系

鼠标按钮状态	Button 值	鼠标按钮状态	Button 值
未按任何按钮	0	按下中间键	4
按下左键	1	按下左、中键	5
按下右键	2	按下中、右键	6
按下左、右键	3	按下左、中、右键	7

说明：

（1）有些鼠标只有两个键，或者虽有三个键但 Windows 鼠标驱动程序不能识别中间键。在这种情况下，表 10-2 中的后四个参数值不能使用。

（2）对于 MouseDown 和 MouseUp 事件来说，只能用鼠标的按键参数判断是否按下或松开某一个键，不能检查两个键同时按下或松开，因此 Button 参数的取值只有 3 种，即 1、2 和 4。

（3）对于 MouseMove 事件来说，可以通过 Button 参数判断按下或同时按下两个、三个键，但在判断是否按下多个键时，要注意避免二义性。

例 10-4 在窗体上输出鼠标指针所指位置（如图 10-2）。

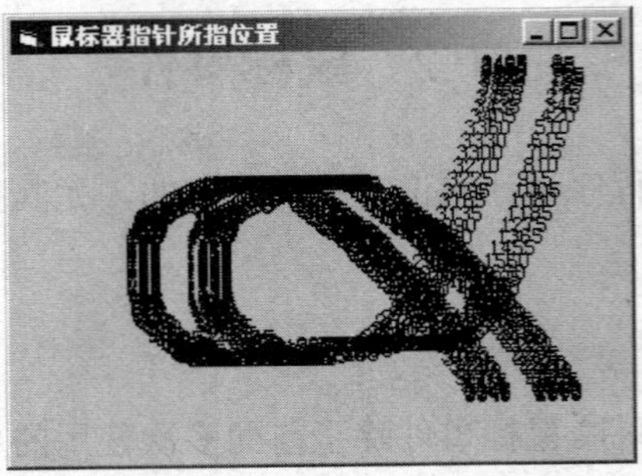

图 10-2 鼠标的移动

程序如下：

```
Private Sub Form_MouseMove(Button As Integer, Shift As Integer, X As Single, Y As Single)
    CurrentX = X     '设置下次 print 或 draw 方法的水平坐标
    CurrentY = Y     '设置下次 print 或 draw 方法的垂直坐标
    Print X; Y
End Sub
```

例 10-5 设计一个最简单的画图程序。程序运行时，按下鼠标右键画圆，按下鼠标左键移动时画线。

```
Dim Drawstate As Boolean
Dim Prex As Single
Dim Prey As Single
Private Sub Form_Load()
    '将 Drawstate 初始化为 False
    Drawstate = False
End Sub
Private Sub Form_MouseDown(Button As Integer, Shift As Integer, X As Single, Y As Single)
    If Button = 1 Then
        '当鼠标左键被按下时，把 Drawstate 设为 True，表示开始画线
        Drawstate = True '设置画图状态
        MousePointer = vbCustom '鼠标指针使用用户指定的样式
        'Prex 和 Prey 保存线条的起点
        Prex = X
        Prey = Y
    End If
    If Button = 2 Then
        '当鼠标右键被按下时，画一个直径为 280 的圆
        Circle (X, Y), 280
    End If
End Sub
Private Sub Form_MouseMove(Button As Integer, Shift As Integer, X As Single, Y As Single)
'当鼠标移动时，如果处于画线状态，则用 Line 方法在(Prex,Prey)与(x,y)之间画一条直线
    If Drawstate = True Then
```

```
            Line (Prex, Prey)-(X, Y)
            Prex = X
            Prey = Y
        End If
End Sub
Private Sub Form_MouseUp(Button As Integer, Shift As Integer, X As Single, Y As Single)
        If Button = 1 Then
            MousePointer = vbDefault   '鼠标指针恢复原样
            Drawstate = False   '当鼠标左键被释放时，解除画线状态
        End If
End Sub
```

10.2.2 拖放操作

所谓拖放，通俗地说就是用鼠标从屏幕上把一个对象从一个地方“拖动”到另一个地方再放下。在设计模式下，各控件都可用鼠标随意拖放的方式来改变控件的大小与位置。Visual Basic 提供了拖放功能，使用户在程序运行时也具有拖放的能力。拖放包括两个操作：拖动和放下。拖动是按下鼠标键并移动控件，而放下是指释放鼠标键。拖放操作涉及被拖动的对象（即源对象）和将要放在其上的目标对象。

1. 与拖放操作相关的属性、事件和方法

除菜单、计时器和通用对话框外，Visual Basic 中的其他控件都支持拖放功能。下面详细介绍与拖放操作相关的属性、事件和方法。

（1）属性。与拖放操作相关的属性有两个：DragMode 和 DragIcon。

① DragMode 属性。返回或设置一个值，确定在拖放操作中所用的是手动还是自动拖动方式。该属性有两种取值：默认值为 0，表示手工拖放模式，这时可以用手工方式来确定拖放操作何时开始或结束；如果设为 1，表示设置为自动拖放模式。如果 DragMode 属性设置为 1，这时控件不能正常响应鼠标事件。

② DragIcon 属性。设置或返回拖放操作中的对象拖动图标。在拖动控件时，Visual Basic 将控件的灰色轮廓作为默认的拖动图标。对 DragIcon 属性进行设置，就可用其他图像代替该轮廓。

可以利用其他控件的 DragIcon 或 Picture 属性来设置 DragIcon 获取图标，也可以利用 LoadPicture 函数来获取图标。例如下面的语句都可以设置 Image 对象的 DragIcon 属性。

```
Image1.DragIcon = Image2.DragIcon
Image1.DragIcon = Image2.Picture
Image1.DragIcon = LoadPicture("..\vb98\common\graphics\icons\office\files02a.ico")
```

说明：本节中引用的图标文件都可以在 Visual Basic 安装目录的“..\vb98\common\graphics \ icons”路径下找到。

③ MousePointer 属性。设置和返回自定义的鼠标图标。利用该属性用户可以使用自己制作的图标文件来显示鼠标形状。如果要用自定义的光标形状，首先把对象的 MousePointer 属性设为 99，然后再把对象的 MouseIcon 属性设成自定义的图标文件。图标文件（扩展名为.ico）必须和其他光标图标一样为 16×16 像素。

MousePointer 属性的取值是一个整数，有 17 种取值的可能性。其含义见表 10-3。

表 10-3　鼠标光标形状

常数	值	描述
vbDefault	0	（默认值）形状由对象决定
vbArrow	1	箭头
vbCrosshair	2	十字线
vbIbeam	3	I 型
vbIconPointer	4	图标（矩形内的小矩形）
vbSizePointer	5	尺寸线（指向上、下、左和右四个方向的箭头）
vbSizeNESW	6	右上-左下尺寸线（指向右上和左下方向的双箭头）
vbSizeNS	7	垂直尺寸线（指向上下方向的双箭头）
vbSizeNWSE	8	左上-右下尺寸线（指向左上和右下方向的双箭头）
vbSizeWE	9	水平尺寸线（指向左右方向的双箭头）
vbUpArrow	10	向上的箭头
vbHourglass	11	沙漏（表示等待状态）
vbNoDrap	12	无法执行某操作
vbArrowHourglass	13	箭头和沙漏
VbArrowQuestion	14	箭头和问号
VbSizeAll	15	四向尺寸线
VbCustom	99	通过 MouseIcon 属性所指定的自定义图标

鼠标光标的形状既可以在属性窗口中设置，也可以在程序代码中设置。在属性窗口中设置 MousePointer 属性时，首先，选中要改变鼠标形状的对象，在属性窗口中找到 MousePointer 属性，然后单击属性设置框右端的下拉箭头，从中就可以选择光标形状的各种值。在程序代码中可随意设置对象的鼠标形状，其语法格式如下：

```
对象.MousePointer = 设置值
```

例如，为窗体的 Click 事件编写代码，通过单击鼠标循环变换鼠标光标的形状。

```
Private Sub Form_Click()
    Static I As Integer '静态变量，记录鼠标光标形状值
    Form1.MousePointer = I
    I = I + 1
    If I = 16 Then I = 0 '鼠标光标形状取最后一个值后设为 0，重新开始循环
End Sub
```

（2）事件。和拖放操作相关的事件有两个：DragDrop 和 DragOver。

① DragDrop 事件。当把一个控件拖动到目标对象，并释放鼠标按钮时，或使用 Drag 方法，并将其整数值设置为 2（Drop）时，触发目标对象的 DragDrop 事件。其语法格式为：

```
Private Sub 对象名_DragDrop(Source As Control, X As Single, Y As Single)
    ……
End Sub
```

该事件有三个参数：Source 参数引用被拖动的对象，可以通过 Source 来引用或设置被拖动对象的各种属性；X 和 Y 表示当完成拖动过程松开鼠标时，鼠标的位置。

② DragOver 事件。当拖放操作正在进行并越过一个控件时，触发该控件的 DragOver 事件，语法格式为：

```
Private Sub 对象名_DragOver(Source As Control, X As Single, Y As Single, State As Integer)
    ……
End Sub
```

该事件的前三个参数的含义与 DragDrop 事件相同。State 参数是一个整数，表示拖动的状态，其取值如下：

- 0：进入（源控件正被向一个目标控件范围内拖动）。
- 1：离开（源控件正被向一个目标控件范围外拖动）。
- 2：跨越（源控件在目标控件范围内从一个位置移到了另一位置）。

（3）方法。和拖放操作相关的方法除 Move 外还有 Drag 方法。其中 Drag 方法可以开始或结束一个拖动操作，其语法格式如下：

```
对象.Drag 整数
```

整数值表示 Drag 方法的具体动作，其取值如表 10-4 所示。

表 10-4　Drag 方法的参数值

常数	值	含义
vbCancel	0	取消拖动操作
vbBeginDrag	1	开始拖动操作（缺省值）
vbEndDrag	2	结束拖动操作

只有当对象的 DragMode 属性设置为手工（0）时，才需要使用 Drag 方法控制拖放操作。但是，也可以对 DragMode 属性设置为自动（1 或 vbAutomatic）的对象使用 Drag。

2. 自动拖放和手工拖放

拖放操作分为自动方式和手工方式，这是由源对象的 DragMode 属性值决定的。

（1）自动拖放。把控件的 DragMode 属性设为 1，即可实现控件的自动拖放功能。下面通过例子来详细说明自动拖放的使用方法。

例如，实现窗体上按钮控件（Command1）的自动拖放，并且当拖放操作结束时，把按钮移动到鼠标的当前位置。

```
Private Sub Form_Load()
    Command1.DragMode = 1 '设置为自动模式，也可在 Command1 的属性窗口设置
End Sub

Private Sub Form_DragDrop(Source As Control, X As Single, Y As Single)
    Source.Move X, Y
End Sub
```

注意：

① 由于拖放操作一直在窗体上进行，所以拖放操作完成后触发窗体的 DragDrop 事件（拖放操作完成后，触发拖放目标对象的 DragDrop 事件，在这里不要理解为触发 Command1 的 DragDrop 事件）。

② Source 代表拖动操作的源对象，在这里引用 Source 的 Move 方法就相当于引用了 Command1 的 Move 方法。

③ 此时代码并未完全按照意图产生预期效果，因为它将控件的左上角放在鼠标位置。如果在 DragDrop 事件中执行下面的代码，则将控件的中央放在鼠标位置：

```
Source.Move (X - Source.Width / 2), (Y - Source.Height / 2)
```

（2）手工拖放。手工拖放的原理与自动拖放基本一样，只有以下三点不同：

① DragMode 属性值为 0。

② 允许控件在拖动之前响应 MouseDown 事件（自动拖放不能响应）。

③ 必须用 Drag 方法手动激活拖放操作。即把 Drag 方法的参数设为 1 来激活拖动操作，设为 0 或 2 停止拖动操作。如果设为 2，则在停止拖放后触发 DragDrop 事件。

一般 Drag 方法都和 MouseDown、MouseUp 事件结合使用，实现手动拖放。

例如，可在窗体上添加一个命令按钮 Command1，然后在 Command1_MouseDown 事件过程输入：

```
Command1.Drag 1
```

在 Command1_MouseUp 事件过程中输入：

```
Command1.Drag 2
```

程序运行时，只要用鼠标左键按住按钮 Command1，就能产生拖放效果。如果将按钮 Command1 的 DragMode 属性值设为 1，而不使用 Drag 方法，同样具有拖放效果。

不管是运用 Drag 方法或设置 DragMode 属性值的方式，按下鼠标左键虽然会产生拖放效果，但每当松开鼠标左键，控件仍然留在原位置上，要想将控件拖放到别的位置，则必须用 DragDrop 事件。DragOver 事件可对鼠标在目标对象上进入、离开或停顿等进行监控，通常用于确定在拖动开始后和控件放在目标上之前发生些什么。例如，可以通过加亮目标（设置 BackColor 或 ForceColor 属性）监视源对象经过路径。

10.2.3　OLE 拖放

OLE 拖放是可在 Visual Basic 应用程序中添加的最强大、最有用的功能之一，利用它可以在控件和控件之间、在控件和其他 Windows 应用程序之间拖动文本和图形。Visual Basic 中的大部分控件都支持 OLE 拖放，但默认状态下控件的 OLEDropMode 属性设为 0，也就是不允许拖放的。如果我们要使用 OLE 拖放，必须先把 OLEDropMode 属性设为 2，这样控件才成为接受拖放的一个 OLE 容器。

Visual Basic 的几乎所有控件都在某种程度上支持 OLE 拖放。OLE 拖放分为自动拖放和手动拖放，自动拖放无需编写任何代码，因此比较容易实现。例如，下面这段代码，在程序运行时用鼠标选中 Text1 中的部分字符，然后拖放到 Text2 上释放鼠标，可以实现选中字符的移动。

```
Private Sub Form_Load()
    Text1.OLEDragMode = 1   '源对象
    Text2.OLEDropMode = 2   '目标对象
End Sub
```

标准控件 DBGrid、PictureBox、RichTextBox、Image、TextBox 和 ActiveX 控件自动支持 OLE 拖放，这意味着无论是从控件拖出还是在控件内放入都不需要编写代码。

有关 OLE 拖放的属性、事件和方法及其描述见表 10-5。

下面结合一个实例来体会 OLE 拖放功能的强大魅力。

例 10-6　利用 OLE 拖放功能实现将文件拖放到图片框中（当是图片文件时则在图片框中

显示图片，否则在图片框中显示：无效的文件格式!)，并在列表框中显示对应的文件名信息，如图 10-3 所示。

表 10-5　OLE 拖放的属性、事件和方法

类别	项目	描述
属性	OLEDragMode	启动控件的自动拖动或手工拖动（若控件支持手工拖动但不支持自动 OLE 拖动，则它不具有此属性，但支持 OLEDrag 方法和 OLE 拖放事件）
	OLEDropMode	指定控件如何响应放操作
事件	OLEDragDrop	识别源对象何时被放到控件上
	OLEDragOver	识别源对象何时被拖动经过控件
	OLEGiveFeedback	以源对象为基础向用户提供自定义拖动图标反馈
	OLEStartDrag	在启动拖动时，源支持哪种数据格式和放效果（复制、移动或拒绝数据）
	OLESetData	在放源对象时提供数据
	OLECompleteDrag	当把对象放到目标时通知被执行的操作的源
方法	OLEDrag	启动手工拖动

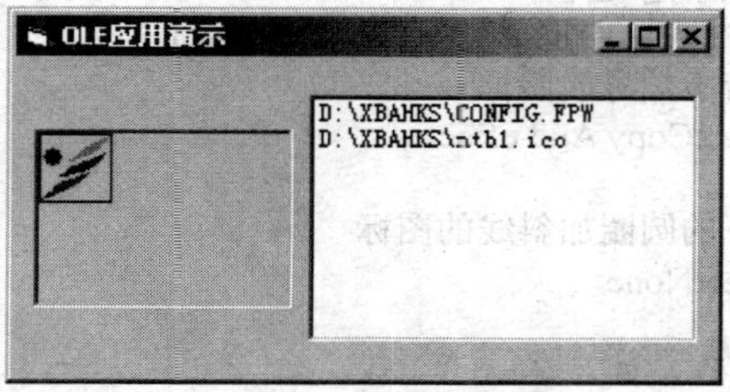

图 10-3　OLE 拖放示例

在窗体上添加一个图片框和一个列表框，并将窗体标题设为：OLE 应用演示，然后编写如下代码：

```
Option Explicit
Private Sub Form_Load()
  '声明 Picture1 成为接受文件拖放的一个 OLE 容器
  Picture1.OLEDropMode = 1
End Sub
Private Sub Picture1_OLEDragDrop(data As DataObject, effect As Long, button As Integer, shift As Integer, x As Single, y As Single)
  Dim i As Integer, sFileName$
  '检查放下的东西是不是文件名
  If data.GetFormat(vbCFFiles) = True Then
    '只读取第一条记录的信息
    sFileName = data.Files(1)
    '如果不是图片文件则转向错误处理
    On Error GoTo invalidPicture
    '依次读取各条记录，并把文件名添加在列表框中
    For i = 1 To data.Files.Count
      List1.AddItem data.Files(i)
    Next i
    '将图片显示在图片框中
```

```
            Picture1.Picture = LoadPicture(sFileName)
        End If

        Exit Sub

    invalidPicture:
        '显示错误信息
        DisplayPicture1Message
    End Sub
    Private Sub DisplayPicture1Message()
        '清除图片框中的图片
        Picture1.Picture = LoadPicture()
        Const Msg As String = "无效的文件格式!"
        '在图片框中显示错误信息
        Picture1.CurrentX = (Picture1.ScaleWidth \ 2) - (Picture1.TextWidth(Msg) \ 2)
        Picture1.CurrentY = (Picture1.ScaleHeight \ 2) - (Picture1.TextHeight(Msg) \ 2)
        Picture1.Print Msg
    End Sub
    '当鼠标拖着对象移过图片框时
    Private Sub Picture1_OLEDragOver(data As DataObject, effect As Long, button As Integer, shift As
    Integer, x As Single, y As Single, State As Integer)
        '检查移过图片框的是不是文件
        If data.GetFormat(vbCFFiles) Then
            '显示可以放下的带小加号的图标
            effect = vbDropEffectCopy And effect
        Else
            '否则显示不可放下的圆圈加斜线的图标
            effect = vbDropEffectNone
        End If
    End Sub
```


本例中用到的属性和方法如下：

（1）OLEDragMode：返回或设置是由部件还是由程序员来处理 OLE 拖放操作（0 表示为手工拖放，1 表示为自动拖放）

（2）OLEDragDrop：当源部件决定放操作能发生，且源部件被放到目标部件时，此事件发生。语法：

```
Private Sub 对象_OLEDragDrop(data As DataObject, effect As Long, button As Integer, shift As Integer,
x As Single, y As Single)
```

OLEDragDrop 事件的语法如表 10-6 所示。

表 10-6　OLEDragDrop 事件的语法

部分	描述
data	DataObject 对象，包含源提供的格式，另外也可能包含这些格式的数据。若 DataObject 不包含数据，则当控件调用 GetData 方法时提供数据。SetData 和 Clear 方法不能用在这里
effect	源对象设置的长整型数，用来识别执行的动作，这样当部件被移动后允许源采取适当的动作（例如，如果源被从一个部件移到另一个部件，则执行删除数据操作）。可能的取值列于“设置值”中
button	整数，当按下鼠标键时，与鼠标状态相对应。左键为位 0，右键为位 1，中键为位 2。这些位相应的值分别为 1、2 和 4，它代表了鼠标键的状态。可设置三个位中的部分、全部或根本不设置，相应地表明部分、全部按键被按下或没有按键按下

续表

部分	描述
Shift	整数，当按下 Shift、Ctrl 和 Alt 键时，与这些键状态相对应。 Shift 键为位 0，Ctrl 键为位 1，Alt 键为位 2。这些位相应的值分别为 1、2 和 4，Shift 参数代表了这些键的状态。可设置三个位中的部分、全部或根本不设置，相应地表明部分、全部按键被按下或没有按键按下
x,y	确定鼠标指针当前位置的数值。x 和 y 值由对象的 ScaleHeight、ScaleWidth、ScaleLeft 和 ScaleTop 属性设置的坐标系统的格式来表示

其中 effect 参数的设置见表 10-7。

表 10-7　effect 参数的设置

常数	值	描述
vbDropEffectNone	0	放目标不接受数据
vbDropEffectCopy	1	放结果保存于从源到目标的数据拷贝中。初始数据没有被拖放操作改变
vbDropEffectMove	2	放结果保存于要从拖放源移到放源的数据中。移动后，拖放源要删除数据

（3）OLEDragOver：当一个部件在另一个部件上拖动时发生。

其参数与 OLEDragDrop 的参数类似。

本例中我们用程序判断鼠标拖动的是不是文件，如果是则显示“允许放下”的鼠标指针，否则显示⊘的鼠标指针。

本章小结

1．键盘事件

键盘事件过程可以处理当按下或释放键盘上某个键时所执行的操作，Visual Basic 中的对象能识别的键盘事件包括 KeyPress、KeyUp 和 KeyDown 事件。在引发键盘事件的同时，用户所按的键盘码作为实参传递给相应的事件过程，供程序判断识别用户的操作。

（1）KeyPress 事件。该事件在按下键盘时发生。它可获得按键的 KeyAscii 码，并不是按下任意一个键都会发生 KeyPress 事件，该事件只对会产生 ASCII 码的键有反应。

（2）KeyDown 事件和 KeyUp 事件。当用户按下键盘上的任意一个键，便触发该对象的 KeyDown 事件，释放按键则触发 KeyUp 事件。由于按下键盘的键往往会立即放开，所以这两个事件的使用差别并不大。

KeyDown 事件和 KeyUp 事件的参数有两种形式，其中 Index As Integer 只用于控件组，而 KeyCode As Integer, Shift As Integer 用于单个控件。

2．鼠标事件

鼠标事件是由用户操作鼠标而引发的事件。鼠标事件除了单击（Click）和双击（DblClick）外，基本的鼠标事件还有三个：MouseDown、MouseUp 和 MouseMove。

（1）MouseDown 事件。用户按下鼠标上的任一按钮时，就会引发该事件。如窗体控件 Form 的 MouseDown 事件调用格式为：

```
Private Sub Form_MouseDown(Button As Integer, Shift As Integer, X As Single, Y As Single)
```

（2）MouseUp 事件。用户释放鼠标时发生。如窗体控件 Form 的 MouseUp 事件调用格式：

```
Private Sub Form_MouseUp(Button As Integer, Shift As Integer, X As Single, Y As Single)
```

（3）MouseMove 事件。用户移动鼠标时发生。如窗体控件 Form 的 MouseMove 事件调用格式：

```
Private Sub Form_MouseMove(Button As Integer, Shift As Integer, X As Single, Y As Single)
```

（4）OLE 拖放。OLE 拖放是 Visual Basic 应用程序中最强大、最有用的功能之一，利用它可以在控件和控件之间、控件和其他 Windows 应用程序之间拖动文本和图形。

习题10

一、选择题

1．以下不属于键盘事件的是（　）。

A．KeyDown　　B．KeyUp　　C．Unload　　D．KeyPress

2．以下关于 KeyPress 事件过程中参数 KeyAscii 的叙述中正确的是（　）。

A．KeyAscii 参数是所按键的 ASCII 码

B．KeyAscii 参数的数据类型为字符串

C．KeyAscii 参数可以省略

D．KeyAscii 参数是所按键上标注的字符

3．当用户按键时，KeyPress 事件、KeyDown 事件、KeyUp 事件的执行顺序为（　）。

A．KeyPress 事件→KeyDown 事件→KeyUp 事件

B．KeyDown 事件→KeyPress 事件→KeyUp 事件

C．KeyDown 事件→KeyUp 事件→KeyPress 事件

D．KeyDown 事件、KeyUp 事件不与 KeyPress 事件同时激发

4．在窗体中添加一个文本框，然后编写如下代码：

```
Private Sub Text1_KeyPress(KeyAscii As Integer)
    Dim char As String
    char = Chr(KeyAscii)
    KeyAscii = Asc(UCase(char))
    Text1.Text = String(3, KeyAscii)
End Sub
```

程序运行后，如果从键盘上输入字母“a”，则文本框中显示的内容为（　）。

A．a　　B．A　　C．aaaa　　D．AAAA

5．程序运行后，在窗体上单击，此时窗体不会接受到的事件是（　）。

A．MouseDown　　B．MouseUp　　C．Load　　D．Click

6．下列关于 MouseMove 事件的发生，描述正确的是（　）。

A．与鼠标的灵敏度有关

B．每秒激发一次

C．伴随鼠标的移动而连续不断地发生

D．当鼠标移动时被激活一次然后等待下次移动

7．在窗体上，按下鼠标键触发事件，不正确的程序段是（ ）。

A．Private Sub Form_MouseDown(Button As Integer, Shift As Integer, X As Single, Y As Single)

……

End Sub

B．Private Sub Form_MouseUp(Button As Integer, Shift As Integer, X As Single, Y As Single)

……

End Sub

C．Private Sub Form_MouseMove(Button As Integer, Shift As Integer, X As Single, Y As Single)

……

End Sub

D．Private Sub Form_Load()

……

End Sub

8．窗体的 MouseDown 事件过程 Private Sub Form_MouseDown(Button As Integer, Shift As Integer, X As Single, Y As Single)有四个参数，关于这些参数，正确的描述是（ ）。

A．通过 Button 参数判定当前按下的是哪一个鼠标键

B．Shift 参数只能用来确定是否按下 Shift 键

C．Shift 参数只能用来确定是否按下 Alt 和 Ctrl 键

D．参数 X，Y 用来设置鼠标当前位置的坐标

9．若要更改鼠标指针样式，应使用________。

A．MouseMove 事件　　B．MouseDown 事件

C．MousePointer 属性　　D．MouseUp 事件

10．编写如下程序代码：

```
Option Explicit
Private Sub Form_MouseDown(Button As Integer, Shift As Integer, X As Single, Y As Single)
If Shift = 3 And Button = 2 Then
    Print "Visual Basic"
End If
End Sub
```

当程序运行后，为了在窗体上输出“Visual Basic”，应在窗体上执行的操作是（ ）。

A．同时按下 Ctrl+Shift 和鼠标右键　B．同时按下 Shift 和鼠标右键

C．同时按下 Ctrl+Shift 和鼠标左键　D．同时按下 Shift 和鼠标左键

11．下面选项与鼠标拖放操作无关的是（ ）。

A．Drag 方法　　B．DragOver 事件

C．DragDrop 事件　　D．KeyPress 事件

12．在窗体上画一个名为 Text1 的文本框，并编写如下程序：

```
Private Sub Form_Load()
```

```
    Me.Show
    Text1.Text = ""
    Text1.SetFocus
End Sub
Private Sub Form_MouseUp(Button As Integer, Shift As Integer, X As Single, Y As Single)
    Print "程序设计"
End Sub
Private Sub Text1_KeyDown(KeyCode As Integer, Shift As Integer)
    Print "Visual Basic";
End Sub
```

程序运行后，如果按“A”键，然后单击窗体，则在窗体上显示的内容是（　）。

A．Visual Basic　　B．程序设计

C．A 程序设计　　D．Visual Basic 程序设计

13．对窗体编写如下事件过程：

```
Private Sub Form_MouseDown(Button As Integer, Shift As Integer, X As Single, Y As Single)
    If Button = 2 Then
        Print "AAAAA"
    End If
End Sub
Private Sub Form_MouseUp(Button As Integer, Shift As Integer, X As Single, Y As Single)
    Print "BBBBB"
End Sub
```

程序运行后，如果单击鼠标右键，则输出结果为（　）。

A．AAAAA
BBBBB　　B．BBBBB
AAAAA　　C．AAAAA　　D．BBBBB

14．编写以下程序：

```
Dim sum As Integer
Private Sub Form_MouseDown(Button As Integer, Shift As Integer, X As Single, Y As Single)
    If Button = 1 Then
        sum = sum + 1
    ElseIf Button = 2 Then
        sum = sum - 1
    End If
End Sub
Private Sub Command1_Click()
    Print sum
End Sub
```

运行如下程序，当鼠标在窗体左击三次，右击一次，再单击按钮，则输出为（　）。

A．1　　B．-1　　C．2　　D．4

15．编写以下程序：

```
Private Sub Form_MouseDown(Button As Integer, Shift As Integer, X As Single, Y As Single)
    If Shift = ________ And Button = ________ Then
        Print "HELLO"
    End If
End Sub
```

运行程序，当同时按下 Shift 键和 Alt 键并用鼠标左击时，输出“HELLO”，程序中的 Shift

和 Button 的值是（　）。

A．1　3　　B．2　1　　C．3　2　　D．5　1

二、填空题

1．在执行 KeyPress 事件过程时，KeyAscii 是所按键的________值。

2．在 KeyDown、KeyUp 事件过程中，当参数 Shift 的值为十进制数 1、2、4 时，分别代表 Shift、________、________键。

3．鼠标的光标在不同的窗口内，其形状是不一样的，光标的形状通过________属性来设置。

4．新建一窗体，编写程序代码如下：

```
Option Explicit
Private Sub Form_KeyPress(KeyAscii As Integer)
Dim i As Integer, j As Integer
j = 0
If KeyAscii = 13 Then
    For i = 1 To 3
        j = j + i
    Next i
Else
    For i = 4 To 5
        j = j + i
    Next i
End If
Print j
End Sub
```

运行上述程序，当输入回车键时，窗体上会打印：________；输入其他键时，窗体上会打印：________。

5．下列过程的功能是：在对多个文本框进行输入时，对第一个文本框（Text1）输入完毕后用回车键使焦点跳到第二个文本框（Text2），而不是按 Tab 键来切换。请完成该程序。

```
Private Sub Text1_KeyDown(KeyCode As Integer, Shift As Integer)
    If________ Then
        Text2.SetFocus
    End If
End Sub
```

6．把窗体的 KeyPreview 设置为 True，编写如下过程：

```
Private Sub Form_KeyDown(KeyCode As Integer, Shift As Integer)
    ________
End Sub
Private Sub Form_KeyUp(KeyCode As Integer, Shift As Integer)
    Print Chr(KeyCode + 32 + 4);
End Sub
```

当按下“a”时，输出为：Ee。

7．在窗体上画一个名称为 Combo1 的组合框，画两个名称分别为 Label1 和 Label2 及 Caption 属性分别为“著名景点：”和空白的标签。程序运行后，当在组合框中输入一个景点名称后按回车键（ASCII 码为 13），如果输入的项在组合框的列表中不存在，则自动添加到组合框列表中，并在 Label2 中给出提示"已成功添加输入项！"，如图 10-4 所示；如果存在则在 Label2 中给出提示 "输入项已在组合框中！"。

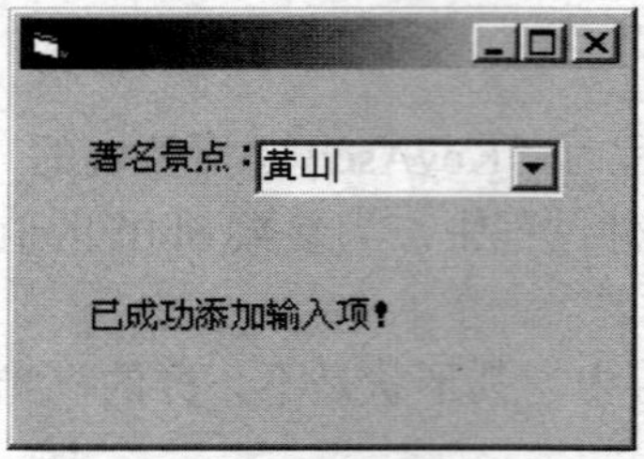

图 10-4　第 7 题运行结果

```
Private Sub Combo1_________ (KeyAscii As Integer)
  If KeyAscii = 13 Then
    For i = 0 To Combo1.ListCount - 1
        If Combo1.Text = Combo1.List(i) Then
            Label2.Caption = "输入项已在组合框中！"
            Exit Sub
        End If
    Next i
    Label2.Caption = "已成功添加输入项！"
    Combo1.AddItem Combo1.Text
  End If
End Sub
```


8．对窗体编写如下代码：

```
Private Sub Form_MouseDown(Button As Integer, Shift As Integer, X As Single, Y As Single)
   If Button = 2 Then
      Print "1";
   End If
End Sub
Private Sub Form_MouseUp(Button As Integer, Shift As Integer, X As Single, Y As Single)
   Print "2";
End Sub
```

当单击鼠标左键时，窗体上会显示________；当单击鼠标右键时，窗体上会显示________。

9．编写程序，当鼠标移动至按钮上时，变为十字线，移到窗体上时，变为默认形状。

```
Private Sub Form_MouseMove(Button As Integer, Shift As Integer, X As Single, Y As Single)
   MousePointer = ________
End Sub
Private Sub Command1_MouseMove(Button As Integer, Shift As Integer, X As Single, Y As Single)
   MousePointer = 2
End Sub
```

10．编写程序，当拖动图片到 Frame 时，Label 显示"经过了框架!"，放开鼠标时，图片消失，Label 显示"在框架上释放了!"。

```
Private Sub Form_Load()
   Picture1.DragIcon = LoadPicture("D:\XBAHKS\ntb1.ico")
End Sub
Private Sub Frame1_DragDrop(Source As Control, X As Single, Y As Single)
  Picture1.DragMode = ________
```

```
    Label1.Caption = "在框架上释放了!"
End Sub
Private Sub Frame1_DragOver(Source As Control, X As Single, Y As Single, State As Integer)
    If TypeOf Source Is ________ Then
        Label1.Caption = "经过了框架!"
    End If
End Sub
```

三、阅读理解题

1．编写如下两个事件过程：

```
Private Sub Form_KeyDown(KeyCode As Integer, Shift As Integer)
    Print Chr(KeyCode);
End Sub
Private Sub Form_KeyPress(KeyAscii As Integer)
    Print Chr(KeyAscii);
End Sub
```

运行程序，在不按住 Shift 键和锁定大写情况下按 A 键，则程序的输出结果是什么？

2．在窗体上画一个命令按钮和一个文本框，并把窗体的 KeyPreview 属性设置为 True，然后编写如下代码：

```
Dim saveall As String
Private Sub Command1_Click()
    Text1.Text = UCase(saveall)
End Sub
Private Sub Form_KeyPress(KeyAscii As Integer)
    saveall = saveall + Chr(KeyAscii)
End Sub
Private Sub Form_Load()
    Text1.Text = ""
End Sub
```

程序运行后，在键盘上输入 abc123，单击命令按钮，写出文本框上显示的内容。

3．指出下面程序的功能。

```
Private Sub Form_MouseDown(Button As Integer, Shift As Integer, X As Single, Y As Single)
    Static blndrawnow As Boolean
    If blndrawnow Then
        Form1.Line -(X, Y)
    End If
    If Button = 2 Then
        blndrawnow = False
    ElseIf Button = 1 Then
        Form1.CurrentX = X
        Form1.CurrentY = Y
        btndrawnow = True
    End If
End Sub
```

四、编程题

1．窗体中有三个文本框 Text1、Text2、Text3 和两个命令按钮，其中 Text1 和 Text2 用于从键盘接收两个数，两个按钮分别用于“比较”和“退出”。要求：

（1）编写 Text1 和 Text2 的 KeyPress 事件代码，当键盘输入的键不是数字键时，文本框接收不到键值。

（2）Text3 禁止输入，当鼠标移动到 Text3 控件上时，鼠标指针显示为禁止形状。

（3）单击“比较”按钮，在 Text3 中显示两个数中的较大数，单击“退出”按钮结束程序运行。

2．在窗体上画一个文本框、一个图片框和一个命令按钮。编写程序，使得当鼠标光标位于不同的控件或窗体上时，鼠标光标具有不同的形状，如果此时按下鼠标右键，则用一个信息框显示：“现在鼠标光标位于 XXX 上”。

第 11 章　图形与多媒体

本章要点

- 了解画线控件 Line 和形状控件 Shape 的概念和使用方法。
- 熟练掌握坐标系统，特别是用户自定义坐标的使用。
- 能够利用基本的绘图方法绘制简单图形。
- 了解常用多媒体处理控件的功能和使用。

11.1　图形控件与方法

Visual Basic 提供了两种绘图方式：一是使用图形控件，如 Line 控件和 Shape 控件；二是使用绘图方法，如 Line 方法、Circle 方法和 Pset 方法等。

Visual Basic 的图形控件主要有两个，它们是画线控件 Line 和形状控件 Shape。这两个控件可以用来在窗体上或图片框中绘制图形，但它们不支持任何事件，只用于表面修饰。可以在设计时通过设置其属性来确定显示某种图形，也可以在程序运行过程中改变其属性，达到动态显示图形的效果。

画线控件 Line 可以画一条直线，其最主要的属性是 BorderWidth 和 BorderStyle，分别决定所画线段的宽度和形状。另外，两个坐标点(X1,Y1)和(X2,Y2)确定了两个端点的位置。

形状控件 Shape 可以用来画矩形、正方形、椭圆、圆、圆角矩形和圆角正方形 6 种几何图形。把形状控件放到窗体或图片框中时显示为一个矩形，可以通过它的 Shape 属性确定其几何形状。形状控件的 FillStyle 属性和 FillColor 属性分别控制其填充图案和颜色。

例 11-1　利用画线控件和形状控件设计一个指针式秒表，如图 11-1 所示。程序启动后，单击窗体上的“开始”按钮，表的指针开始转动，每秒动一下，一分钟转一圈。指针转动时，命令按钮的标题变为“暂停”，如果此时再单击命令按钮，指针停止转动，命令按钮的标题又变为“继续”；再单击按钮，指针又开始转动。

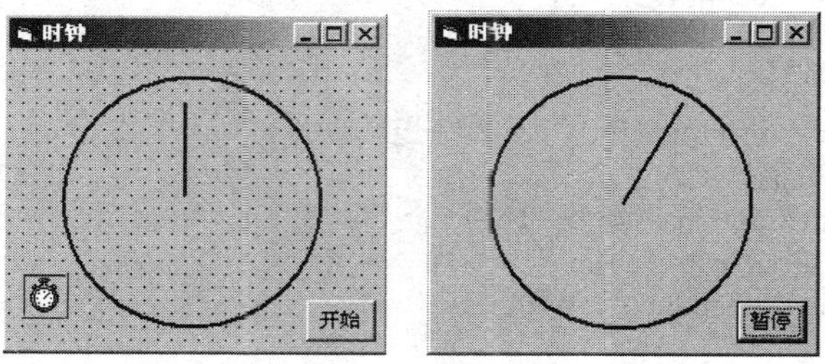

图 11-1　例 11-1 的设计和运行界面

（1）建立一项新工程，在窗体上添加一个形状控件 Shape1 作为表盘，一个画线控件 Line1

作为表的指针，再添加一个计时器控件 Timer1 和一个命令按钮 Command1，按表 11-1 设置有关属性值。

表 11-1　属性设置

对象	属性	属性值	说明
Form1	Caption	时钟	
Shape1	Shape	3 - Circle	
	BorderWidth	2	线宽
Line1	BorderWidth	2	线宽
Timer1	Interval	1000	
	Enabled	False	
Command1	Caption	开始	

注意：一定要使形状控件 Shape1 的 Height 属性和 Width 属性的值相等，否则无法把指针的一端固定在圆心上。设计时，指针的长短和位置均可任意定，在程序中将进行调整。

（2）编写程序代码。

① 在代码窗口的通用声明区声明符号常量和窗体级变量。

```
Const pi = 3.1415926
Dim x0 As Single, y0 As Single
Dim r As Single, t As Integer
```

② 编写窗体的 Load 事件过程代码：


```
Private Sub Form_Load()
    r = Shape1.Width / 2                 '计算圆半径
    x0 = Shape1.Left + r                 '计算圆心的 x 坐标
    y0 = Shape1.Top + r                  '计算圆心的 y 坐标
    Line1.X1 = x0
    Line1.Y1 = y0                        '使直线起点与圆心重合
    Line1.X2 = Line1.X1
    Line1.Y2 = Line1.Y1 - r + 100        '使直线垂直并比圆直径小
End Sub
```

③ 编写计时器的 Timer 事件过程代码。

```
Private Sub Timer1_Timer()
    t = t + 1
    '动态改变直线顶点坐标
    Line1.X2 = x0 + (r - 100) * Sin(pi * t / 30)
    Line1.Y2 = y0 - (r - 100) * Cos(pi * t / 30)
End Sub
```

④ 编写命令按钮 Command1 的单击事件过程代码。

```
Private Sub Command1_Click()
    If Command1.Caption = "暂停" Then
        Timer1.Enabled = False
        Command1.Caption = "继续"
    Else
        Timer1.Enabled = True
        Command1.Caption = "暂停"
    End If
End Sub
```

11.2　图形的坐标系统

每一个图形操作（包括调整大小、移动和绘图），都要使用绘图区或容器的坐标系统。坐标系统是一个二维网格，可定义屏幕上、窗体中或其他容器中（如图片框或 Printer 对象）的位置。

任何容器的默认坐标系统，都是由容器的左上角(0，0)坐标开始。沿这些坐标轴定义位置的测量单位，统称为刻度。在 VB 中，坐标系统的每个轴都有自己的刻度。VB 的默认坐标系统方向如图 11-2 所示，Y 坐标轴的正方向是从上向下的。

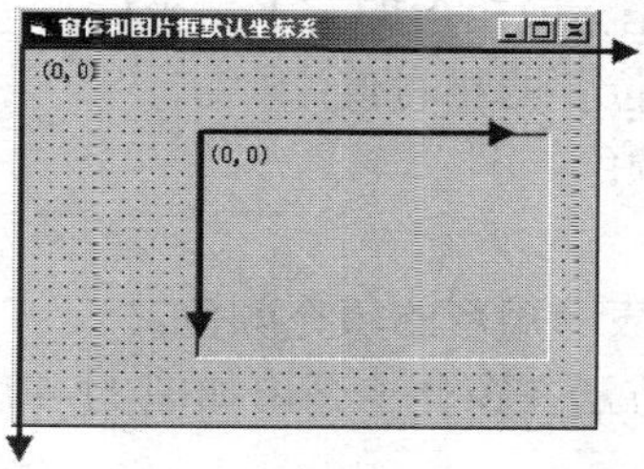

图 11-2　VB 的默认坐标系统方向示例

坐标轴的方向、起点和坐标系统的刻度，都是可以改变的。

1. 坐标单位

坐标单位即坐标的刻度，默认的坐标系统采用 twip 为单位。设置对象的 ScaleMode 属性可以改变坐标系统的单位，例如可以采用像素或毫米为单位。下面的语句代码将窗体的坐标单位改为毫米：

```
ScaleMode = vbMillimeters
```

2. 自定义坐标系

VB 默认的坐标系统与我们习惯使用的笛卡尔坐标不一致，要使所绘制的图形与笛卡尔坐标系一致，就需要重新定义对象的坐标系。Scale 方法是建立用户坐标系的最简便方法，其语法格式如下：

```
[<对象名>.] Scale   (x1,y1) - (x2,y2)
```

其中，对象可以是窗体、图片框或打印机。(x1，y1)设置对象的左上角坐标，(x2，y2)设置对象的右下角坐标。使用 Scale 方法将把对象在 x 方向上分为 x2–x1 等份，在 y 方向上分为 y2–y1 等分。使用 Scale 方法将自动把 ScaleMode 属性设置为 0（自定义坐标系统）。

例如，语句 Scale (-200, 250)-(200, -250)将改变默认的坐标系，建立如图 11-3 所示的新坐标系。

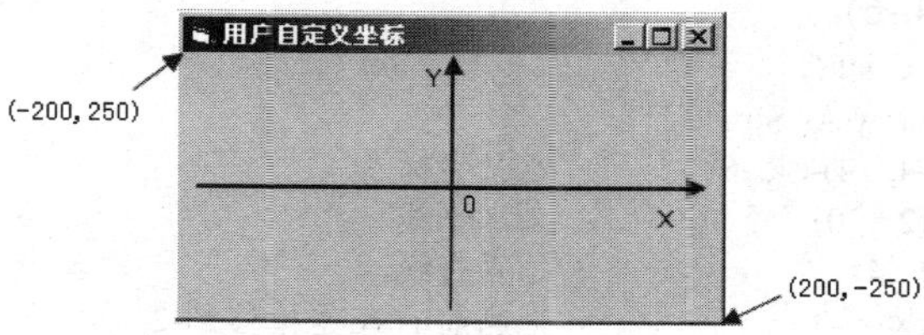

图 11-3　用户自定义坐标

11.3 常用图形方法

1. Line 方法

Line 方法用于画直线和矩形，其语法格式如下：

[<对象名>.] Line [Step] (x1, y1) [Step] (x2, y2), [Color], [B][F]

说明：

- 格式中的“对象名”是指窗体、图片框或打印机，默认为当前窗体；
- (xl，y1)为线段的起点坐标或矩形的左上角坐标；
- (x2，y2)为线段的终点坐标或矩形的右下角坐标；
- Step 表示采用当前作图位置的相对值；
- Color 表示所画图形的颜色；
- B 表示画矩形；
- F 必须和 B 同时出现，表示矩形的填充颜色。

例如，下面的程序用 Line 方法在窗体上画出如图 11-4 所示的图形。

```
Private Sub Form_Click()
    Scale (0, 15)-(20, 0)   '设置用户坐标系统，窗体左下角为坐标原点
    DrawWidth = 2           '设置线段宽度
    Line (2, 2) - (18, 2), vbRed
    Line - (10, 14), vbRed
    Line - (2, 2), vbRed            '画红色三角形
    Line (7, 3) - (13, 9), vbBlue, B    '画蓝色矩形
End Sub
```


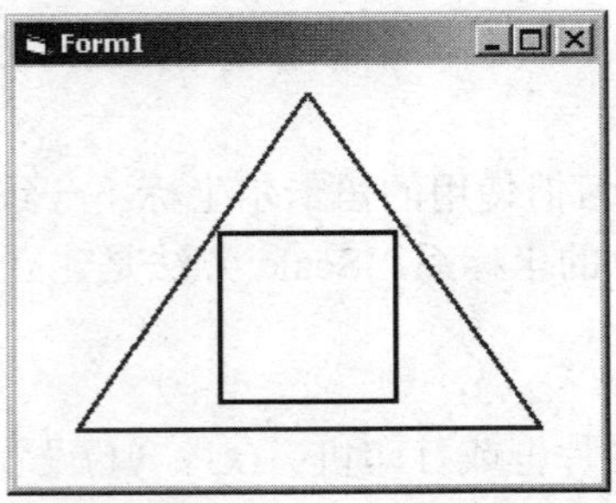

图 11-4 Line 方法示例

例 11-2 用 Line 方法在窗体上绘制函数 $f(x) = 3x^2 - 2$ 在区间[-2，2]之间的曲线。

要在窗体上绘制曲线，首先应定义坐标系。如图 11-5 所示，可以把窗体的左上角定义为(-4,14)，右下角定义为(4,-6)。

```
Private Sub Form_Click()
    Dim x As Single, y As Single
    Form1.Scale (-4, 14)-(4, -6)        '定义坐标系
    Line (-2.5, 0)-(2.5, 0)             '画水平线
    Line (0, 12)-(0, -4)                '画垂直线
    Form1.CurrentX = -2                 '把当前的 X 坐标移到-2
    Form1.CurrentY = 10                 '把当前的 Y 坐标移到 10
```

```
    For x = -2 To 2 Step 0.01
      y = 3 * x ^ 2 - 2                   '计算函数值
      Line -(x, y), vbRed                  '画函数曲线
    Next x
End Sub
```

程序中使用了窗体的 CurrentX、CurrentY 属性来设置曲线起始点的位置。Line 方法的起点省略时，是以当前坐标点为起点。每执行一次画直线命令，当前坐标点就是所画直线的终点。程序运行结果如图 11-5 所示。

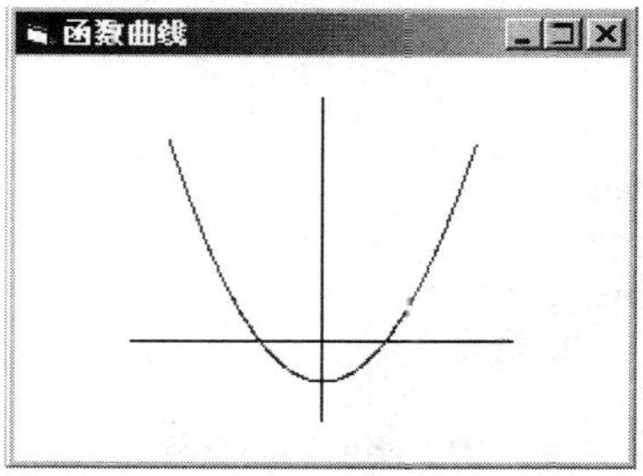

图 11-5　绘制函数曲线

2. Circle 方法

Circle 方法用于画圆、椭圆、圆弧和扇形，其语法格式如下：

[<对象名>.] Circle [Step] (x, y), Radius, [Color], [Start], [End] [, Aspect]

说明：

- 对象名、Step 和 Color 的作用同 Line 方法；
- (x，y)为圆心坐标；
- Radius 为圆的半径；
- Start 和 End 指定（以弧度为单位）弧或扇形的起点和终点位置，其范围为-2π～2π。起点的默认值是 0，终点的默认值是 2π。正数画弧，负数画圆。
- Aspect 为垂直半径与水平半径之比，不能为负数。Aspect>1 时，椭圆沿垂直方向拉长，Aspect<1 时，椭圆沿水平方向拉长。Aspect 的默认值为 1，产生标准圆形。

可以省略格式中间的某个参数，但不能省略分隔参数的逗号，指定的最后一个参数后面的逗号是可以省略的。

例如，下面的程序可以在窗体上画出如图 11-6 所示的图形。

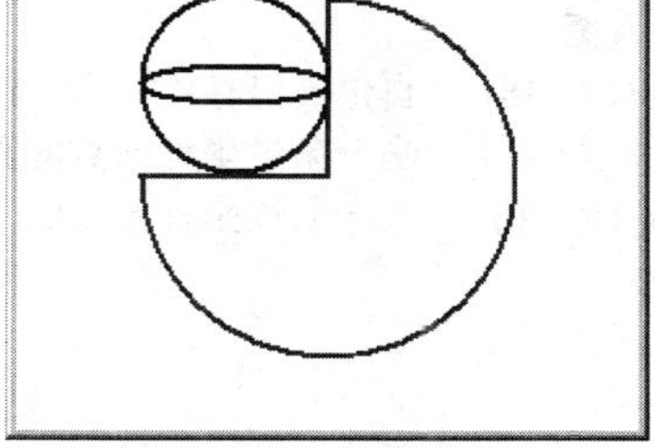

图 11-6　Circle 方法示例

```
Private Sub Form_Click()
    Const pi = 3.1415926
    Scale (-50, 40)-(50, -40)                  '设置用户坐标系统，窗体中心为坐标原点
    DrawWidth = 2
    Circle (0, 0), 30, vbRed, -pi, -pi / 2     '画 3/4 圆，圆心在坐标原点，红色
    Circle Step(-15, 15), 15                   '画小圆，圆心相对大圆偏移(-15,15)
    Circle Step(0, 0), 15, vbBlue, , , 5 / 25  '画椭圆，椭圆心与小圆重合
End Sub
```

例 11-3　编写程序画如图 11-7 所示图案。该图案由一个大圆和若干个小圆构成，小圆的圆心在大圆的圆周上。

```
Private Sub Form_Click()
  Const pi = 3.1415926
  Dim a As Integer, b As Integer
  Dim x As Single, y As Single
  Dim r    As Integer, i As Integer
  Form1.DrawWidth = 2          '线宽为 2
  a = Form1.Width \ 2
  b = Form1.Width \ 2          'a,b 为大圆的圆心坐标
  r = 0.3 * Form1.Width        '大圆半径
  Circle (a, b), r, vbBlue     '画大圆
  Form1.DrawWidth = 1          '线宽为 1
  For i = 0 To 360 Step 10     '每隔 10 度画一小圆
     x = a + r * Cos(i * pi / 180)
     y = b + r * Sin(i * pi / 180)
     Circle (x, y), 0.3 * r, vbRed
  Next i
End Sub
```

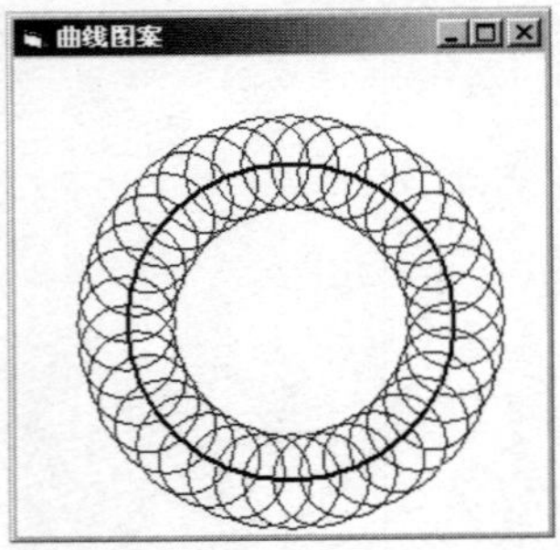

图 11-7　图案

3. Pset 方法

Pset 方法用于在窗体或图片框的指定位置(x, y)按规定的颜色画点，其语法格式如下：

[<对象名>.] Pset　[Step]　(x, y)　[, color]

其中，(x, y)是必需的一对单精度浮点数，用来指定所画点的坐标位置。

例 11-4　利用 Pset 方法或 Line 方法均可以画出任意曲线。下面用 Pset 方法在图片框中绘制阿基米德螺旋线，用 Line 方法绘制正弦曲线。

具体的设计步骤如下：

（1）新建一项工程，在窗体上添加一个图片框 Picture1 和三个命令按钮，参考图 11-8 设置对象的有关属性。

（2）编写命令按钮 Command1（螺旋线）的单击事件过程。

```
Private Sub Command1_Click()
    Picture1.Cls      '清除已有图形
    Picture1.Scale (-15, 15)-(15, -15)    '自定义坐标
    Picture1.Line (0, 14)-(0, -14)        '画一条过坐标原点的垂直线
    Picture1.Line (14.5, 0)-(-14.5, 0)    '画一条过坐标原点的水平线
    For i = 0 To 12 Step 0.01
        x = i * Cos(i)
        y = i * Sin(i)
        Picture1.PSet (x, y), vbBlue      '用 Pset 方法画点
```

```
        Next i
    End Sub
```

该过程运行结果如图 11-8 左图所示。

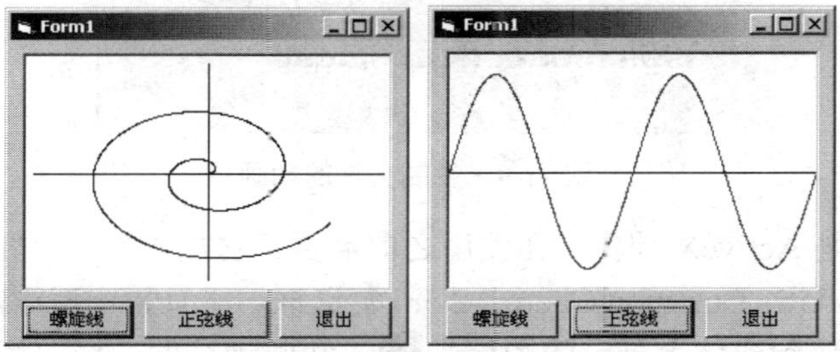

图 11-8　曲线绘制示例

（3）编写命令按钮 Command2（正弦线）的单击事件过程。

```
Private Sub Command2_Click()
    Const pi = 3.1415926
    Picture1.Cls
    Picture1.Scale (-2 * pi, 1.2)-(2 * pi, -1.2)
    Picture1.Line (-2 * pi, 0)-(2 * pi, 0)
    Picture1.CurrentX = -2 * pi
    Picture1.CurrentY = 0
    For i = -2 * pi To 2 * pi Step 0.01
        y = Sin(i)
        Picture1.Line -(i, y), vbRed
    Next i
End Sub
```

该过程运行结果如图 11-8 右图所示。

（4）编写命令按钮 Command3（退出）的单击事件过程。

```
Private Sub Command3_Click()
    End
End Sub
```

11.4　多媒体应用

运用多媒体技术可以给应用程序添加交互式音乐、图像和动画，为应用程序添加上灿烂的一笔。

11.4.1　Animation 控件

Animation 控件显示无声的音频视频动画。AVI 动画类似于电影，由若干帧位图组成。

在 Windows 系统中复制文件时，我们可以看到该控件的一个例子：在两个文件夹之间有一张纸（“文件”）在“飘动”（图 11-9）。

虽然 AVI 动画可以有声音，但这样的动画不能在 Animation 控件中使用，如果试图装载这样的文件将会产生错误。在该控件中只能使用无声的 AVI 动画。要播放有声的 .avi 文件，则需要使用 Multimedia（MCI）控件。

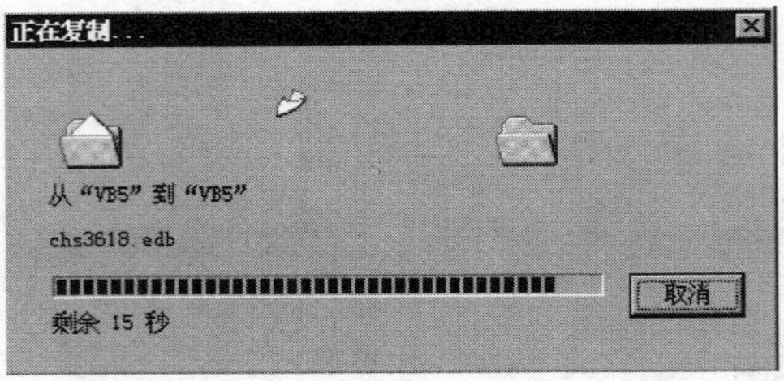

图 11-9　复制文件的动画

Animation 控件是 ActiveX 控件，在使用之前需要把它加入到工具箱。在“部件”选项卡中选择 Microsoft Windows Common Control-2 5.0 复选框，工具箱中就添加了 Animation 控件，其图标是，将其拖放到窗体上显示的图标是。和时钟控件一样，程序运行时，该控件是不可见的。

Animation 控件的 AutoPlay 属性用于确定是否播放.avi 文件。如果 AutoPlay 属性被设置为 True，该控件在加载文件后将立即进行播放。如果要停止播放文件，只需将 AutoPlay 属性设置为 False。如果 AutoPlay 属性被设置为 False，则必须使用 Play 方法来播放.avi 文件。

可以用 Animation 控件的 Center 属性指定动画是否在该控件中居中播放。如果 Center 属性设置为 False，那么，在运行时该控件会自动根据视频动画的大小设置自身的大小。

Animation 控件的方法主要有 Open 方法、Play 方法、Stop 方法和 Close 方法。下面以一个具体的例子来说明这些方法的使用。

例 11-5　用 Animation 控件播放一个无声的.avi 文件。

程序运行界面如图 11-10 所示，在窗体上添加一个 Animation 控件和两个命令按钮“开始”和“停止”（Command1 和 Command2）。本程序播放的是..\\Microsoft Visual Studio\Common\ Graphics\Videos\COUNT24.AVI 文件。

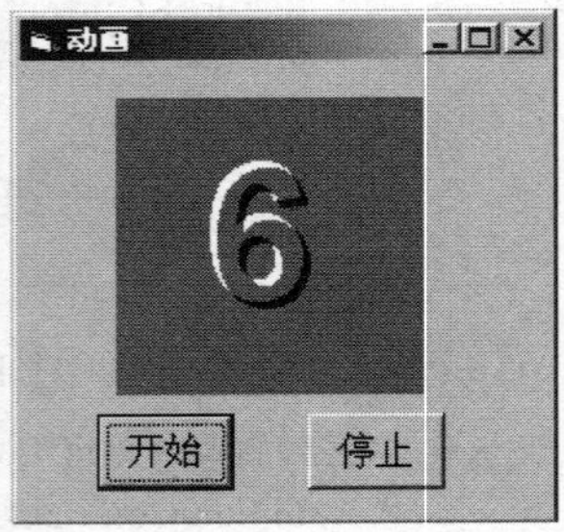

图 11-10　播放动画

程序代码如下：

```
Private Sub Command1_Click()
    Animation1.Open _
    "D:\Program Files\Microsoft Visual Studio\Common\Graphics\Videos\COUNT24.AVI"
    Animation1.Play                ' 播放动画
End Sub
Private Sub Command2_Click()
    Animation1.Stop
End Sub
```

11.4.2　Multimedia 控件

Multimedia 控件可用于管理媒体控制接口（MCI）设备。这些设备有：声卡、MIDI 发生器、CD-ROM 驱动器、音频播放器、视频播放器和视频磁带录放器等。

Multimedia 控件是 ActiveX 控件，在使用之前需要把它加入到工具箱。在“部件”选项卡中选择 Microsoft Multimedia Control 6.0 复选框，工具箱中就添加了 Multimedia 控件，其图标是，将其拖放到窗体上显示的图标是。Multimedia 控件与我们熟悉的

VCD 机上的按钮相似，从左到右共 9 个，分别是：Prev（前一个）、Next（下一个）、Play（播放）、Pause（暂停）、Back（向后步进）、Step（向前步进）、Stop（停止）、Record（录制）和 Eject（弹出）。

通过设置 Enabled 和 Visible 属性，可使 Multimedia 控件在运行时可见或不可见。按照默认规定，Enabled 和 Visible 属性被设置为 True，这样该控件在运行时就是可见的。

如果不希望通过 Multimedia 控件上的按钮直接与用户交互，而希望使用该控件实现它的多媒体功能，可将 Visible 属性设置为 False。无论应用程序与用户交互与否，都可以对 MCI 设备进行控制。

要使单个的按钮可见或不可见，可以设置该按钮对应的 Visible 和 Enabled 属性。例如，Back 按钮中的 BackEnabled 和 BackVisible 属性。9 个按钮中的每一个都有对应的这些属性。

Multimedia 控件的 Command 属性用于启动 MCI 命令。例如，打开、播放和关闭多媒体文件：

```
MMControl1.FileName = "c:\Filename1.avi"
MMControl1.Command = "Open"
MMControl1.Command = "Play"
MMControl1.Command = "Close"
```

Multimedia 控件的 DeviceType 属性用于指定 MCI 设备类型。表 11-2 列出了 Multimedia 控件支持的 MCI 设备，其中列出的文件类型是复合设备。

表 11-2　Multimedia 控件支持的 MCI 设备

DeviceType 属性	文件类型	含义
Cdaudio		音频 CD 播放器
Dat		数字音频磁带播放器
DigitalVideo		窗口中的数字视频
Other		未定义 MCI 设备
Overlay		覆盖设备
Scanner		图像扫描仪
Sequencer	.mid	音响设备数字接口（MIDI）序列发生器
VCR		视频磁带录放器
AVIVideo	.avi	视频文件
Videodisc		视盘播放器
Waveaudio	.wav	播放数字波形文件的音频设备
MPEGVideo	.mpg	播放电影文件

通常情况下，播放视频文件时，显示窗口会出现在屏幕的随机位置，每次播放出现的位置都不一样。我们可以使用 Multimedia 控件的 hWndDisplay 属性来设置视频文件显示窗口，使用 hWndDisplay 属性可以将视频图像显示在窗体或图片框中。注意，该属性在设计模式中不可用。例如，将一个.avi 文件指定在图片框 Picture1 中播放，可以使用以下语句：

```
MMControl1.hWndDisplay=Picture1.hwnd
```

例 11-6 使用 Multimedia 控件在图片框控件中播放一个视频文件。

在窗体中放置一个图片框 Picture1 和一个 Multimedia 控件 MMControl1，编写窗体装载事件过程代码如下：

```
Private Sub Form_Load()
   With MMControl1
      .Notify = False
      .DeviceType = "AVIVideo"                  ' 指定 MCI 设备类型
      .Notify = False
      .FileName = "D:\2012.avi"                 ' 指定播放的视频文件
      .hWndDisplay = Picture1.hWnd              ' 指定在图片框中播放
      .Command = "open"                         ' 打开视频文件
   End With
End Sub
```

程序运行界面如图 11-11 所示。

图 11-11　在图片框中播放视频文件

11.4.3　Shockwave Flash 控件

使用 Flash 软件可以制作各种各样的矢量动画，用 Flash 这样的专业动画软件比 VB 制作的动画更精美。在 VB 程序中也可以播放 Flash 软件制作的.swf 文件。在 VB 中播放 Flash 动画，要用到 Shockwave Flash 控件。Shockwave Flash 控件也是 ActiveX 控件，在使用之前需要把它加入到工具箱。在“部件”选项卡中选择 Shockwave Flash 复选框，工具箱中就添加了 Shockwave Flash 控件，其图标是□。将其拖放到窗体上再改变其大小，就是播放 Flash 动画的窗口。

Shockwave Flash 控件的播放主要使用的方法如表 11-3 所示。

表 11-3　Shockwave Flash 控件的方法

命令	功能	命令	功能
LoadMovie	装载并播放 swf 文件	CurrentFrame	当前帧数
Play	播放	GotoFrame	跳转到指定帧并播放
StopPlay	停止当前帧播放	Forward	向前跳转播放
Stop	停止	Back	向后跳转播放

例 11-7　使用 Shockwave Flash 控件在窗体上播放一个 Flash 动画文件。

在窗体中放置一个 Shockwave Flash 控件 ShockwaveFlash1，并添加三个命令按钮，编写程序代码如下，程序运行界面如图 11-12 所示。

```
Private Sub Command1_Click()
  ShockwaveFlash1.Play                    ' 播放
End Sub

Private Sub Command2_Click()
  ShockwaveFlash1.Stop                    ' 停止
End Sub

Private Sub Command3_Click()
   End                                    ' 结束程序
End Sub

Private Sub Form_Load()
  ShockwaveFlash1.LoadMovie 0, "c:\nunchakus.swf"        ' 装载动画文件并播放
  ShockwaveFlash1.Stop                                   ' 停止播放
End Sub
```

图 11-12　播放 Flash 动画

本章小结

本章简要介绍了有关图形和多媒体处理的基本操作内容，重点是掌握几个绘图方法的实际使用。

习题 11

一、选择题

1. 可以通过设置 Line 控件的（　）属性来绘制虚线、点划线和实线等各种样式的图形。

   A．Line　　　　B．Style

   C．FillStyle　　　　D．BorderStyle

2．Visual Basic 中坐标系默认的刻度是 twips，可以根据需要，用（　）属性来改变默认的刻度单位。

A．Scale　　B．ScaleMode

C．ScaleWidth　　D．ScaleHeight

3．以下的属性和方法中（　）可以重新定义坐标。

A．Scale 方法　　B．ScaleMode 属性

C．DrawStyle 属性　　D．DrawWidth 属性

4．当使用 Line 方法绘制一直线后，当前坐标点在（　）。

A．(0, 0)　　B．直线起点

C．直线终点　　D．窗体中心

5．指令“Circle (1000,1000), 500, 8, -6, -3”将绘制（　）。

A．圆　　B．椭圆　　C．圆弧　　D．扇形

6．执行指令“Line (1200,1200) –Step(1000, 500), B”后，CurrentX=（　）。

A．2200　　B．1200　　C．1000　　D．1700

7．Line(100, 100) – Step(400, 400)将在窗体上的（　）绘制一直线。

A．(200,200)-(400,400)　　B．(100,100)-(300,300)

C．(100,100)-(500,500)　　D．(100,100)-(400,400)

8．AVI 动画类似于电影，由若干帧位图组成，Animation 控件可以用于显示（　）的 AVI 文件。

A．无声　　B．有声

C．无声或有声　　D．立体声

9．Multimedia 控件是 ActiveX 控件，使用之前需要在“部件”选项卡中选择（　）复选框，将其加入到工具箱。

A．Microsoft Windows Common Control-2 5.0

B．Microsoft Windows Common Control-2 6.0

C．Microsoft Multimedia Control 6.0

D．Shockwave Flash

二、填空题

1．任何容器的默认坐标系统，(0,0)坐标都是在容器的________。

2．如果用 Scale 指令将窗体 Form1 的左上角坐标设置为(-200,250)，右下角坐标设置为(300,-150)，则 X 轴的正向向________，Y 轴的正向向________。

3．使用 Line 方法画矩形时，必须使用关键字________。

4．使用 Circle 方法画扇形，起始角、终止角的取值范围是________。

5．将一个有声的视频.avi 文件指定在图片框 Picture1 中播放，可以使用的语句是________。

三、编程题

1．使用 Line 方法在窗体上画出 10 行 10 列的表格，要求表格充满窗体。

2．编写程序，在窗体上能够同时播放两个不同的.avi 文件，其中一个是无声的循环动画

播放，另一个是有声视频文件。

3．编写程序在窗体上绘制如图 11-13 所示的正弦曲线。

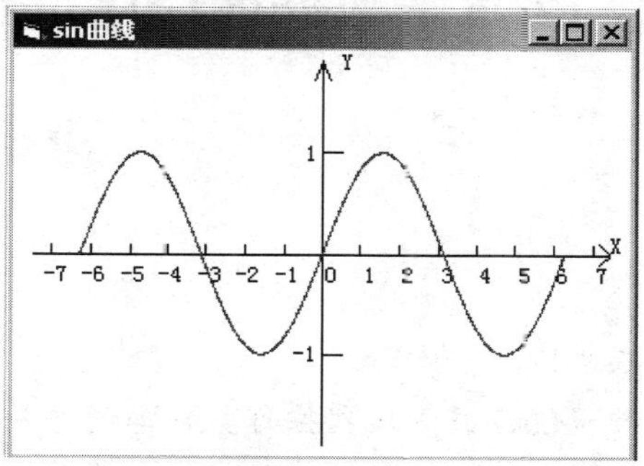

图 11-13　sin 函数曲线

第 12 章　数据库程序设计

本章要点

- 了解数据库的基本概念。
- 熟练掌握使用可视化数据管理器操作数据库的方法。
- 熟练掌握使用数据控件访问数据库的方法和步骤。
- 掌握使用数据窗体向导创建数据访问窗体。

12.1　数据库基础

数据库技术是应数据管理任务的需要而产生的，是现代社会信息处理的基础技术之一。Visual Basic 向用户提供了一个简单易用的数据库开发平台，并在数据库方面提供了强大的管理功能和丰富的工具，用户可以使用 Visual Basic 设计出友好的数据库管理界面，开发出功能强大的数据库应用程序。

下面介绍一些数据库的基本概念。

1. 数据库

所谓数据库（Database，简称 DB）就是按照一定的数据模型来组织和存放的相关数据的集合。数据库分为层次型、网状型和关系型三种，目前最流行的是关系型数据库。关系型数据库是以关系模型为基础的数据库，主要特点是使用二维表的方式组织数据，通过若干个表（Table）存储数据，并利用关系（Relation）将这些表联系在一起。

2. 表

在关系数据库中，数据以二维表（行和列）的形式存储。一般情况下，可将描述不同事物的数据分别保存在数据库不同的表中。例如在一个企业的人事管理系统中，可以将员工的基本信息保存在员工信息表中，可以将与部门相关的信息保存在部门信息表中。表 12-1 所示的员工信息表就包含员工的工号、姓名、部门 ID、性别、出生日期和联系电话等基本信息。

表 12-1　员工信息表

工号	姓名	部门 ID	性别	出生日期	联系电话
01001	张健	01	男	1985-10-1	88001234
01012	李强	01	男	1986-1-16	66345231
02005	王亮	02	男	1983-9-12	23782375
03006	陈平	03	女	1987-2-20	34528984
…	…	…	…	…	…

3. 记录

表中的每一行表示一条记录，一条记录描述事物的一个实例。例如，上述员工信息表中的每一行描述一个员工的基本信息。但在一个数据表中不允许出现完全相同的两条或两条以上的记录。

4. 字段

表中的每一列为一个字段，每一列均有一个名字，称为字段名称，各字段名称互不相同，每一个字段描述事物的一个属性。例如，上述员工信息表中有 6 列，即 6 个字段，分别描述员工的工号、姓名等 6 个不同的属性。创建一个数据表时，要设置每个字段的数据类型和最大长度等属性。

5. 主键

主键是能唯一标识不同记录的字段或字段组合。每条记录的主键值都是唯一的。例如，上述员工信息表中每个员工的工号是不同的，通过员工的工号可以唯一地标识每个员工，所以可以将“工号”字段作为员工信息表的主键。

6. 外键

某个字段或字段组合不是本表的主键，但是其他表的主键，称其为外键。通过外键可以与主键所在的表建立关联。例如，上述员工信息表中的外键“部门 ID”就是部门信息表中的主键，通过外键“部门 ID”可以将员工信息表与部门信息表关联起来。

7. 关系

数据库可以由多个表组成，表与表之间可以用不同的方式相互关联，关系就是建立在两个表的公共字段（一般是主键和外键）之间的一种关联，可以将多个表的数据关联起来。关系类型可以是一对一、一对多或多对多。例如，一个部门对应多个员工，所以部门信息表与员工信息表为一对多的关系。

12.2　Visual Basic 可视化数据管理器

在 Visual Basic 中提供了一个非常方便的数据库操作工具，即可视化数据管理器（Visual Data Manager），使用可视化数据管理器可以方便地建立数据库，添加数据表，对表中记录进行查询、修改等操作。

在 Visual Basic 集成开发环境中，单击“外接程序”菜单中的“可视化数据管理器”命令，即可打开如图 12-1 所示的可视化数据管理器 VisData 窗口。

图 12-1　可视化数据管理器 VisData 窗口

12.2.1　建立数据库

利用可视化数据管理器，可以创建各种 Visual Basic 支持的数据库。这里以创建一个

Microsoft Access 类型的“人事管理”数据库为例，说明其具体操作步骤。

（1）创建数据库。在可视化数据管理器 VisData 窗口中，单击“文件”→“新建”→“Microsoft Access”→“Version 7.0 MDB…”命令，在弹出的“选择要创建的 Microsoft Access 数据库”对话框中输入新建的数据库名称，并选择数据库文件要保存的位置。设置好后，单击“保存”按钮，将在可视化数据管理器的主窗口内出现“数据库窗口”和“SQL 语句”两个子窗口，如图 12-2 所示。

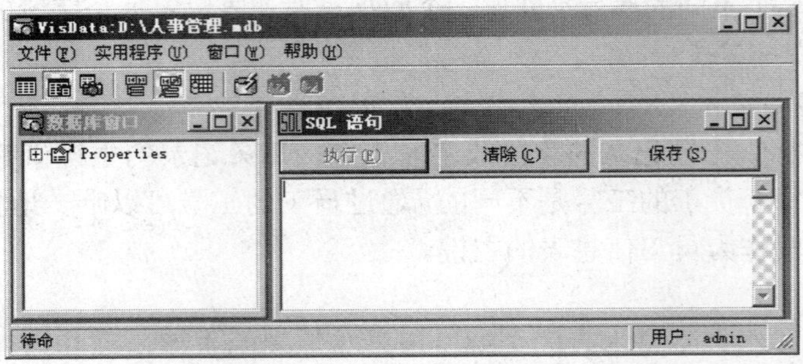

图 12-2 新建数据库窗口

（2）添加数据表。建立数据库后即可以在其中添加数据表，首先应给数据表取一个表名，建立表后可以通过表名访问表中的数据，其次应该确定相应的表结构，即确定表中各字段的名称、类型和长度等。

右击数据库子窗口，在弹出的快捷菜单中选择“新建表”命令，打开如图 12-3 所示的“表结构”对话框。

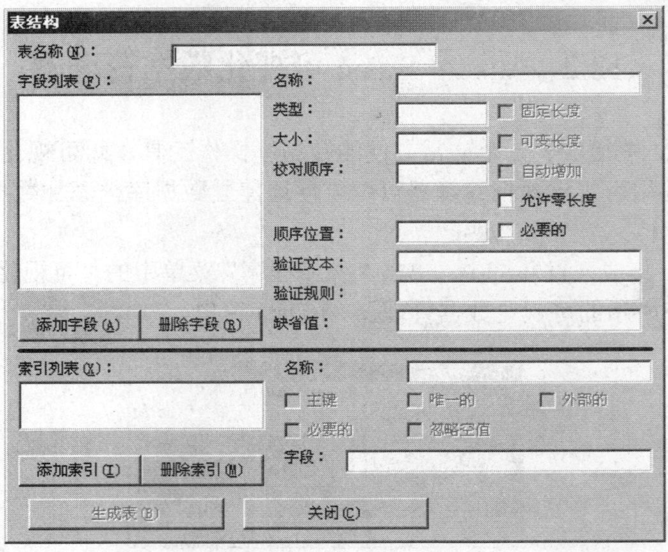

图 12-3 “表结构”对话框

在“表结构”对话框中输入表名称后，可以单击“添加字段”按钮，在弹出的如图 12-4 所示的“添加字段”对话框中输入字段名称，选择字段类型等，重复此过程，直到所有字段添加完毕，也可删除不要的字段。表 12-2 中列出了员工信息表的表结构。

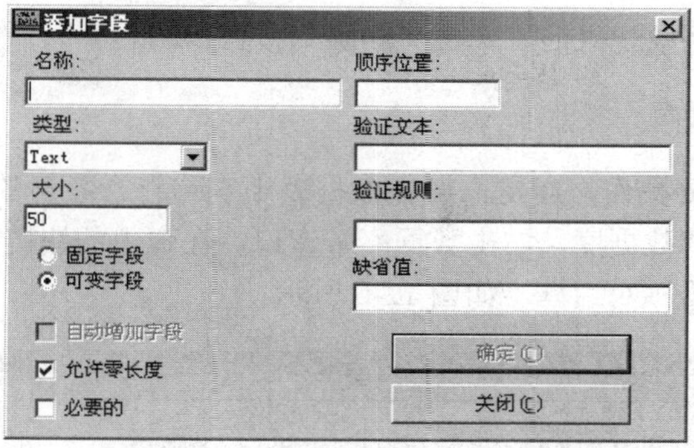

图 12-4　“添加字段”对话框

表 12-2　员工信息表的表结构

字段名	字段类型	字段长度
工号	Text	5
姓名	Text	20
部门 ID	Text	2
性别	Text	2
出生日期	Date/Time	8
联系电话	Text	20

注：同一个数据表中不能有同名字段。

字段添加完成后，可以在“表结构”对话框中看到刚才添加的字段，单击“生成表”按钮，即可建立数据表。但此时的数据表是一个空表，只有结构，没有数据。

（3）数据库基本操作。在建立好数据库和表以后，可以利用可视化数据管理器进行基本的数据库操作，如添加记录、编辑记录和删除记录等。在“数据库窗口”中双击相应的表名，或右击表名，在弹出的快捷菜单中选择“打开”命令，即可打开如图 12-5 所示的数据表窗口。

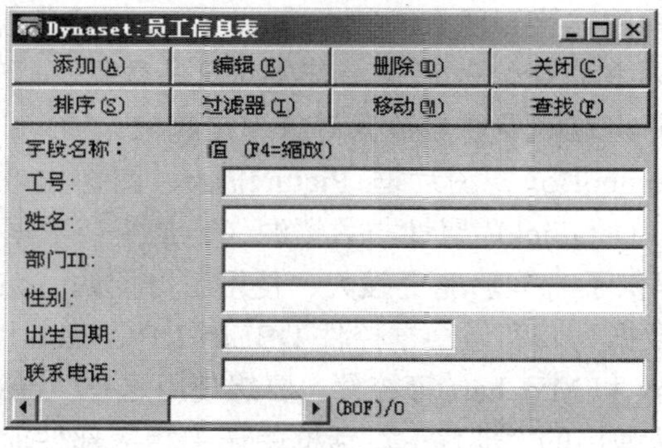

图 12-5　数据表窗口

若要添加一条记录，先单击“添加”按钮，输入各字段的值后，单击“更新”按钮即可。若要修改某条记录的字段值，可以先通过下方的滚动条将该记录定位为当前记录，然后单击“编辑”按钮，修改相应的值后再单击“更新”按钮即可。若要删除某条记录，也是通过滚动条先将要删除的记录定位为当前记录后，单击“删除”按钮即可。

12.2.2 建立数据查询

查询是数据库的主要操作，经常需要在数据表中查询符合条件的记录。首先在可视化数据管理器中打开要操作的数据库，右击数据库子窗口，在弹出的快捷菜单中选择“新建查询”命令，显示“查询生成器”对话框，如图 12-6 所示。

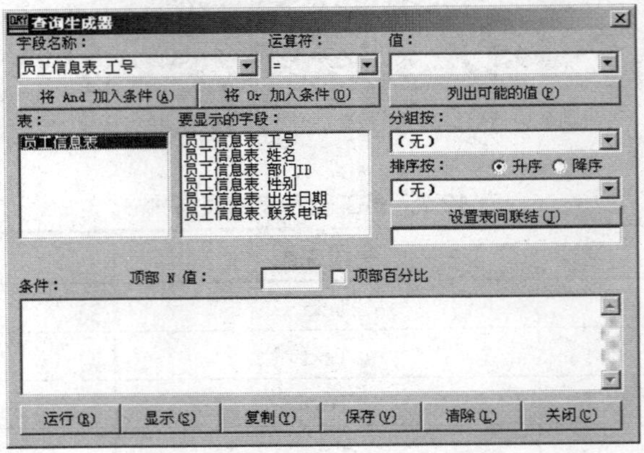

图 12-6 “查询生成器”对话框

在“表”的列表框中选择要查询的数据表，在“要显示的字段”列表框中选择查询结果中要显示的字段名。可以使用对话框中的“字段名称”、“运算符”和“值”三个下拉组合框来构造查询的条件，单击“将 And 加入条件”或“将 Or 加入条件”按钮可以实现多条件的数据查询。

12.3 用控件访问数据库

数据控件（Data 控件）通过可视化的形式创建和操作数据对象，不用编写程序代码，只需通过简单的属性设置，就能连接到现有的数据库，并从中获取数据。

数据控件本身不能显示和直接修改记录，若要对这些数据进行查看和编辑，还需要使用显示和编辑数据的控件，并将这些控件与数据对象绑定起来。VB 工具箱中的文本框 Text、列表框 ListBox、组合框 ComboBox、图片框 PictureBox、图像框 Image 等控件都可以通过 DataSource、DataMember、DataFields 属性与数据源（记录集或数据控件）绑定，用以显示和编辑数据。另外，VB 还提供了一些功能更强大、使用更方便的 ActiveX 数据绑定控件，包括数据网格控件 DataGrid、数据列表和组合框控件 DBList/DBCombo 以及 DataList/DataCombo、MSHFlexGrid、RichTextBox 和 MSChart 等控件。要想使用这些 ActiveX 控件，可选择“工程”菜单中的“部件”命令，从弹出的“部件”对话框中选中相应部件前的复选框，使其出现在工具箱中。

12.3.1 数据控件的属性

使用 Data 控件访问数据库，应先在窗体上画出控件，再通过它的三个基本属性 Connect、

DatabaseName 和 RecordSource 设置要访问的数据源，这些属性可以在设计时用属性窗口设置，也可以在运行时用程序语句改变，但改变后必须在程序中使用 Refresh 方法刷新。

1．Connect 属性

该属性用于返回和设置连接的数据库类型名称，可访问 Access、dBase、Excel、FoxPro、Lotus、Paradox、Text 共 7 种数据库类型，默认为 Access 数据库类型。注意：只有安装了 VB SP5 后才能支持 Access 2000 格式。

2．DatabaseName 属性

该属性设置和返回 Data 控件中数据源的名称和位置，可以包含路径。若连接的是单表数据库，则 DatabaseName 属性一定设置为数据库文件所在的子目录名，而具体文件名放在 RecordSource 属性中。

3．RecordSource 属性

该属性设置和返回与 Data 控件相关联的记录源，可以是数据库中的基本表或查询数据的 SQL 语句。

下面通过一个实例介绍 Data 控件的使用方法。

例 12-1　设计一个简单的数据库管理应用程序，用于浏览和编辑人事管理数据库中的员工信息。程序的设计界面如图 12-7 所示。

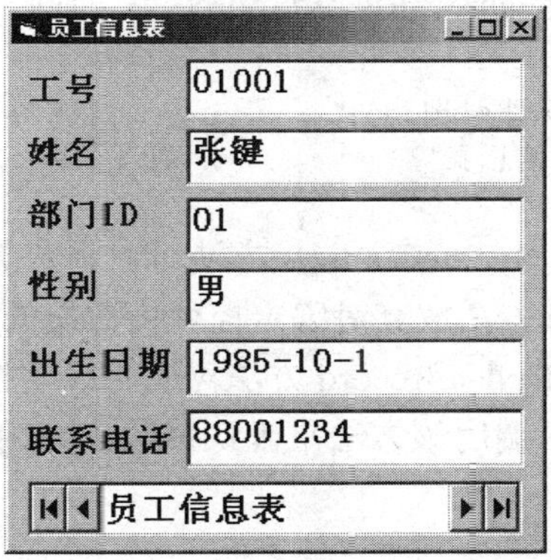

图 12-7　使用 Data 控件设计窗体

（1）放置和设置 Data 控件。首先新建一个工程，用工具箱中的标准控件在窗体上添加一个 Data 数据控件，属性设置见表 12-3，其他属性取默认值。

表 12-3　Data 控件的主要属性设置

属性	作用	设置值
Connect	连接的数据库类型	Access 2000
DatabaseName	数据库文件的路径和名称	相对路径人事管理.mdb 或绝对路径 D:\人事管理.mdb
RecordSource	记录源，可以是表或 SQL 命令文本	员工信息表

（2）放置和设置数据绑定控件。在窗体上放置 6 个文本框作为数据绑定控件，属性设置见表 12-4。

表 12-4　其他各绑定控件的属性设置

对象	DataSource 属性	DataField 属性
Text1	Data1	工号
Text2		姓名
Text3		部门 ID
Text4		性别
Text5		出生日期
Text6		联系电话

（3）运行调试程序。运行程序后，结果在文本框中显示第一个记录的员工信息，通过单击 Data 控件两端的按钮，就可以看到绑定控件中的内容随着记录的变化而变化。

12.3.2　数据控件的常用方法和事件

1. 数据控件的常用方法

（1）Refresh 方法。Refresh 方法用来建立或重新显示与数据控件相连接的数据库记录集。如果在设计阶段没有对数据控件设置数据库连接的相关属性，或者在程序运行过程中修改了数据控件的这些属性，如 DatabaseName、RecordSource 等，则必须使用 Refresh 方法使这些修改生效。例如：


```
Data1.DatabaseName="D:\人事管理.mdb"
Data1.RecordSource="员工信息表"
Data1.Refresh
```

（2）UpdateControls 方法。UpdateControls 方法可以将数据从数据库中重新读到与数据控件绑定的控件中，即可以调用该方法放弃对绑定控件内数据的修改。

（3）UpdateRecord 方法。UpdateRecord 方法可以将绑定控件中的内容写入到数据库中，即可以在绑定控件中修改数据后调用该方法来确认修改，调用该方法不会再触发 Validate 事件。

2. 数据控件的常用事件

（1）Reposition 事件。只要移动记录集的指针改变当前记录，使其从一条记录移到另一条记录时就会触发 Reposition 事件。通常在该事件中显示当前记录的位置，例如，在例 12-1 中可以添加数据控件的 Reposition 事件代码，在数据控件 Data1 的标题中显示当前记录的位置。

```
Private Sub Data1_Reposition()
    Data1.Caption=Data1.Recordset.AbsolutePosition+1
End Sub
```

其中，Recordset 是 Data1 控件所连接的记录集对象，AbsolutePosition 属性指示记录集的当前记录指针值，若是第一条记录，其值为 0。当单击数据控件 Data1 上的箭头按钮，即触发 Reposition 事件，Data1 的标题区会显示当前记录的序号，运行结果如图 12-8 所示。

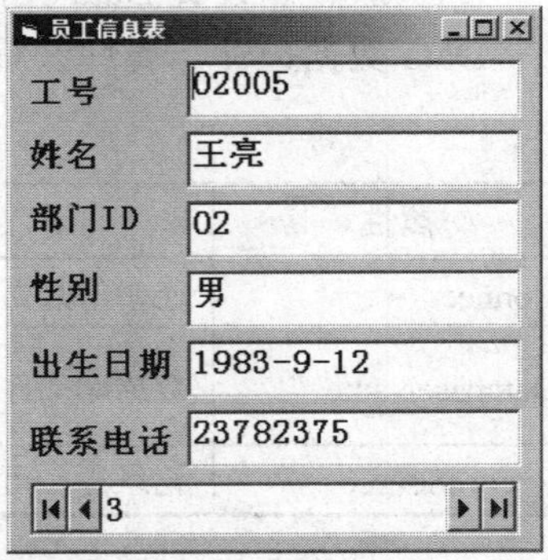

图 12-8　显示当前记录号

（2）Validate 事件。当要移动记录集指针之前，修改与删除记录或卸载含有数据控件的窗体时都会触发 Validate 事件。Validate 事件可以用来检查数据控件所绑定的控件中数据是否变化，一般可用 Validate 事件来检查数据的有效性。例如，在例 12-1 中不允许用户在浏览数据时修改员工的工号，可使用下列代码。

```
Private Sub Data1_Validate(Action As Integer, Save As Integer)
  If Save And Text1.DataChanged Then          '检查工号数据是否被修改
    MsgBox "不能修改员工的工号"
    Text1.DataChanged = False         '不保存修改过的数据
    Action = 0
  End If
End Sub
```

其中，Save 参数（True 或 False）可用来判断是否有数据发生变化，Action 参数判断哪一种操作触发了 Validate 事件，Action 参数的取值见表 12-5。

表 12-5　Validate 事件的 Action 参数取值

值	描述	值	描述
0	取消对数据控件的操作	8	Find 方法
1	MoveFirst 方法	9	Bookmark 设置
2	MovePrevious 方法	10	Close 方法
3	MoveNext 方法	11	卸载窗体
4	MoveLast 方法	12	在结果集中插入一新行
5	AddNew 方法	13	当前行被改变
6	Update 操作	14	Refresh 方法已执行
7	Delete 方法	15	更新被取消

12.3.3　记录的维护操作

在 Visual Basic 中，数据库内的表不允许直接访问，只能通过记录集对象（Recordset）进行记录的维护操作。在数据控件中，Recordset 对象由数据控件的 RecordSource 属性确定，可以是 DatabaseName 连接的数据库中的某个表名，也可以是由 SQL 查询所得的记录结果。记录的维护操作可以通过调用记录集对象的方法来实现，一般格式为：

数据控件名.Recordset.方法名

1. 记录的移动

使用 Move 方法可以代替数据控件对象的 4 个箭头的操作，遍历整个记录集中的记录。5 种 Move 方法如下：

（1）MoveFirst 方法：将记录指针移至第一条记录。

（2）MoveLast 方法：将记录指针移至最后一条记录。

（3）MoveNext 方法：将记录指针移至下一条记录。

（4）MovePrevious 方法：将记录指针移至上一条记录。

（5）Move [n]方法：将记录指针向前或向后移 n 个记录，默认从当前记录开始移动，n 是一个长整型数，可以为正也可以为负，正数表示向后移动，负数表示向前移动。

例 12-2 在例 12-1 的基础上增加 4 个命令按钮代替数据控件对象的 4 个按钮的操作。

在例 12-1 的基础上增加 4 个命令按钮，同时将数据控件的 Visible 属性设置为 False，如图 12-9 所示。

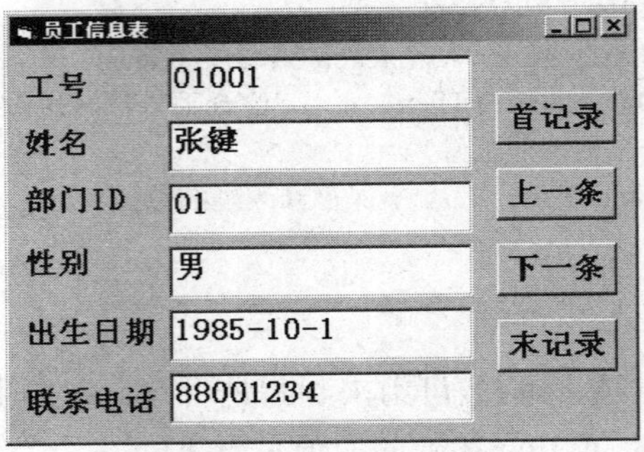

图 12-9 记录的移动

首记录与末记录的命令按钮单击事件代码如下：

```
Private Sub Command1_Click()
    Data1.Recordset.MoveFirst
End Sub
Private Sub Command4_Click()
    Data1.Recordset.MoveLast
End Sub
```


另外两个按钮需要考虑 Recordset 对象的边界，可用 Recordset 对象的 BOF 和 EOF 属性检测记录集的首尾，若越界，可用 MoveFirst 方法定位到第一条记录，或用 MoveLast 方法定位到最后一条记录。代码如下：

```
Private Sub Command2_Click()
    Data1.Recordset.MovePrevious
    If Data1.Recordset.BOF Then Data1.Recordset.MoveFirst
End Sub
Private Sub Command3_Click()
    Data1.Recordset.MoveNext
    If Data1.Recordset.EOF Then Data1.Recordset.MoveLast
End Sub
```

2. 记录的查找

可以使用 Find 方法或 Seek 方法来查询符合条件的记录。

（1）Find 方法。使用 Find 方法可在 DynaSet 类型或 SnapShot 类型的 Recordset 对象中查找符合条件的一条记录，并使之成为当前记录。四种 Find 方法如下：

①FindFirst 方法：从记录集的开始往后查找满足条件的第一条记录。

②FindLast 方法：从记录集的尾部往前查找满足条件的第一条记录。

③FindNext 方法：从当前记录开始往后查找满足条件的下一条记录。

④FindPrevious 方法：从当前记录开始往前查找满足条件的上一条记录。

使用 Find 方法需要确定查询条件，查询条件是一个指定字段与常量关系的字符串表达式。Find 方法的语法格式如下：

数据控件名.Recordset.Find 方法名 查询条件

例如，在员工信息表中查询部门 ID 为“02”的第一条记录，代码如下：

```
Data1.Recordset.FindFirst   "部门 ID='02'"
```

（2）Seek 方法。使用 Seek 方法可以在 Table 表中查找与指定索引规则相符的第一条记录，并使之成为当前记录。使用 Seek 方法前必须先通过 Index 属性设置索引，否则会产生一个运行错误。Seek 方法的语法格式如下：

数据控件名.Recordset.Seek comparison,key1,key2…

其中，comparison 参数是比较运算符，key 参数是参与比较的值，对应记录集当前索引中的字段。

3. 记录的更新

（1）添加新记录。可以使用 AddNew 方法在记录集中添加新记录，添加记录的步骤如下：

① 调用 AddNew 方法，打开一个空白记录。

② 通过绑定控件给新记录的各字段赋值，格式为：

```
Recordset.Fields("字段名")=值
```

③ 调用 Update 方法，确定将所做的添加写入到数据库中。

（2）删除记录。可以使用 Delete 方法删除当前记录，删除记录的步骤如下：

① 将要删除的记录定位为当前记录。

② 调用 Delete 方法。

③ 移动记录指针。

删除一条记录后，数据控件所绑定的控件仍旧显示该记录的内容，应移动记录指针刷新绑定控件的内容，以免继续访问该条记录数据导致错误。

（3）编辑记录。数据控件自动提供了修改记录的能力，当直接改变当前记录在绑定控件中的内容后，单击数据控件对象的任一箭头改变当前记录，即可确定所做的修改。也可通过代码来修改，步骤如下：

① 将要修改的记录定位为当前记录。

② 调用 Edit 方法，在当前记录的绑定控件中修改各字段的值。

③ 调用 Update 方法，确定所做的修改写入到数据库中。

12.4　ADO 对象编程模型简介

12.4.1　Visual Basic 中的 DAO、RDO 和 ADO

由于不同数据库内部结构和底层操作的差异，无法在 VB 等程序设计语言中直接通过 SQL 语言进行数据库操作，而是在程序中通过数据访问对象来实现。对此，微软先后提供了三种可用的数据访问对象，分别是数据访问对象 DAO（Data Access Objects）、远程数据对象 RDO（Remote Data Objects）和 ActiveX 数据对象 ADO（ActiveX Data Objects）。以上三种接口分别代表了微软数据访问技术的不同发展阶段。

DAO 是第一个面向对象的接口，适用于单系统应用程序或使用 Microsoft Jet 数据库引擎访问 Microsoft Access 数据库。

RDO 是一个基于 ODBC 的、面向对象的数据访问接口，形式上展示出所有 ODBC 的底层功能和灵活性，是许多 SQL Server、Oracle 以及其他大型关系数据库开发者经常选用的接口，但它只能通过现存的 ODBC 驱动程序来访问关系数据库。ODBC（Open Database Connectivity）即开放式数据库连接，为应用程序访问数据库提供了一种通用的接口，通过安装相应的 ODBC 驱动程序，可实现对各种关系数据库的连接和访问。

ADO 是 DAO 和 RDO 的后继产物，其主要优点如下：

（1）实现通用数据访问的高层接口。通用数据访问（Universal Data Access，UDA）可为任何数据源提供高性能的访问，包括关系和非关系数据库、电子邮件和文件系统、文本和图形、ODBC 数据源、自定义业务对象等。微软为了实现通用数据访问提出 OLE DB 接口规范，ADO 则是在应用程序中为使用 OLE DB 而提供的高层接口，它屏蔽了数据库底层操作的多样性和复杂性。不论是何种类型的数据库，也不论是本地数据库还是远程数据库，只要遵循 OLE DB 规范，ADO 都提供了简单一致的编程接口，如图 12-10 所示。

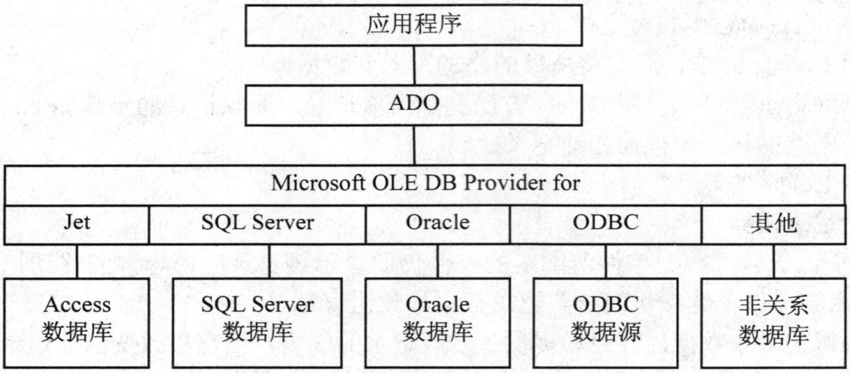

图 12-10　通过 ADO 访问不同类型的数据源

（2）定义了一个与编程环境无关的可编程对象集合。ADO 既能在 VB、VC、Delphi 等程序中使用，也能在由 ASP（Active Server Page）构成的 Web 站点上使用。在应用程序中，通过 ADO 对象的属性、方法、事件来访问和操作数据。

（3）轻便、高效、资源开销少。ADO 对象模型简单易用，速度快，内存、磁盘开销小，网络流量少，并且在前端和数据源之间使用最少的层数，为应用程序和数据库之间提供了轻便、高性能的接口。

（4）不断发展完善。作为微软数据访问技术的发展方向，ADO 将不断有更完善的新版本问世。

由于 ADO 的众多优点和技术上的先进性，微软建议在开发新的应用程序时不再使用以前的 DAO、RDO 等数据访问对象，而应全部采用 ADO 对象。

12.4.2　ADO 对象模型

ADO（ActiveX Data Objects）数据控件是 ActiveX 控件，它的用途和外形都与 Data 控件类似，但它采用了 OLE DB 的数据访问模式，凡是符合 OLE DB 规范的数据源都能连接。

ADO 作为面向对象的数据访问接口，编程时主要涉及三个对象，见表 12-6。

表 12-6　ADO 的 3 个主要对象

ADO 的主要对象	作用	常用属性	常用方法
连接对象（Connection）	与数据库建立连接	ConnectionString：连接字符串，包含进行一个连接所需的所有设置值，如驱动程序、提供者、数据库、用户名称及密码等	Open：打开连接 Close：关闭连接
命令对象（Command）	对数据进行各种操作	ActiveConnection：指定所依赖的连接 CommandType：指定命令类型，如 SQL 语句、表、存储过程 CommandText：命令内容	Execute：执行命令
记录集对象（RecordSet）	存储在缓存中供访问处理的结果数据	ActiveConnection：返回记录集所使用的活动连接 Source：返回或设置数据源 State：返回记录集的当前状态 RecordCount：返回记录的个数 BOF：返回当前记录是否在首记录之前 EOF：返回当前记录是否在末记录之后 Bookmark：返回或设置当前记录的书签 Filter：返回或设置记录的过滤条件 Sort：返回或设置记录排序准则	Move (MoveFirst、MoveLast、MoveNext 和 MovePrevious)：实现记录指针的移动 AddNew：添加记录 Delete ：删除记录 Update/ UpdateBatch ：保存修改以更新/批更新数据库 CancelUpdate：取消修改 Find：查找记录 Open/Close：打开/关闭 Requery：重新执行查询

12.4.3　使用 ADO 数据控件

1．添加 ADO 数据控件

ADO 数据控件是 ActiveX 控件，一般情况下不出现在 VB 集成开发环境的“工具箱”中，若要在应用程序中使用 ADO 数据控件，须将其添加到“工具箱”中。

（1）单击“工程”菜单中的“部件”命令，或在工具箱上右击，从弹出的快捷菜单中选择“部件”命令，打开“部件”对话框，如图 12-11 所示。

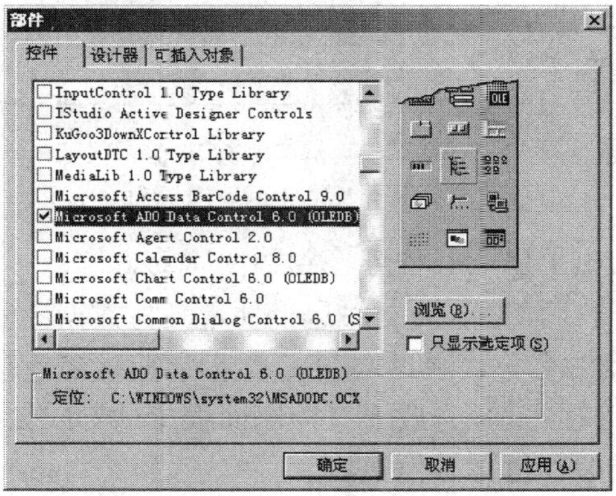

图 12-11　“部件”对话框

（2）在“部件”对话框的“控件”选项卡中选中“Microsoft ADO Data Control 6.0(OLEDB)”复选框。

（3）单击“确定”按钮，即可将 ADO 数据控件添加到工具箱中，如图 12-12 所示。

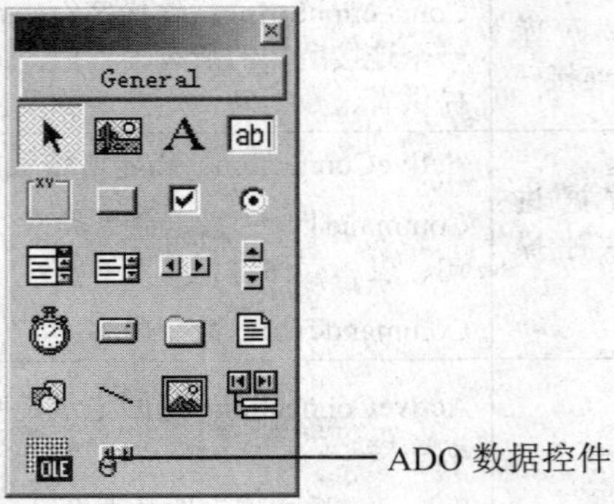

图 12-12　添加 ADO 数据控件

需要使用 ADO 数据控件时，可将其从工具箱中拖放到窗体上。

2. 设置 ADO 数据控件的主要属性

（1）连接属性 ConnectionString。该属性为字符串变量，是设置 ADO 控件和数据库连接的连接字符串。该属性包含的内容较多，通常用可视化的方法在 ADO 属性页中设置。具体方法如下：

① 在窗体上右击 ADO 数据控件，在弹出的快捷菜单中选择“ADODC 属性”，或在“属性”窗口中单击 ConnectionString 属性右边的“…”按钮，弹出如图 12-13 所示的“属性页”对话框。

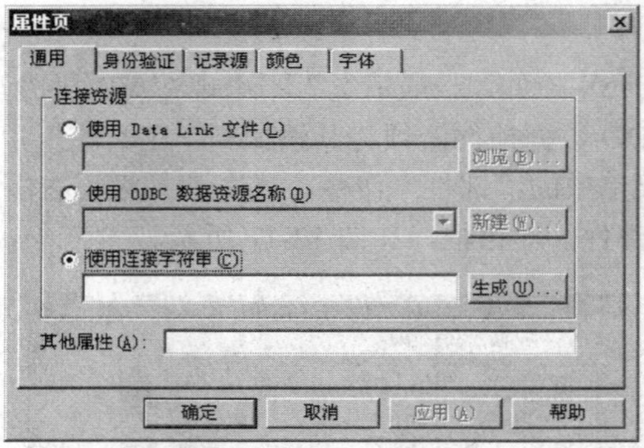

图 12-13　“属性页”对话框

在“通用”选项卡中列出了以下三种连接到数据库的方法：

- 使用 Data Link 文件：数据连接文件是一种定义与数据库如何连接的描述文件。
- 使用 ODBC 数据资源名称：通过 ODBC 数据访问接口连接到数据库，是一种连接远程数据库的方法。连接之前，先要通过控制面板中的 ODBC 数据管理器创建一个 DSN 来描述数据库的类型和位置等信息。
- 使用连接字符串：用字符串的形式描述数据提供者、数据库的位置、用户和密码等信息。一般采用单击右侧的“生成”按钮，通过选项设置方法生成连接字符串，如果熟悉连接字符串的格式，也可以直接输入。

采用第三种方法，即连接字符串来创建数据连接，其优点是可直接通过数据源提供的 OLE OB 程序来获取数据，省去了 ODBC 处理层，既可简化操作，又可提高数据的访问速度。在“属性页”中选中“使用连接字符串”选项，单击“生成”按钮，打开“数据链接属性”对话框，如图 12-14 所示。

图 12-14　“数据链接属性”对话框

在“提供程序”选项卡中列出了各种针对不同数据库的 OLE DB 提供程序。对于 Access 2000 数据库应选择 Microsoft Jet 4.0 OLE DB Provider，如果使用的数据库是 Access 97，则应选择 Microsoft Jet 3.51 OLE DB Provider。

② 单击“下一步”按钮，打开“数据链接属性”对话框中的“连接”选项卡，如图 12-15 所示，在其中的“选择或输入数据库名称”文本框中输入数据库的路径和文件名，也可通过单击右边的“…”按钮，打开“选择 Access 数据库”对话框，利用该对话框选择数据库的路径和文件名，如 D:\人事管理.mdb。

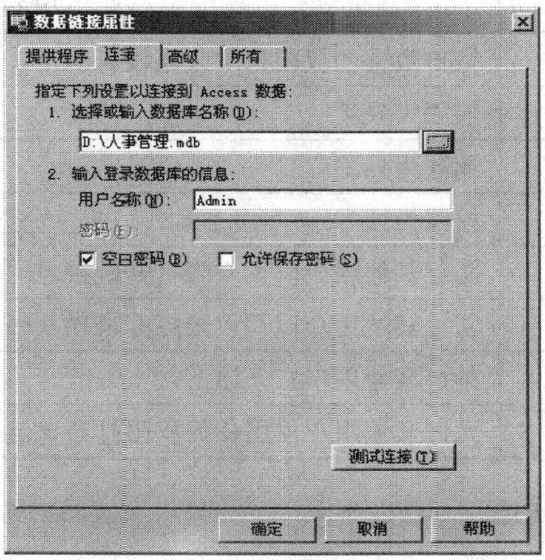

图 12-15　“连接”选项卡

③ 单击“测试连接”按钮测试是否与数据库连接成功，如果创建的数据连接正确，则弹出“测试成功”消息框。单击“确定”按钮，返回“属性页”对话框，这时在“使用连接字符串”下面的文本框内将按照设置自动生成连接字符串，通过该字符串可将 ADO 数据控件连接到指定的 Access 数据库。

（2）RecordSource 属性。该属性用来设置与 ADO 控件连接的数据库中的记录源。在 ADO 属性页对话框的“记录源”选项卡中，可以从以下 4 种命令类型中选择一种，如图 12-16 所示：

- 1-adCmdText：文本命令类型。
- 2-adCmdTable：数据表。
- 4-adCmdStoredProc：存储过程。
- 8-adCmdUnknown：未知，为系统默认值。

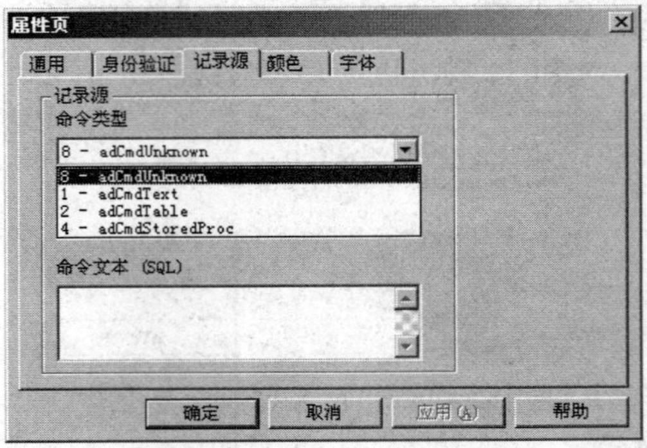

图 12-16　“记录源”选项卡

例如，选择“2-adCmdTable”，在“表或存储过程名称”中选择“员工信息表”，单击“确定”按钮，退出“属性页”对话框。这样，ADO 数据控件就可从数据库表中提取数据了。

此外，还可以通过 ADO 控件的属性窗口设置其他属性，如 Mode 属性可设置对数据操作的权限，具体取值见表 12-7。

表 12-7　Mode 属性的取值

常量	说明
0–adModeUnKnown	操作数据的权限未知或还没有确定。为系统默认值
1–adModeRead	权限为只读
2–adModeWrite	权限为只写
3–adModeReadWrite	权限为读/写
4–adModeShareDenyRead	防止其他用户以读权限打开链接
8–adModeShareDenyWrite	防止其他用户以写权限打开链接
12-adModeShareExclusive	禁止其他用户打开该链接
16–adModeShareDenyNone	允许其他用户使用任何权限打开该链接

12.4.4　ADO 数据控件用法

通过 ADO 数据控件仅仅建立了与数据库的连接，创建了查询记录集，但其本身并不能显示数据，需要通过数据绑定控件来实现对数据的操作。除了一些标准控件如 TextBox、ListBox、ComboBox 等可以实现与 ADO 控件的数据绑定之外，VB 6.0 还提供了多个可与 ADO 控件绑定的新控件，如 DataGrid、DataList、DataCombo 等。下面通过一个例题说明 ADO 数据控件的用法。

例 12-3　使用 ADO 数据控件和 DataGrid 数据网格控件连接数据库“人事管理.mdb”，显示员工信息表，如图 12-17 所示。

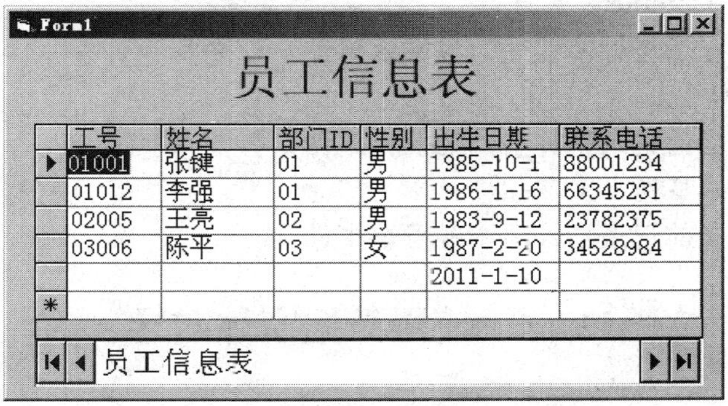

图 12-17　利用 ADO 控件和 DataGrid 控件显示员工信息表

（1）添加 ADO 数据控件并设置其属性。按照 12.4.3 节介绍的 ADO 数据控件的添加方法和属性设置方法，将 ADO 控件添加到窗体上，并设置其连接到数据库“D:\人事管理.mdb”中的“员工信息表”。

（2）添加 DataGrid 数据网格控件。DataGrid 控件允许用户同时浏览或修改多个记录的数据，但在使用它之前必须先将其添加到工具箱中。添加的方法与添加 ADO 控件的方法类似，首先单击“工程”菜单中的“部件”命令，或在工具箱上单击鼠标右键，从弹出的快捷菜单中选择“部件”命令，打开“部件”对话框，在对话框的“控件”选项卡中选中“Microsoft DataGrid Control 6.0(OLEDB)”，单击“确定”按钮，即可将 DataGrid 控件添加到工具箱中。从工具箱中将 DataGrid 控件拖放到窗体上，调整其位置和大小。

（3）设置 DataGrid 控件的属性。将 DataGrid 控件的 DataSource 属性设置为 Adodc1。在 DataGrid 控件上单击鼠标右键，从弹出的快捷菜单中选择“检索字段”，在打开的对话框中可以选择“是”，这样“员工”表中的所有字段都将在 DataGrid 控件的列中显示出来。

右击 DataGrid 控件，在弹出的快捷菜单中选择“属性...”，将打开“属性页”对话框，其中“通用”选项卡中可以选择是否允许添加、删除或修改等操作。右击 DataGrid 控件，在弹出的快捷菜单中选择“编辑”命令，可以对列表框的列宽进行调整。

单击“运行”按钮即可看到运行结果。通过该例可以看出，用 ADO 控件连接和获取数据，用 DataGrid 显示数据，几乎不用编写任何代码就可以实现多条记录的显示或修改。

12.4.5　ADO Data 控件的事件

1. EndOfRecordset 事件

在记录集中移动记录指针时，若记录指针移出记录集的末尾将触发该事件。

2. WillChangeField 事件

当对记录集中的字段值进行修改前，触发该事件。

3. FieldChangeComplete 事件

当对记录集中的字段值进行修改后，触发该事件。

4. WillChangeRecord 事件

当对记录集中的记录进行修改前，触发该事件。

5. RecordChangeComplete 事件

当对记录集中的记录进行修改后，触发该事件。

6. WillMove 事件

移动记录集中的当前记录指针前，触发该事件。

7. MoveComplete 事件

移动记录集中的当前记录指针后，触发该事件。

12.5 使用数据窗体向导

VB 6.0 提供了功能强大、使用方便的数据窗体向导，通过向导交互操作，能很方便地创建前面介绍的由 ADO 控件和绑定数据控件构成的数据访问窗口。

数据窗体向导属于外接程序，在使用前必须将其添加到“外接程序”菜单中。在 VB 6.0 集成环境中单击“外接程序”菜单中的“外接程序管理器”命令，在打开的“外接程序管理器”对话框中选中“VB 6 数据窗体向导”，并在右下角“加载行为”栏中选中“加载/卸载”选项，单击“确定”按钮即可，如图 12-18 所示。

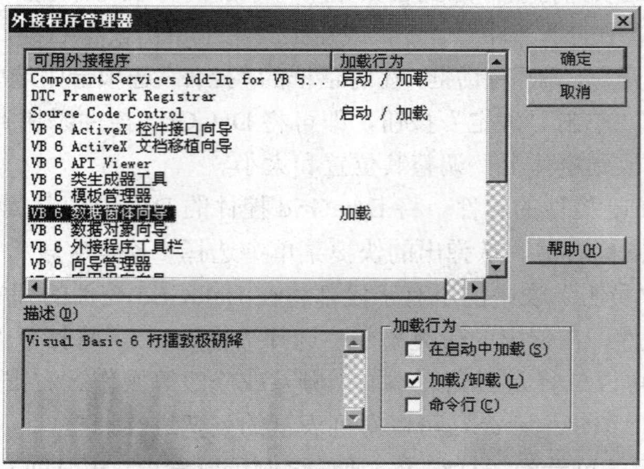

图 12-18　外接程序管理器

下面举例说明使用数据窗体向导创建数据访问的操作步骤。

例 12-4　使用数据窗体向导创建如图 12-19 所示的访问人事管理数据库中员工信息表的窗体。

（1）首先按上述方法将“数据窗体向导”命令添加到“外接程序”菜单中，单击“数据窗体向导”命令，进入如图 12-20 所示的“数据窗体向导-介绍”对话框。

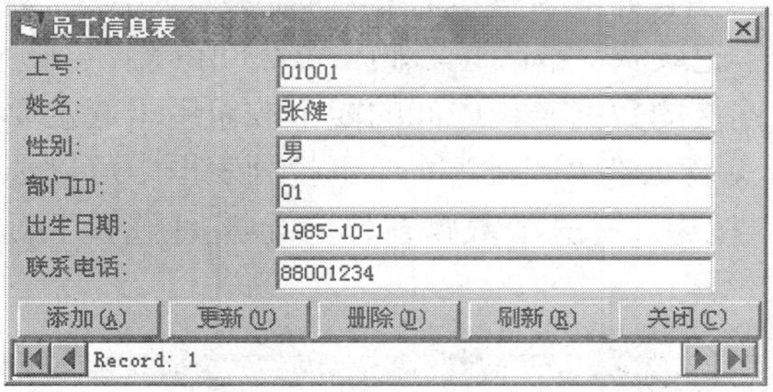

图 12-19　数据访问对话框

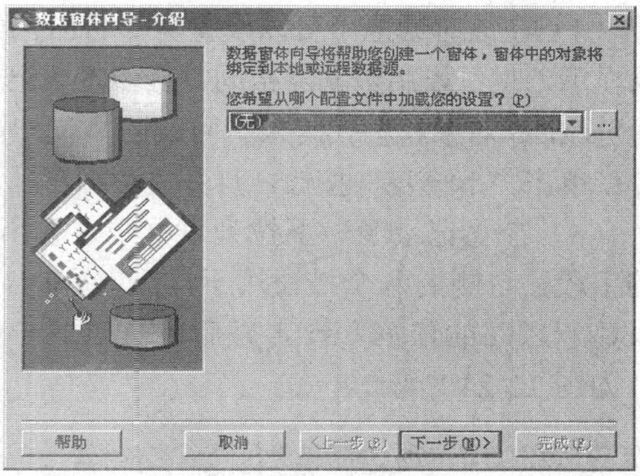

图 12-20　数据窗体向导-介绍

（2）若以前没有保存过向导配置文件，则不月选择从哪个配置文件来加载设置，可以直接单击“下一步”按钮，打开“数据窗体向导-数据库类型”对话框，如图 12-21 所示。

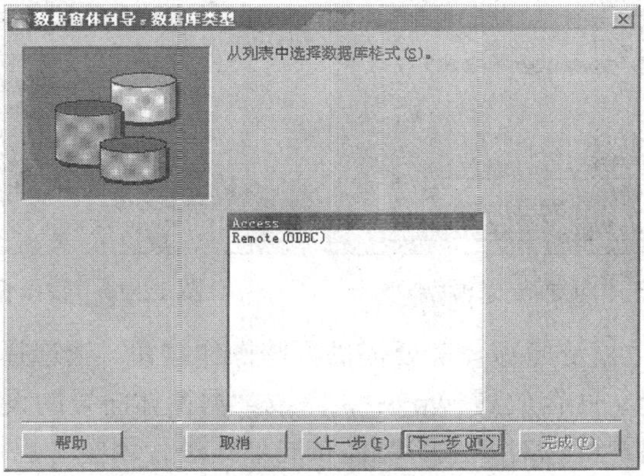

图 12-21　数据窗体向导-数据库类型

（3）可以选择任何版本的 Access 数据库或任何 ODBC 兼容的用于远程访问的数据库，此处选择 Access，单击“下一步”按钮，在打开的“数据窗体向导-数据库”对话框中选择要连接的数据库文件，再单击“下一步”按钮，打开“数据窗体向导-Form”对话框，如图 12-22 所示。

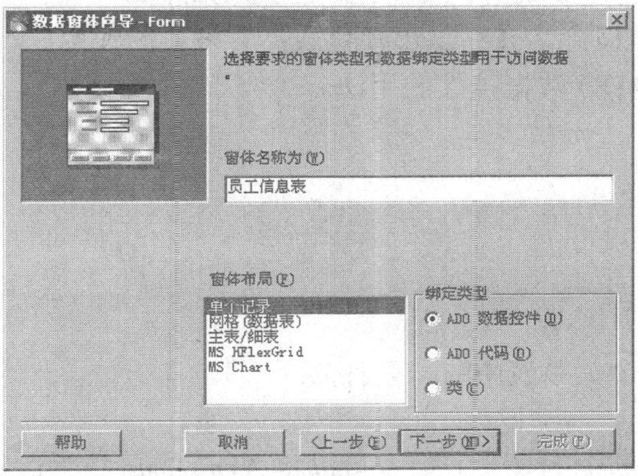

图 12-22　数据窗体向导-Form

（4）在该对话框中可以设置窗体名称、窗体布局和绑定类型。窗体布局设置可以选择单个记录显示，也可以用数据网格同时显示多条记录。数据绑定类型可以选择使用 ADO 控件，也可以通过 ADO 对象程序代码来访问数据。本例中选择窗体布局为单个记录，绑定类型为 ADO 数据控件。单击“下一步”按钮，打开“数据窗体向导-记录源”对话框，如图 12-23 所示。

（5）在“记录源”下拉列表框中选择所要连接的数据表，中间的四个按钮用于选定要显示的字段，右侧的两个按钮用于排列字段的显示顺序，在“列排序按”下拉列表框中可以选择记录显示顺序的依据。设置好后单击“下一步”按钮，打开“数据窗体向导-控件选择”对话框，如图 12-24 所示。

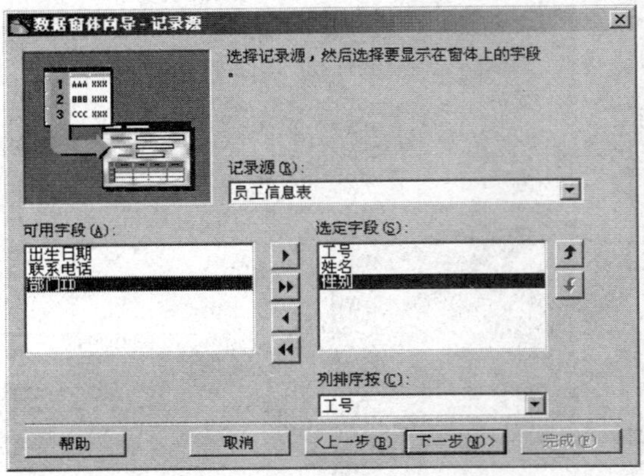

图 12-23　数据窗体向导-记录源

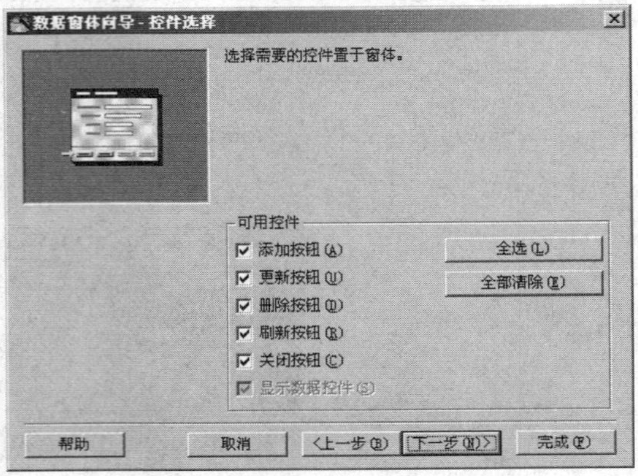

图 12-24　数据窗体向导-控件选择

（6）选择所创建的数据访问窗体需要提供哪些操作按钮。当选择完毕后，可以根据需要将整个操作以一个向导配置文件存放到.rwp 中。完成数据窗体向导的设置后，将自动产生数据访问窗体的画面和代码，用户可以对产生的窗体布局形式进行调整，也可以增加其他控件对象。

本章小结

数据库技术是计算机应用技术的一个重要分支，Visual Basic 提供了很强大的数据库管理功能，能够方便、灵活地完成数据库应用中如建立数据库、查询和更新数据等各种基本操作。本章讨论了数据库的基本概念，介绍了可视化数据管理器的使用和 Visual Basic 访问数据库的几种方法，重点应掌握 ADO 数据控件的用法。

习题 12

一、选择题

1．关系数据库的每个关系表中的一列称为（　）。

A．字段　　B．记录　　C．关系　　D．元组

2．利用“工程”菜单中的（　）命令可以将 ADO Data 控件添加到工具箱中。

A．引用　　B．部件　　C．属性　　D．添加窗体

3．设置 ADO 控件的（　）属性可以使 ADO 数据控件能够连接到数据库。

A．ConnectionString　　B．CommandType

C．RecordSource　　D．DataSource

4．当记录集 RecordSet 对象的 EOF 属性为 True 时，记录指针在 RecordSet 对象的（　）。

A．最后一条记录之后　　B．最后一条记录

C．第一条记录　　D．第一条记录之前

5．要使记录指针向上移动一个记录，应使用 RecordSet 对象的（　）方法。

A．MovePrevious　　B．MoveNext

C．MoveFirst　　D．MoveLase

二、程序设计题

使用可视化数据管理器建立学生管理数据库，其中包含“学生信息表”，表结构见表 12-8。再利用 ADO 数据控件编写学生信息管理程序，要求程序具有浏览、添加、修改和删除记录的功能，界面如图 12-25 所示。

表 12-8　学生信息表

字段名	字段类型	字段长度
学号	Text	9
姓名	Text	12
性别	Text	2
出生日期	Date/Time	8
班级	Text	20
联系电话	Text	14
家庭住址	Text	50

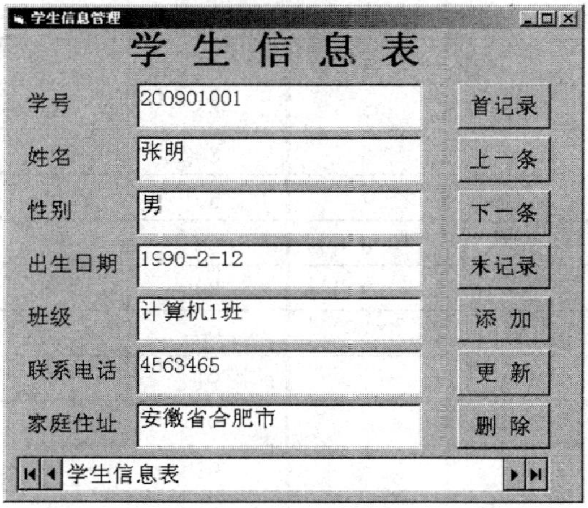

图 12-25　学生信息管理界面

附录　ASCII（美国标准信息交换码）

ASCII 码	字符	ASCII 码	字符	ASCII 码	字符	ASCII 码	字符
0	NUL	32		64	@	96	`
1	SOH	33	!	65	A	97	a
2	STX	34	"	66	B	98	b
3	ETX	35	#	67	C	99	c
4	EOT	36	$	68	D	100	d
5	END	37	%	69	E	101	e
6	ACK	38	&	70	F	102	f
7	BEL	39	'	71	G	103	g
8	BS	40	(	72	H	104	h
9	HT	41	)	73	I	105	i
10	LF	42	*	74	J	106	j
11	VT	43	+	75	K	107	k
12	FF	44	,	76	L	108	l
13	CR	45	-	77	M	109	m
14	SO	46	.	78	N	110	n
15	SI	47	/	79	O	111	o
16	DLE	48	0	80	P	112	p
17	DC1	49	1	81	Q	113	q
18	DC2	50	2	82	R	114	r
19	DC3	51	3	83	S	115	s
20	DC4	52	4	84	T	116	t
21	NAK	53	5	85	U	117	u
22	SYN	54	6	86	V	118	v
23	ETB	55	7	87	W	119	w
24	CAN	56	8	88	X	120	x
25	EM	57	9	89	Y	121	y
26	SUB	58	:	90	Z	122	z
27	ESC	59	;	91	[	123	{
28	FS	60	<	92	\	124	|
29	GS	61	=	93	]	125	}
30	RS	62	>	94	^	126	~
31	US	63	?	95	_	127	DEL

参考文献

[1] 龚沛曾等．Visual Basic 程序设计简明教程．北京：高等教育出版社，2002．

[2] 张洪明等．Visual Basic 程序设计基础教程．北京：科学出版社，2003．

[3] 刘瑞新等．Visual Basic 程序设计教程．北京：机械工业出版社，2002．

[4] 潘地林等．Visual Basic 程序设计．合肥：中国科学技术大学出版社，2005．

[5] 郭胜路等．Visual Basic 6.0 中文版从入门到精通．北京：电子工业出版社，2008．

[6] 罗朝盛等．Visual Basic 6.0 程序设计实用教程（第 2 版）．北京：清华大学出版社，2008．